黄河流域生态环境保护效果及提升策略

李 桦 刘蒙蒙 等 著

中国农业出版社

北 京

本书著者名单

负责人： 李　桦　　教　　　授　　西北农林科技大学经济管理学院
　　　　 刘蒙蒙　　博士研究生　　西北农林科技大学经济管理学院
参加人： 高　丽　　博士研究生　　西北农林科技大学经济管理学院
　　　　 李树强　　博士研究生　　西北农林科技大学经济管理学院
　　　　 杨红红　　博士研究生　　西北农林科技大学经济管理学院
　　　　 张青松　　博士研究生　　西北农林科技大学经济管理学院
　　　　 李晓婧　　硕士研究生　　西北农林科技大学经济管理学院
　　　　 高　晨　　硕士研究生　　西北农林科技大学经济管理学院
　　　　 李红茹　　硕士研究生　　西北农林科技大学经济管理学院
　　　　 吴婉青　　硕士研究生　　西北农林科技大学经济管理学院
　　　　 周志云　　硕士研究生　　西北农林科技大学经济管理学院
　　　　 张海红　　硕士研究生　　西北农林科技大学经济管理学院
　　　　 杨先亮　　硕士研究生　　西北农林科技大学经济管理学院
　　　　 董　琳　　硕士研究生　　西北农林科技大学经济管理学院
　　　　 廖浩玲　　硕士研究生　　西北农林科技大学经济管理学院
　　　　 陈一鸣　　硕士研究生　　西北农林科技大学经济管理学院
　　　　 高　鹤　　硕士研究生　　西北农林科技大学经济管理学院
　　　　 李　通　　硕士研究生　　西北农林科技大学经济管理学院
　　　　 吴　豪　　硕士研究生　　西北农林科技大学经济管理学院

　　黄河——这条蜿蜒数千公里的母亲河，孕育了璀璨的中华文明，见证了中华民族的繁衍与发展。2019 年 9 月 18 日，习近平总书记主持召开黄河流域生态保护和高质量发展座谈会并发表重要讲话，提出要让黄河成为造福人民的幸福河，实施黄河流域生态保护和高质量发展重大国家战略。党的十八大以来，习近平总书记走遍沿黄 9 省份，并在上中下游分别主持召开 3 场座谈会专题部署黄河流域生态保护和高质量发展。2024 年 9 月 12 日，习近平总书记主持召开全面推动黄河流域生态保护和高质量发展座谈会时强调，以进一步全面深化改革为动力，开创黄河流域生态保护和高质量发展新局面。

　　黄河流域生态保护和高质量发展重大国家战略的实施，为黄河流域乡村发展提供了新的机遇。党的二十届三中全会《中共中央关于进一步全面深化改革 推进中国式现代化的决定》提出的"坚持以人民为中心"的发展思想，以及"教育科技人才一体改革"的总体要求，为我们的工作指明了方向。本系列研究正是在这样的背景下应运而生，旨在深入探讨黄河流域乡村高质量发展之路，让发展成果更多更公平地惠及全体人民。

西北农林科技大学作为我国农业科教事业的中坚力量，自 1934 年国立西北农林专科学校创建以来，就肩负着"教育救国""兴学兴农"的时代使命。学校秉承"诚朴勇毅"的校训，恪守"民为国本，食为民天，树德务滋，树基务坚"的教育理念，承远古农神后稷之志，行当代教民稼穑之为，形成了"扎根杨凌、胸怀社稷，脚踏黄土、情系三农，甘于吃苦、追求卓越"的西农精神和"团结、求真、坚韧、自信"的西农科学文化，走出了一条产学研紧密结合的特色办学之路。

在这些精神的指引下，西北农林科技大学经济管理学院的师生们，积极响应国家战略部署，自 2020 年起连续多年组织研究生开展专项调研，"黄河岸边问国策"成为网络头条和新闻热点，建成涵盖黄河流域中上游主要区域的"千村万户"数据库，获批陕西（高校）哲学社会科学重点研究基地——黄河中上游生态保护与农业农村高质量发展研究基地，调研团队获得全国大中专学生志愿者暑期"三下乡"社会实践活动优秀团队和陕西省大中专学生志愿者暑期文化科技卫生"三下乡"社会实践活动标兵团队。此次择录部分调查资料形成的四部专题研究报告，从不同角度切入，全面系统地分析了黄河流域的农业农村发展现状、城乡融合发展、生态环境保护以及乡村产业高质量发展现状，为相关政策的制定和实施提供了科学依据。

《黄河流域农业农村高质量发展水平评价》，结合黄河流域 9 个省份农村经济的实际情况，构建了农业农村高质量发展的理论框架和评价模型。研究指出，黄河流域农业高质量发展水平整体不高，省份间存在较大差异，但近年来呈现持续增长态势。报告还提出了提升黄河流域农业农村高质量发展水平的对策建议。

《黄河流域城乡融合发展水平与实现策略》，系统梳理了国内外相关文献和城乡关系演化历程，分析了黄河流域城乡融合现状与主要问题。研究从产业结构、政府财政支持、市场化水平、金融发展水平、区位特征等方面识别了黄河流域城乡融合的主要驱动因素，并提出了针对性的对策建议。

《黄河流域生态环境保护效果及提升策略》，深入分析了黄河流域生态环境保护的历史脉络，运用多种分析方法评估了2001—2019年黄河流域生态环境保护效果的时空演变格局与趋势。研究提出了黄河流域生态环境保护的体制、机制建议。

《黄河流域乡村产业高质量发展》，深入探讨了黄河流域乡村产业高质量发展之路。研究从乡村产业结构、产业分布、产业政策等方面展现了黄河流域乡村产业发展现状，构建了乡村产业发展评价指标体系。研究分析了各省份乡村产业发展的制约因素，设计了有针对性的高质量发展路径，并提出了乡村产业高质量发展的政策保障体系。

这些研究是一次对黄河流域乡村发展的全面梳理和深入思考。我们希望这些研究成果能够为黄河流域乃至全国的乡村发展提供有益的参考和借鉴。同时，我们也期待读者能够对研究内容提出宝贵的意见和建议，共同推动中国乡村高质量发展。

在研究过程中，我们得到了西北农林科技大学相关学院、部门以及众多专家学者的大力支持和帮助，他们的智慧和经验为这些研究的完成提供了宝贵资源。在此，我们对他们表示衷心的感谢。还要感谢为这些研究付出辛勤劳动的老师和研究生们，他们的努力和奉献是这些研究能够顺利完成的重要保障。

在全面建成社会主义现代化强国的新征程上，黄河流域乡村发展正迎来历史性机遇。我们坚信，通过深化体制机制改革、加速数字技术渗透、培育新型经营主体，必将开创流域农业农村现代化新格局。

让母亲河的生态底蕴转化为发展势能，使千年农耕文明焕发时代生机，这既是学术研究的使命担当，更是新时代赋予的历史责任。西北农林科技大学将继续发挥农林水学科优势，为谱写黄河流域乡村振兴新篇章贡献智慧力量。

夏显力　陆　迁　刘军弟
2024 年 11 月于西北农林科技大学

　　20 世纪后半叶以来，人口的快速增长和科技的高速发展导致的环境问题尤为突出。环境问题是 21 世纪中国面临的最严峻挑战之一，改善和修复生态环境是保证经济长期稳定增长以及实现可持续发展的必然要求。2013 年 9 月，习近平总书记提出"绿水青山就是金山银山"，强调要将生态文明建设作为一项重要的战略任务。黄河流域是连接青藏高原、黄土高原和华北平原的生态廊道，是我国重要的生态屏障，也是我国重要的经济地带和打赢脱贫攻坚战的重要区域。2019 年 9 月，习近平总书记指出黄河流域生态环境脆弱，要进一步加强黄河流域生态环境治理。黄河流域生态保护和高质量发展是事关中华民族伟大复兴的千秋大计，深入系统全面评估黄河流域生态环境的现状，挖掘表象背后的深层问题及其瓶颈形成原因，对于促进黄河流域生态环境保护与农业农村高质量发展并提出具有针对性的建议有着重要的意义。

　　本书基于相关文献和理论，首先阐述了黄河流域生态环境保护的历史脉络；其次从反映黄河流域环境保护整体效果的生态质量指标、反映生态环境保护一般目标和体现黄河流域环境保护的区域目标的基础上，运用统计描述分析方法、全局空间自相关和局部空间自相关等方法分析 2001—2019 年黄河流域生态环境保护效果的时空演变格局与趋势；接着从自然、经济和社会 3 方面选取 15 个指标构建影响黄河流域生态环境的指标体系，对各个因素进行分析，识别出黄河流域生态环境主要影响因素及其作用机制；最后在前述分析基础上以及借鉴国内外相关生态环境保护的经验基础上，提出黄河流域生态环境保护未来体制及机制、措施等相关建议。

研究主要结论：

（1）从整体来看，2001—2019 年黄河流域生态环境质量较为稳定，生态环境质量有小幅波动。黄河流域生态质量指数表现为从上游低值到中游高值再到下游低值的倒 U 形分布。黄河流域生态质量指数的 Moran's I 指数呈现先上升后趋于平稳的变化，但总体上呈现增加趋势，对应空间集聚作用逐渐增加，黄河流域生态质量极差总体变化趋势不明显，比较稳定，生态质量最高与最低区域的差距缩小。

（2）从分维度来看，2001—2017 年，流域整体碳排放一直趋于增加趋势，黄河流域碳排放的 Moran's I 指数呈现 N 形波动变化，但总体上呈现增加趋势，对应空间集聚作用增大，碳排放最高与最低区域的差距增大；流域整体碳汇呈波动小幅增加趋势，上游西南部地区碳汇整体较高，中游和下游地区碳汇整体较低。2000—2020 年植被抗旱能力在空间上呈现显著下降的趋势，从时间变化看，黄河流域的植被抗旱的 Moran's I 指数呈现倒 U 形，但总体呈现抗旱能力减小的趋势，对应空间集聚作用小，黄河流域的植被抗旱存在明显的两极现象，植被抗旱的热点分布总体表现为黄河流域的东南部地区为植被抗旱热点，黄河流域的西部及北部为植被抗旱的冷点。2001—2020 年，流域整体 NDVI 呈小幅增加趋势，但黄河流域的北部地区 NDVI 能力逐渐下降；2002—2012 年，流域整体年径流量呈小幅增加趋势；2017—2020 年，流域整体年径流量呈大幅增加趋势。2002—2014 年，流域整体年含沙量呈大幅下降趋势；2015—2020 年，流域整体年含沙量呈小幅增加趋势。黄河流域的含沙量由西向东逐渐上升，并伴有局部的向外辐射增强的趋势。2001—2020 年，流域整体工业废水呈大幅下降趋势，黄河流域工业废水浓度的 Moran's Ⅰ 指数呈现逐渐上升型变化，对应空间集聚作用增大。从西北向东北方向基本都为冷点区，下游部分基本都为热点区。

（3）影响黄河上游地区生态环境质量空间分异的主要自然环境特征要素为海拔高度，主要经济要素为人均 GDP，主要社会因素是污水处理率与生活垃圾无害化处理率。影响黄河流域中游地区生态环境质量空间分异的主要自然因素为年均降水、湿度和坡度，主要经济因素为产业结构、农业机械总动力（两极分化）和人均 GDP，主要社会因素为人口密度。影响黄河下游区域生态环境质量空间分异的主要自然环境特征要素为高程和坡度，主要经济要素为农业机械总动力和粮食产量，主要社会因素是污水处理率与生活垃圾无害化处理率。

（4）从 20 世纪 80 年代后期开始，经济激励政策在许多国家的环境保护和污染控制中发挥了重要作用。相对于传统的管理政策，基于市场的经济激励型环境保护政策有成本低、对污染减排技术创新的激励作用更强等诸多优点。国外生态环境保护对我国的启示：环境保护具有优化经济发展的功能，应在发展经济的同时注重环境保护，而不是先污染再治理或者是边污染边治理。保护生态环境需要强大的国家意志，必须加快经济发展的绿色化改造，同时也要发挥社会力量的制衡作用。

主要建议为：

（1）加强领导和协调，建立生态环境保护综合决策机制

确定环境优先的发展理念、确定协调可持续发展的发展理念、建

立和完善生态环境保护责任制、积极协调和配合、建立经济社会发展与生态环境保护综合决策机制。黄河流域省市要抓紧编制生态功能区划，指导自然资源开发和产业合理布局，推动经济社会与生态环境保护协调、健康发展。制定重大经济技术政策、社会发展规划、经济发展计划时，应依据生态功能区划，充分考虑生态环境影响问题。

（2）加强激励政策和制度建设

从国外的发展经验来看，完善我国的环境经济激励政策需要从法律法规、制度创新等方面开展相应工作。建立和完善生态环境保护责任制，构建完善的管理制度，推行生态补偿资金的理性化配置和因地制宜的安排，推行生态扶贫作为黄河流域国家生态调控制度。宏观生态调控的"绿色发展工具"的运用，黄河上游因地制宜，推进产业结构调整，发展特色农业；黄河中游推动产业结构转型升级，注重经济发展方式的调整，积极落实产业结构调整升级；黄河下游经济增长要以绿色为基础，升级产业结构，构建产业体系，立足区域优势，发挥资源优势，增强特色资源产业的竞争力，把优势点从资源转换为产业和发展。

（3）重视先进技术在生态治理中的应用

从国际经验看，一方面，环保产业与技术的发展离不开政府的宏观调控、政策支持、资金投入、市场调节、公众参与等多方面的支持；另一方面，环保产业与技术的发展不仅可以通过降低能耗与污染排放，改善生态质量，对生态治理直接发挥重要作用，在环保产业发展到一定阶段，还可以为经济增长贡献重要力量，且发展速度与经济发展水平紧密相关。生态治理中应用的先进技术具体包括保障生态环境保护的科技支持能力、创新污水治理工艺，完善治理流程、增大研发投入，从技术、流程、材料等方面实现农机行业的转型升级、推广农用化学品减量提质增效技术。

（4）加强环境法治建设

加强立法和执法，把生态环境保护纳入法治轨道。注重环境立法对环境保护与促进经济发展的双重作用。强制性和合作性执法相融合，最大限度地协调发展与保护的矛盾。司法力量是落实立法、强化执法，确保社会、经济、环境保护协调发展的重中之重。加强生态环境保护的宣传教育，不断提高黄河流域全民的生态环境保护意识。深入开展环境国情、国策教育，分级开展生态环境保护培训，提高生态环境保护与经济社会发展的综合决策能力。重视生态环境保护的基础教育、专业教育，积极搞好社会公众教育。进一步加强新闻舆论监督，表扬先进典型，揭露违法行为，完善信访、举报和听证制度，充分调动广大人民群众和民间团体参与生态环境保护的积极性，为实现祖国秀美山川的宏伟目标而努力奋斗。

（5）推进"多规合一"

在"环境优化发展"的过程中，规划是协调环境和发展问题的重要手段。规划是城市发展的总体计划，是城市建设的前瞻性部署，协调各个规划的制定和执行，成为减少城市资源浪费和内耗的关键。完善污水收集系统，加强施工监管及验收工作、污水后期管护工作、跨区域管理，实现流域一体化。由于各省份之间的要素禀赋不同，需各区域之间进行资源交流，实现资源的充分高效利用，可把西部地区充沛的自然资源和东部地区先进的技术进行交换，为西部地区引入人力和技术资源，为东部地区引入生产资源，重视协调统筹每个省份之间的联系，合作共同进步，缩小各省份之间的差距，互利互惠，实现黄河流域的高质量发展。

（6）稳步推进国家公园体系

制定国家公园管理条例及国家公园法。"依法立园、依法治园"是众多国家的共通之处。明晰资源权属，改革管理体制。创新国家公园管理体制，突出生态保护、统一规范管理、明晰资源权属和创新经营机制。建议国家公园管理系统运行费用由国家财政负担，涵盖工作人员工资、基本管理费用和管理评估费用等。注重与地区资源禀赋相结合。此处资源包含自然资源、人文历史资源、市场资源，要综合考虑三者予以定位。市场资源包括受众人群、交通可达性等，这是国家公园建立前后贯穿经济影响评估的重点内容。突出生态保护，实行分区管理。"规划-评估"动态调整，合理规划生态旅游项目。创新多方参与，解决利益冲突。

（7）科学规划统筹生态城市建设

推进"多规合一"，规范统一法律法规。确立城市森林的战略性地位。确立城市森林的战略性地位及城市生态基础设施，在城市总体发展规划及"多规合一"下的空间规划中统筹布局，把城市森林作为城市有生命的生态基础设施及城市基础设施的重要组成部分。重视资源节约，发展绿色经济。重视资源节约与低碳节能，通过政策、财经等多种手段推进可再生能源利用、废弃物减量及循环利用，并将其融入绿色建筑、绿色交通体系等的发展。提升公众参与水平。明确公民参与环保的具体机制和渠道，建立促进非政府环保组织发展的激励机制。引导公众参与环境影响评价等相关工作。

（8）将生态村与生态农业建设政策措施落到实处

要优化国家政策和法规建设，在顶层设计中充分考虑农民的感受，注重具体实践举措的经济性。重视放大外部经济性（公益功能），削减外部不经济性（各种公害），并辅以有效的财经手段，奖励公益、惩罚公害。供给侧与消费侧同步改革，形成良性循环。推行绿色生态生产，减少环境污染；引导群众接受高质高价，让群众愿意为绿色产品付费，反向支撑绿色生产，建立健全国家及地区的生态认证制度。鼓励民间成立合作组织，以增强对市场风险的抵御能力，避免生态农业发展受挫。针对国情，突出有机肥制备、使用等方面的技术指导，并辅以政策约束，在实现农药、化肥等减量化的同时，避免出现新的污染。发挥政府的主体作用，充分调动各方的积极性，特别是农村居民对污水处理的意见。

（9）凝聚社会力量协调推进生态工业发展

在生态工业园设计、管理方面，应体现出黄河流域对工业园引导和管理的思路。在管理主体方面，推动政府、企业、科研单位共同构成管理主体成为一种趋势，注重充分听取非政府组织和周围民众的意见。政府在园区管理中主要发挥宣传、引导和协调的作用，统筹企业发展，而非单方面的规划和安排。在激励政策方面，政府需要投入人力和财力，提升生态工业园对企业的吸引力，鼓励企业进入。为此，国家应该为黄河流域提供资金和技术支持，做公益性或准公益性的技术研发工作，设立补偿金制度，补偿企业的建设成本，以换取在生态环境和就业方面的长期利益。

作者

2024 年 10 月于西北农林科技大学

目录

1 导　　论

1.1 研究背景

　　作为生态系统中最活跃与积极的因素，人类活动的各个阶段都会对生态环境产生较大影响，尤其是 20 世纪后半叶，人口的快速增长和科技的高速发展对人类生产环境形成了较大影响。一方面，人类活动通过不断向自然索取资源，使生态环境进一步恶化，并衍生了一系列自然灾害。另一方面，人类也因前期无节制的索取遭到"报复"。因而，环境问题也受到越来越多的重视。研究表明，环境污染对世界的影响相当于第三次世界大战，且已成为制约发展中国家和发达国家经济和社会发展的重大问题。1992 年，联合国环境与发展大会在巴西里约热内卢召开，180 多个国家共同参与并通过了《21 世纪议程》、《里约宣言》等文件。此次大会也对世界性的环境问题达成了共识：人类社会要实现永续发展，就应该遵循自然规律，不能超越自然环境的承载力和自然资源的更新力，从而寻求经济、生态和社会的协调发展。这次大会达成的《联合国气候变化框架公约》（*United Nations Framework Convention on Climate Change*）强调了一项重要的战略：温室气体减排计划。

　　1997 年达成的《京都议定书》（*The Kyoto Protocol*，全称《联合国气候变化框架公约的京都议定书》），是《联合国气候变化框架公约》（*United Nations Framework Convention on Climate Change*，UNFCCC）的补充条款。其中规定：①发达国家间可进行排放额度买卖的"排放权交易"，即若国家的碳排量难以削减可从超额完成削减任务的国家购买超出的额度；②本国实际排放量扣除森林所吸收的二氧化碳数量即为温室气体净排放量；③可通过实行绿色开发机制促使发展中国家和发达国家共同减排温室气体；④欧盟内部的多个国家可视为一个整体，采取部分国家削减、部分国家增加的方法，总体上完成减排任务，即采取"集团方式"。由于该方案执行过程复杂，美国、加拿大先后退出该协议。

2004年，来自170个国家、290个政府间国际组织和非政府组织的5 000余名代表在阿根廷布宜诺斯艾利斯参加了《联合国气候变化框架公约》（以下简称《公约》）第十次缔约方会议（COP10）。会议就气候变化可能带来的影响和措施、温室气体减排政策及其影响、气候领域内的技术开发与转让等20个议题进行商讨，本次会议只对部分议题达成共识，由于利益间的制衡以及技术、资金等原因，部分发达国家和发展中国家对于技术转让、能力建设以及资金机制等议题的分歧较大。

但是，随着经济的发展，大多数发展中国家面临严重的环境问题。在过去的数十年中，许多发展中国家已经慢慢地推行一系列环境保护计划。以政府补助为基础，来激励那些为生态服务做贡献的群体，以期收到生态保护的效果，附带发展贫困地区农村经济，实现人与自然和谐发展。这些项目计划包括：放弃不适宜农作物耕种的土地；采取先进耕作技术保护生态系统；野生动物栖息地保护，生物多样性保护；以及其他固碳和流域保护计划；减少温室气体排放；保护城市和农村的饮用水资源等。这类生态保护计划在国际上一般被称为：生态服务补偿（Payments for Ecosystem Service，PES）。

环境问题是21世纪中国面临的最严峻挑战之一，改善和修复生态环境是保证经济长期稳定增长以及实现可持续发展基本国家利益的必然要求。环境问题解决得好坏关系到中国国家安全、国际形象以及广大人民群众的根本利益，也涉及全面建成小康社会的实现。为经济社会发展提供良好的资源环境基础，使所有人都能获得清洁的大气、卫生的饮水和安全的食品，是政府的基本责任与义务。由于经济的快速发展对资源的过度需求，中国生态环境遭到极大地破坏。1998年的洪涝灾害为我们敲响了警钟。在第十二届全国人民代表大会第一次会议上国务院总理温家宝在作《政府工作报告》时也曾指出，要顺应人民群众对美好生活环境的期待，大力加强生态文明建设和环境保护。生态环境关系人民福祉，关乎子孙后代和民族未来。要坚持节约资源和保护环境的基本国策，着力推进绿色发展、循环发展、低碳发展。要加快调整经济结构和布局，抓紧完善标准、制度和法规体系，采取切实的防治污染措施，促进生产方式和生活方式的转变，下决心解决好关系群众切身利益的大气、水、土壤等突出环境污染问题，改善环境质量，维护人民健康，用实际行动让人民看到希望。2013 年 9 月，习近平总书记明确提出"绿水青山就是金山银山"，强调建设生态文明、建设美丽中国是我们的一项战略任务，要给子孙后代留下天蓝、地绿、水净的美好家园。

黄河发源于青藏高原，流经青海、四川、甘肃、宁夏、内蒙古、山西、陕西、河南、山东 9 省份，干流全长 5 464 千米，是我国仅次于长江的第二长河。黄河流域（包括上述青海省等沿黄 8 省全境和四川省阿坝州与甘孜州）总面积 334.6 万平方千米，分布有三江源、祁连山等重点生态功能区和国家公园以及河套平原等粮食主产区，煤炭储量占到全国一半以上，是我国重要的生态屏障、农牧业生产基地和能源基地。黄河流域是连接青藏高原、黄土高原和华北平原的生态廊道。党的十八大以来，习近平总书记一直强调黄河流域的综合治理。2019 年 9 月 18 日上午，习近平总书记在郑州主持召开黄河流域生态保护和高质量发展座谈会并发表重要讲话："黄河是中华民族的母亲河，黄河流域构成我国重要的生态屏障、是我国重要的经济地带和打赢脱贫攻坚战的重要区域"，指出"新中国成立以来黄河治理取得巨大成就，水沙治理取得显著成效、生态环境持续明显向好、发展水平不断提升"。但长期以来，受生产力水平和社会制度的制约，再加上人为破坏，洪水风险依然是流域的最大威胁，流域生态环境脆弱，水资源保障形势严峻，黄河屡治屡决的局面始终没有根本改观，黄河沿岸人民的美好愿望一直难以实现。

当前，我国生态文明建设全面推进，绿水青山就是金山银山理念深入人心，沿黄人民群众追求青山、碧水、蓝天、净土的愿望更加强烈。我国加快绿色发展给黄河流域带来新机遇，特别是加强生态文明建设、加强环境治理已经成为新形势下经济高质量发展的重要推动力。黄河流域生态保护和高质量发展是事关中华民族伟大复兴的千秋大计，统筹推进山水林田湖草沙综合、系统与源头治理，就需要深入系统全面评估黄河流域生态环境的现状，挖掘表象背后的深层问题及其瓶颈形成原因，为黄河流域生态环境保护与农业农村高质量发展提出具有针对性的建议有着重要的意义。

1.2 研究目的与意义

1.2.1 研究目的

黄河流域环境保护效果是由区域自然、经济、社会，甚至人文、历史以及黄河流域环境保护政策共同驱动的结果。本研究的核心目的是在更为准确地评估黄河流域生态环境质量及其构成指标基础上，阐述其时空演变及其区域差异，揭示其驱动因素，提出相应的对策建议。具体而言，本研究试图达到以下目的：在了解黄河流域生态环境演变的基础上，利用相关统计数据和案例样本农户调查数据，从政策实施的生态保护出发，通过解译遥感数据评估黄河流域生态环境保护对黄河流域生态环境质量、空气质量、碳汇、碳排、植被、水资源等生态环境指标的影响；通过综合考虑自然、经济和社会三个方面的因素，构建了对黄河流域生态环境的影响因素分析框架，进而识别出黄河流域生态环境主要影响因素及其作用机制，以期对黄河流域生态保护政策的设计和制定优化提供相应依据。通过对上述研究目的的实现，拟实现以下具体目标：

（1）梳理黄河流域生态环境保护措施的历史脉络与演进逻辑。

（2）全面分析黄河流域生态环境保护措施对生态环境质量、碳汇、空气质量、植被、水资源质量的提升作用，探究黄河流域生态环境保护指标演变的时空格局及其演变规律。

（3）揭示自然、经济和社会三方面指标影响黄河流域生态环境指标的作用机制，进而识别出影响黄河流域生态环境的主要影响因素。

（4）总结国外发达国家在生态环境保护方面的经济激励政策、生态环境保护管理体制、生态环境保护的主要措施等方面的先进成功经验，为黄河流域生态环境保护提供相应借鉴和启发。

（5）提出提升黄河流域生态环境保护水平的政策设计和优化措施及对策建议。

1.2.2 研究意义

保护好黄河流域生态环境，促进沿黄地区经济高质量发展，是协调黄河水沙关系、缓解水资源供需矛盾的迫切需要；是践行绿水青山就是金山银山理念、防范和化解生态安全风险、建设美丽中国的现实需要；是强化全流域协同合作、缩小南北方发展差距、促进民生改善的战略需要。

本研究的理论意义在于：通过对黄河流域生态环境保护措施政策/措施绩效评价梳理，不断丰富黄河流域生态环境保护理论内涵，揭示黄河流域生态环境保护与其自然、经济和社会发展问题的关系，为黄河流域生态、社会、经济可持续发展提供一定的理论依据和政策指导。

本研究的实践意义在于：在可持续发展的理论指导下，系统、科学地分析黄河流域生态环境保护发展历程、生态建设和环境保护的现状，找出存在的问题，将生态环境保护与区域经济发展、产业结构调整更好地结合起来，进而从根本上继续巩固和扩大黄河流域生态环境政策/措施保护成果，使黄河流域生态环境政策/措施成为促进该流域环境保护、区域经济可持续发展的重要组成部分和有效途径，更好地解决"三生"问题，为黄河流域生态环境保护与经济高质量发展提供科学合理的政策建议。

1.3 研究动态

1.3.1 生态环境保护措施及效果研究综述

改革开放以来，党和政府高度重视环境保护工作，并采取一系列措施致力于生态环境保护和改善，进一步加大生态环境建设力度。通过系列措施的实施，我国一些地区的生态环境得到了有效保护和改善。主要包括：生态修复工程、水污染治理、大气污染防治、农村人居环境整治和农业绿色生产等举措。

（1）生态修复工程

以退耕还林为首的生态修复工程实施的最初目的主要是实现既定的生态目标，即增加坡耕地的林草植被覆盖率，防止长江、黄河中上游等生态环境脆弱地区的水土流失。多数研究结论显示，退耕还林政策经过 20 年的实施，工程的营林造林已经产生并提高了诸如涵养水源、碳储量、生境质量等生态系统服务功能，并改变了退耕区土地利用结构与林草植被覆盖率。通过实施退耕还林/还草工程，林地在土地利用结构中的比重提升，草地比重却变化不大，减少了农户低价值粮食作物的种植面积，增加了收益较好、适合当地生长的作物种植面积（宋乃平、王磊等，2006；崔海兴、郑风田等，2009）；在退耕还林的政策驱动下部分农业用地被种植成松树林，有些农业用地自然转变成疏生林和灌草丛，即退耕还林实施后，植被覆盖变化表现在林地、草地面积在上升，耕地面积在下降（Feng X、Fu B et al.，2016）。退耕还林（草）政策的实施也使得区域土地利用发生较大变化，但其综合效益与生态效益变化趋势一致，土地利用的生态效益、经济效益和综合效益分别提高了6.20％、2.10％和3.89％，且朝着生态良性与农业集约的方向进一步发展（田晓宇、徐霞，2018）。针对不同的研究区域所得到的结论基本是一致的，即退耕还林工程实施后的生态服务价值是增加的（赵丽、张蓬涛，2010；支再兴、李占斌，2017）。侯孟阳、姚顺波等（2019）对延安市生态服务价值的研究发现，退耕还林工程的实施促进 ESV 的增长，政府主导的退耕还林工程对生态环境恢复与保护起到显著的积极作用。高照良、付艳玲等（2013）选取黄河中游的 5 条典型流域探讨 50 年来流域水沙及其关系的演变过程，结果说明退耕还林（草）及水土保持工程对流域水沙动力有削弱效应，且水沙异源的状况有所缓解；Wang Y F、Yao S B（2019）认为，当退耕还林还草面积比重每增加 1％，将实现每立方米中的含沙量减少 1.894 千克。彭文英、张科利等（2005）证实了退耕还林工程实施后，土壤有机碳储量明显增加，且碳储量的增加对区域气候变化及土壤和水环境都产生了影响；Zhang K、Dang H 等（2010）的研究证实退耕还林工程的实施将对中国的碳封存产生重要的影响；唐夫凯、周金星（2014）以岩溶区作为研究区，发现研究区坡耕地退耕后土壤有机碳、全氮的含量和密度均增加，证实了退耕还林还草有促进土壤碳库和氮库积累的作用。

（2）水污染治理

"十二五"以来，国家非常重视重点流域水污染防治，并将松花江、淮河、海河、辽河、黄河中上游、太湖、滇池、巢湖、三峡库区及其上游、丹江口库区及上游10个流域划定为重点流域。在"十二五"规划实施已经过半时，依据环保部的《2012年环境质量公报》，我国重点流域污染治理效果并不理想。究其原因，首先是水污染治理本身难度大，加之经济社会发展给水环境带来的压力加大及企业环境风险防范意识不强造成的水环境污染事故增多，重点流域水污染防治任务十分艰巨。农村流域水环境协同治理是指处于自然环境的河流、湖泊、水塘与社会环境中的农村生活污水的整体性治理。党的十九大报告将生态文明建设视为中华民族千年发展的大计，农村水体污染的严重性逐渐凸显（叶子涵，2019），以河流、湖泊污染治理为代表的农村流域污染治理问题已经受到地方政府的充分重视，投入了巨大的治理成本。虽然一些地方开始引入PPP模式或BOT模式进行流域环境治理，且在短时间内取得了显著的治理效果。但长远来看：地方政府与污染企业的零和关系无法得到彻底平衡，环境保护与专业治水企业的可持续发展未能实现"双赢"（曹芳，2016）。近年来，我国立足"绿色发展、生态先行"理念，坚持可持续发展战略和污染防治与生态保护并重的方针，在控制水污染源，强化污水处理，加强水质保护方面取得了明显的成效。各省落实国务院《水污染防治行动计划》，黑臭水体已得到全面控制（张春，2018）；有些省市深入贯彻"节水优先、空间均衡、系统治理、两手发力"新思路，推进水生态文明建设，取得了明显成效（韩周洋，2018）。2018年，我国地表水国家考核（以下简称国考）断面中，水质优良比例为71%，劣Ⅴ类比例为6.7%，主要江河、湖泊、近岸海域水质稳中向好，水环境质量持续改善（丁瑶瑶，2019）。

（3）大气污染防治

我国大气污染防治基于环境管理需求，从城市空气质量达标、重污染天气应对、严格控制燃煤污染、控制挥发性有机物排放、强化区域联防联控等方面着手，"十二五"期间我国城市空气质量明显好转，大气主要污染物总量控制取得积极进展，但当前大气环境形势仍十分严峻，传统煤烟型污染尚未解决，以颗粒物、臭氧引发的区域性复合污染日益严重（丁哲，2016）。我国扎实推进重点城市大气污染防治工作中，强化督查问责，对工作不力的单位和个人实施效能问责（李天宇，2017）。有研究表明，兰州市 2016 年 PM10、PM2.5 年均浓度比 2013 年下降 25％以上，优良天数增加 50 天；王誉晓（2020）研究显示，燃煤电厂超低排放改造对一氧化碳的减排贡献率最大，同时也对 NOx 减排有着最大贡献，VOCS 专项整治对 VOCS 的减排力度最大，燃煤锅炉整治对 SO_2 的减排影响最显著。

（4）农村人居环境整治

农村社会的发展也衍生出日益严重的生态破坏与环境污染问题，农业生产废弃物乱堆、生活垃圾乱倒等情况时有发生。数据显示，2017 年全国农村垃圾产生量达到 50.09 亿吨。国务院办公厅先后印发《改善农村人居环境的指导意见》、《农村人居环境整治三年行动》等文件，推动开展以农村垃圾治理为工作重点的农村人居环境整治工作。研究表明，农村人居环境整治综合使用给农户发放补贴、政府直接投入公共环境设施和建立公共设施管护制度（如收费制度）等政策工具，有效地提升了农户的卫生厕所使用、生活垃圾集中处理和生活污水集中处理等人居环境指标，是改善农村人居环境的重要推力（李冬青，2021）。自 2018 年以来，青海农牧区历经三年的农村人居环境整治行动已取得了良好成效。农牧民的获得感和幸福感获得了极大提升，为"十四五"期间农村人居环境整治提升五年行动的启动实施打下了坚实基础（吴春宝，2021）。

（5）农业绿色生产

党的十八大以来，党中央、国务院高度重视绿色发展，习近平总书记多次强调绿水青山就是金山银山。农业绿色发展需要高水平的科技、管理以及高素质的农民，需要尊重自然生态环境，并依据不同的环境，选取差异化的生产方式和物种，以保护生态环境、减少资源浪费、生产绿色安全的农产品（Parviz Koohafkan，Miguel A. Altieri and Eric Holt Gimenez，2012）。但我国农业生产多属于分散的小规模生产，农业生产者文化素质普遍偏低（谯薇、云霞，2016），小农思想严重，对短期的经济利益十分看重（谯薇、云霞，2016），缺乏对农业绿色发展前景与价值的深刻认识（Parviz Koohafkan，Miguel A. Altieri and Eric Holt Gimenez，2012），这种保守、陈旧的观念在很大程度上阻止了农业绿色技术的推广与发展，反而诉助施用化肥、喷洒农药、除草剂等化学物质来提高产量（王红梅，2019）。化肥长期过量低效利用造成土壤酸化、盐化和板结，使得耕地质量恶化加剧、生态系统功能退化（Zhu and Chen，2002；张云华，2019）。同时农业绿色生产需要农业生产者改变常规生产方式，资金、技术投入大，短期内无法获得可观的经济收益（Meredith Stephen，Willer Helga，2014），承受风险能力低。耕地资源关乎人类基本生存，是农业可持续发展的前提和基础，对其保护的重要意义不仅在于保障粮食安全，对生态环境保护及人民福利改善也具有长远的战略意义（孔祥斌，2020）。化肥长期过量低效利用造成土壤酸化、盐化和板结，使得耕地质量恶化加剧、生态系统功能退化（Zhu and Chen，2002；张云华，2019）。为改变这种不利局面，早在 2015 年我国启动了取消化肥补贴的改革，恢复征收增值税和放开化肥用气价格（孙若梅，2019），同时适时将有机肥推广普及作为替代化肥、实现耕地保护的重要举措。虽然后续又出台多项支持政策，但农户习惯更多施用化肥的倾向仍未改变，化肥减量替代平均比例不足 20%，有机肥施用推广普及仍迫在眉睫（孙若梅，2019；钱龙，2020）。

1.3.2 黄河流域生态保护效果驱动因素研究综述

流域是区域经济社会发展和生态系统的重要空间载体，是一个具有特定的结构和功能、相对独立完整的自然资源-生态环境-人类社会的复杂系统。生态环境子系统是流域巨系统的重要组成部分，其结构功能、格局、过程受流域内自然和人为因素的不断影响，呈现出差异化的反馈状态（饶清华，2019）。

（1）自然因素

黄河流经 9 个省份，是我国第二长河，流域面积 79.5 万平方千米。黄河拥有丰富的自然资源，然而上、中、下游地区之间的发展差距较大，资源禀赋差异明显，进而不利于流域经济的协调发展。郭晗（2020）强调黄河流域高质量发展应在保护生态的前提下，促进区域协调发展。杨永春等（2020）则分析了黄河上游对维护我国生态安全和经济协调发展的作用。由于自然环境的特殊性，黄河流域上游资源禀赋优于中下游地区，因而新时期应根据资源禀赋，践行生态优先、绿色发展的理念，因地制宜、优势互补，充分发挥流域比较优势，不断加强流域内各区域间的合作，推动资源的合理有序流动，从而实现全流域的协调发展。随着黄河流域各地区产业发展速度加快、人口增多，对流域生态环境的承载力提出了更高要求。张红武（2020）指出水资源短缺、水沙关系不协调等生态环境问题是黄河流域发展缓慢的原因之一。

（2）人类活动

李树元等（2014）研究了海河流域生态环境关键要素的时空演变规律，认为人类活动已经取代自然条件成为影响海河流域的关键因子。KR（2020）利用 DPSIR 框架分析了乌鲁米耶湖流域不同驱动因子对生态系统服务因子的影响，发现农业耕地的急剧扩张加剧了湖泊的萎缩，并进一步削弱了绝大多数的生态系统服务。Zhang 等（2021）分析了黄河流域生态系统服务与驱动因子的关系，发现粮食、畜牧业和工业产量与土壤保持、碳固定、水源涵养等生态系统服务存在显著的高协同效应。Shi（2020）通过分析发现黄河流域上游农牧交错区的景观具有多样化和破碎化特征，部分农业区区域生态网络连通度得到了有效改善，且景观异质性是保护流域生态环境的关键；城镇化不利于黄河流域环境治理绩效，而产业结构升级、技术创新、外商直接投资、政府支持可以显著提高环境治理绩效（毛媛，2020）。

（3）体制机制

黄河流域环境承载力弱、洪涝灾害频发等问题是制约生态保护和高质量发展的关键问题。黄河是一个生态整体，流域生态问题的产生是一个复杂的系统性问题，黄河流域重在保护、要在治理，推进流域高质量发展的关键在于保护流域生态，提升黄河流域环境承载力。何爱平等（2021）强调了黄河流域灾害形成机理的复杂性，认为对黄河流域过度开发和利用会加大治理和生态保护的难度。要把握好生态保护与经济发展之间的关系，不能以生态环境的牺牲为代价发展经济。还有学者强调协同治理对黄河流域生态发展的重要性，如梁静波（2020）的研究明确了绿色发展是高质量发展的重要内容，说明黄河流域存在的相关问题是协同治理不足造成的。推动黄河流域的绿色发展，是基于对流域生态的保护，满足人民对美好生活需要的现实要求。流域综合治理体制机制改革是解决流域性生态环境问题的主要途径（何兴照，2008），在环境保护过程中，资源、环境与经济社会协调要实现和谐共生的相处模式（任丽娟，2020）。有研究认为，新时代黄河流域全面深刻转型发展的任务仍然艰巨，需转变理念，持续推进能源清洁高效利用，因地制宜重点推进产业发展，不搞粗放式大开发，搞好资源耕地保护等方面应是推进黄河流域综合治理及保障可持续发展的重要举措（陆大道，2019）。2019 年 9月 18 日，习近平总书记在郑州主持召开黄河流域生态保护和高质量发展座谈会并发表重要讲话，对黄河治理作出重要指示，他指出："治理黄河，重在保护，要在治理"，要坚持山水林田湖草的综合治理、系统治理、源头治理，统筹推进各项工作，加强协同配合。

1.3.3 黄河流域生态保护效果政策/措施优化研究综述

通过促进生态的可持续发展，探索环境友好型发展模式，实现黄河流域经济高质量发展。综合分析有关研究，本研究认为推进黄河流域生态保护和高质量发展的路径如下：

（1）加强流域内区域协同发展

制度是支配行动者行为的一系列规则（科斯等，1994），正式的制度包括法律、政策等，非正式的制度涵盖习俗、文化、惯例等（诺思，2008）。未来流域资源的治理制度设计方向为多元化参与、共同目标及合作（周海炜，2009），遵循"污染者付费，第三方治理"的治理原则（吕志奎，2017），流域资源具有局部区域性资源共享的特征，这种共享资源的性质决定了流域资源治理具有集体活动的性质（李琼，2007），更适用于采用"社区自治为主、政府间接支持为辅"的治理方式。大量案例印证了多元化、多中心的治理理论适用于流域资源治理，并应依据当地的条件制定规则（章平，2018）。特别是对跨地域水环境资源的治理，建立政府主导、多元参与的跨域协同治理机制更为有效（操小娟，2019）。黄河流经 9 个省份，不同省份发展水平存在一定差异。要实现黄河流域生态保护和高质量发展，就要充分考虑到不同省份的发展实际，因地制宜协调好黄河流域的人地矛盾，充分发挥流域的比较优势。朱永明等（2021）采用 APH - DEMATEL 方法，研究表明收入水平、创新能力、人才资源等方面的差距是影响黄河流域协同发展的关键因素。黄河流域作为促进我国经济发展的重要区域，其对维护我国生态安全、促进我国经济社会发展具有重要作用。金凤君（2019）认为协调发展格局在协同推进黄河流域生态保护和高质量发展中发挥了重要作用。黄燕芬等（2020）通过欧洲莱茵河流域治理研究发现，黄河流域存在的问题本质为治理问题，因而要不断健全黄河流域的协同治理机制。任保平等（2021）强调要注重黄河中游地区生态保护和高质量发展的协同发展。推进黄河流域的高质量发展，要加强流域内各区域的相互协同，加大流域生态环境的保护力度，坚持重在保护、要在治理，为实现流域高质量发展奠定生态基础。

（2）黄河流域生态保护和高质量发展的法治保障

在经济社会快速发展的新时期，黄河流域生态保护和高质量发展面临新的机遇和挑战。张震等（2020）认为生态法治化是黄河治理的重要思路。新时期黄河流域的发展理念在不断变化，其保护治理面临新的任务。薛澜等（2020）以黄河流域生态保护和高质量发展战略为研究背景，提出应将黄河流域生态保护和高质量发展目标法治化。推进黄河流域生态保护和高质量发展，应充分认识其作为重大国家战略的地位，不断完善相关法治体系，保障流域高质量发展。

（3）建立黄河流域现代化治理体系

加强流域生态保护、推动高质量发展的重要保障是构建黄河流域现代化治理体系。推进黄河流域高质量发展，必须构建流域现代化治理体系，提高流域现代化治理能力。钞小静等（2020）强调要构建现代化治理体系对流域高质量发展的保障作用，且应以流域整体协调发展为基本方向来推进黄河流域高质量发展。郭晗等（2020）研究指出，当前黄河流域高质量发展受多种因素的制约，因而应加强高质量治理体系建设以推进流域高质量发展。刘传明等（2020）通过社会网络分析方法发现流域空间关联网络构建对于实现黄河流域高质量发展具有重要意义，同时指出应不断推进流域的系统化治理，协调好生态保护与经济发展之间的关系，以打造黄河流域协调发展的现代化治理格局。

（4）深化黄河流域体制机制改革

加强黄河流域体制机制改革深化，是保护流域生态和实现流域高质量发展的重要环节，并在此过程中不断探索黄河流域绿色、协调、可持续、高质量的发展之路。协调发展对于高质量发展的作用不容忽视，陈晓东等（2019）研究认为黄河流域生态保护和高质量发展的协调发展需要深化体制机制改革。钞小静（2019）指出应以新发展理念为指导，建立和完善黄河流域高质量发展的协调治理机制。其中，高质量发展要以流域生态环境的保护为前提，深化体制机制改革。刘贝贝等（2021）指出绿色科技创新在黄河流域经济发展过程中具有重要作用。新时期黄河流域生态保护和高质量发展战略的实施，要充分发挥改革的推动作用，加强流域生态环境保护，坚持把绿色发展观作为基本理论指导。

1.4 研究内容与思路及方法

1.4.1 研究内容

黄河流域生态环境保护评估是充分体现理论与实证并重、社科与自科交叉的全面而综合的评价。为科学、准确、综合地评估2001年以来黄河流域环境保护所取得的生态保护效益，本研究的主要内容包括：

第1章导论。阐述了研究背景、目的与意义，了解黄河流域生态环境保护研究动态，介绍研究内容、方法与思路以及主要研究结论。

第2章相关概念及理论。阐述了生态环境保护内涵、其他核心相关概念（生态环境综合指数、PM2.5、碳排放量、碳汇、植被抗旱、NDVI）和生态环境保护理论（包括可持续发展理论、生态系统理论、外部性和公共物品理论等相关内容）。

第3章黄河流域生态环境保护的历史脉络。阐述了黄河流域生态环境保护政策出台的现实背景和目标，梳理黄河流域生态环境保护政策的基本内容及其实施的发展脉络。

第4章黄河流域生态环境保护效果时空演变格局与趋势。为了反映我国生态环境保护总体目标，测度了反映黄河流域环境保护整体效果的生态质量指标；基于我国生态环境保护一般目标，选择确定了反映空气质量的PM2.5浓度比例、单位GDP二氧化碳排放、植被覆盖指数、地表水质量、工业废水五项生态环境保护效果指标，同时选择了年径流量、年输沙量、年含沙量和植被抗旱四项体现黄河流域环境保护的区域指标。基于GIMMS NDVI3g遥感数据集和统计数据资料，利用理论分析与实证检验相结合的分析方法，揭示了黄河流域生态环境质量时空演变格局与趋势，空气中PM2.5浓度时空演变格局与趋势，碳排放时空演变格局与趋势，碳汇时空演变格局与趋势，植被覆盖时空演变格局与趋势以及黄河流域年径流量时空演变格局与趋势，年输沙量时空演变格局与趋势，年含沙量时空演变格局与趋势，工业废水时空演变格局与趋势，黄河流域水体质量时空演变格局、趋势与分异特征。

第5章黄河流域生态环境保护效果驱动因素分析。基于GIMMS NDVI3g数据集和统计数据资料，利用理论分析与实证检验相结合的分析方法，选取自然、经济和社会三方面构建影响黄河流域生态环境的指标体系，分析黄河流域上游生态环境影响因素分布特征，综合运用地理探测器、空间叠加分析及地理加权回归模型分析对各个影响因素进行探测，进一步探究黄河上游、中游和下游地区县域生态环境质量及其变化的主导因素。

第6章国外生态环境保护经验及启示。阐述了国外生态环境保护的经济激励政策、国外生态环境保护管理体制、国外生态环境保护的主要措施，总结出了国外生态环境保护对我国的启示。

第7章提升黄河流域生态环境保护水平的策略。基于前面各章节的分析，分别从宏观、中观视角提出黄河流域生态环境保护机制完善路径与政策支持对策，为黄河流域生态环境保护与高质量发展政策/制度优化提供相应依据。

1.4.2 研究思路

基于相关文献和理论，首先阐述了黄河流域生态环境保护的历史脉络；

```
┌─────────────┐      ┌───────────────────────────────────────────────────────────┐
│  基础研究   │═════▷│ ┌────────┐ ┌──────────────────┐                            │
└─────────────┘      │ │概念界定│─│ 生态环境保护     │                            │
       ║             │ └────────┘ └──────────────────┘   ┌──────────────────┐     │
       ║             │ ┌────────┐ ┌──────────────────┐   │黄河流域生态环境  │     │
       ║             │ │理论基础│─│ 可持续发展理论   │───│保护的历史脉络    │     │
       ║             │ └────────┘ │ 生态系统理论     │   └──────────────────┘     │
       ║             │            │ 外部性与公共物品理论│                         │
       ║             │            │ 风险社会理论     │                            │
       ║             │            └──────────────────┘                            │
       ▽             └───────────────────────────────────────────────────────────┘
┌─────────────┐      ┌───────────────────────────────────────────────────────────┐
│  数据获取   │═════▷│ ┌────────┐ ┌────────────────────────┐ ┌──────┐             │
└─────────────┘      │ │中观数据│─│地理信息系统数据、统计年鉴等│─│研究数据库│      │
       ║             └───────────────────────────────────────────────────────────┘
```

生态环境保护

可持续发展理论
生态系统理论
外部性与公共物品理论
风险社会理论

黄河流域生态环境保护的历史脉络

中观数据 — 地理信息系统数据、统计年鉴等 — 研究数据库

黄河流域生态环境保护效果时空演变格局与趋势
- 生态环境质量时空格局与趋势分析
- PM2.5浓度时空演变格局与趋势分析
- 碳排放时空演变格局与趋势分析
- 碳汇时空演变格局与趋势分析
- 植被覆盖时空演变格局与趋势分析
- 水资源及质量时空演变格局与趋势分析

分析研究

黄河流域生态环境保护效果驱动因素分析
- 上游生态环境保护效果驱动因素分析
- 中游生态环境保护效果驱动因素分析
- 下游生态环境保护效果驱动因素分析

国外生态环境保护经验及启示
- 国外生态环境保护的经济激励政策
- 国外生态环境保护管理体制
- 国外生态环境保护的主要措施

结论及建议
- 黄河流域生态环境保护效果及驱动因素分析结论
- 提升黄河流域生态环境保护效果建议及政策优化

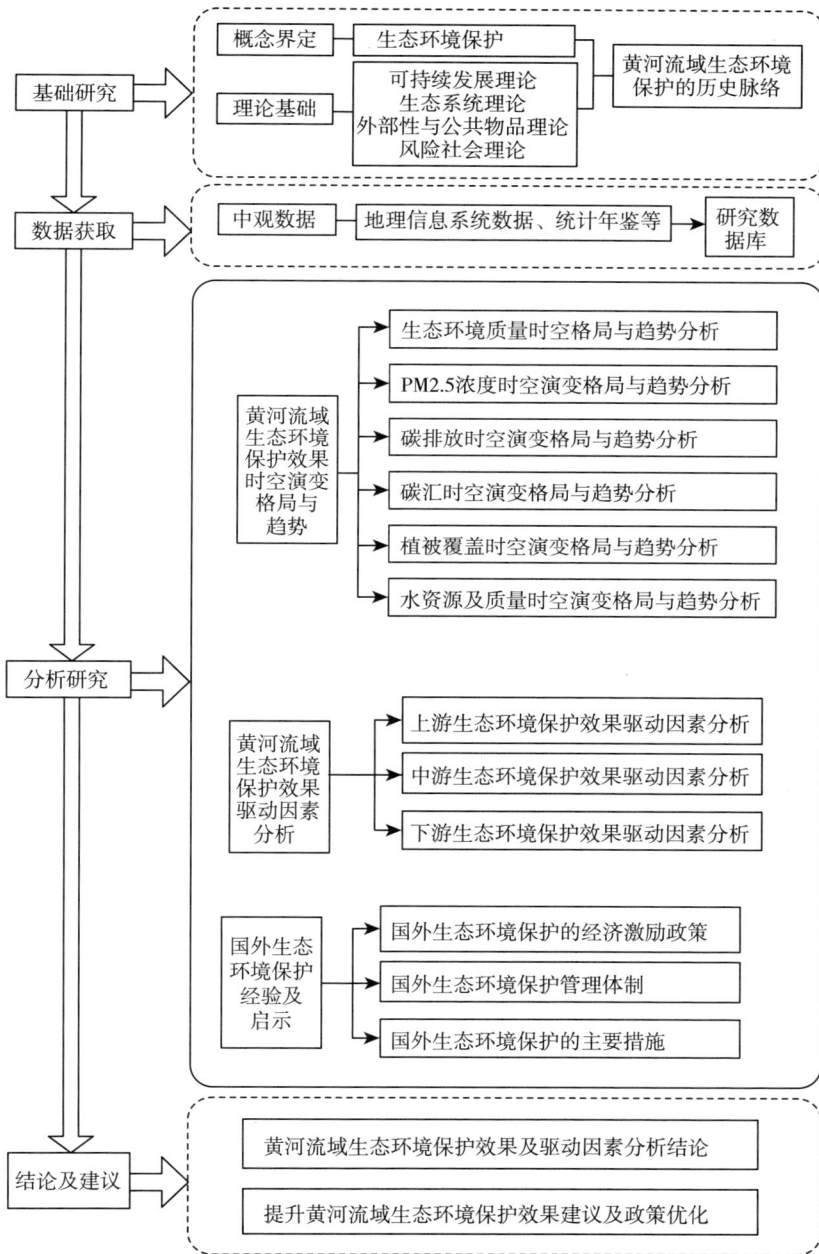

图 1-1 研究框架

其次在反映黄河流域环境保护整体效果的生态质量指标、反映生态环境保护一般目标和体现黄河流域环境保护的区域目标的基础上，运用统计描述分析方法、全局空间自相关和局部空间自相关等分析方法分析2001—2019年黄河流域生态环境保护效果时空演变格局与趋势；接着从自然、经济和社会三方面选取15个指标构建影响黄河流域生态环境的指标体系，对各个因素进行分析，识别出黄河流域生态环境主要影响因素及其作用机制；最后在前述分析和借鉴国内外相关生态环境保护经验的基础上，为黄河流域生态环境保护未来体制及机制、措施提出相关政策建议。本书研究框架见图1-1。

1.4.3 研究方法

（1）生态环境质量测度

基于遥感生态指数（Remote Sensing Ecological Index，RSEI），本研究采用修正的遥感生态指数（Remote Sensing Ecological Index-2，RSEI-2）用于对生态环境质量（Eco-Environment Quality，EEQ）的测度。

$$EEQ = RSEI_{-2} = \frac{PC1 - PC1_{min}}{PC1 - PC1_{max}} \qquad (1-1)$$

$$PC1 = PCA(NDVI，NDBSI，LST，WET，AI) \qquad (1-2)$$

式（1-2）中 $PC1$ 为第一主成分，$PC1_{min}$ 为 $PC1$ 的最小值，$PC1_{max}$ 为 $PC1$ 的最大值，$NDVI$、$NDBSI$、LST、WET 和 AI 分别是绿度、干燥度、热度、湿度和植被丰裕度指数。

$$AI = \mu \times (0.35 \times Forest + 0.21 \times Grassland + 0.28 \times Water +$$
$$0.11 \times Cropland + 0.04 \times Built + 0.01 \times Unused)/Area$$
$$(1-3)$$

式中，μ 指的是归一化系数，$Forest$、$Grassland$、$Water$、$Gropland$、$Built$ 和 $Unused$ 分别代表林地面积、草地面积、水体面积、农田面积、建设用地面积、未利用地面积，面积之和为统计区域的总面积。

此外，湿度指数（WET Index）的计算参考IDB[①]。

———————————

① 网址：http://www.indexdatabase.de/.

$$WET_{MODIS} = 0.150\,9 \times Blue + 0.197\,3 \times Green + 0.327\,9 \times Red +$$
$$0.340\,6 \times NIR - 0.711\,2 \times SWIR1 - 0.457\,2 \times SWIR2$$
$$(1-4)$$

式中，WET_{MODIS} 是湿度指数，$Blue$、$Green$、Red、NIR、$SWIR1$ 和 $SWIR2$ 是蓝色、绿色、红色、近红外、短波红外 1 和短波红外 2 波段的 MOD09A1 数据。

（2）全局空间自相关

根据地理学第一定律，任何事物都不是孤立存在的，事物之间必然存在某种关联，只不过距离相近的事物关联会更加凸显。全局空间自相关可以衡量区域整体的空间差异和空间联系，以便判断研究对象是否存在空间集聚，一般采用 Moran's I 指数表示空间集聚程度，其计算公式如下：

$$I_{xy} = \frac{n}{\sum_i \sum_j w_{ij}} \times \frac{\sum_i \sum_j w_{ij}(x_i - \bar{x})(x_j - \bar{x})}{\sum_i (x_i - \bar{x})^2} \quad (1-5)$$

式中：w_{ij} 为地区 i 与地区 j 之间的空间权重矩阵；x_i 为地区 i 的 x 属性值，$\bar{x}$ 为样本中所有 x 的属性平均值；n 为区域地区的总数。I_{xy} 为 Moran's I，取值在 -1 和 1 之间，$I_{xy} > 0$ 表示变量间呈空间正相关性，其值越大，空间正相关性越明显，$I_{xy} < 0$ 表示空间负相关性，其值越小，则空间负相关性越明显，$I_{xy} = 0$ 表示空间随机性分布。

（3）局部空间自相关

局部 Moran's I 用于揭示局部区域相邻的空间区域单元之间的相关性，以揭示研究区域某属性在空间分布上的异质特性，常用 Moran 散点图测度，其计算公式为：

$$I^* = \frac{x_i - \bar{x}}{S^2} \sum_{i=1}^{n} w_{ij}(x_j - \bar{x}), \ i \neq j \quad (1-6)$$

式中，x_i、x_j 为空间单元 i 与 j 的观测值；n 为区域地区的总数，w_{ij} 为地区 i 与地区 j 之间的空间权重矩阵。局部 Moran's I 指数的 Moran 散点图有 4 种关联模式：H-H 型即高高集聚，H-L 型即高低集聚，L-H 型即低高集聚，L-L 型即低低集聚。

（4）地理探测器

地理探测器作为挖掘与衡量地理现象空间异质性和揭示其驱动因子的有效工具，以因变量和自变量在空间分布上的一致性为依据，通过 q 统计量衡量自变量对因变量的解释度，该统计方法能够有效地克服传统统计方法处理地理空间数据和分类变量的局限性。本研究凭借地理探测器因子探测以及交互作用探测，通过 q 统计量分析土壤养分空间分异特征，揭示土壤养分影响因子对土壤养分空间分异性的解释度；通过比较单因子以及双因子叠加后的 q 值，明晰影响因子间的交互作用，进而能够识别出不同的影响因子交互作用下能否增加或降低对土壤养分的解释度。q 值度量表达式如下：

$$q = 1 - \frac{\sum\limits_{h-1}^{L} N_h \sigma_h^2}{N \sigma^2} \qquad (1-7)$$

式中，L 表示影响因子分类，N_h 与 h 分别表示子类型区 h 与全区单元数量，σ_h^2 和 σ^2 分别表示子类型区 h 生态环境质量方差和全区生态环境质量方差。q 值的值域范围是 $[0，1]$，其越接近 1 则解释度越高，反之越低。

（5）地理加权回归（Geographically Weighted Regression，GWR）

是一种空间分析技术，是对普通线性回归模型的扩展，其遵循了地理学第一定律，将数据的空间关系作为权重嵌入到回归方程中，探索研究对象在某一尺度下的空间变化及驱动因素，可用于对未来结果的预测。GWR 相较于 OLS（最小二乘法）在区域经济的分析上更具有解析性，更能体现出空间异质性。

相关概念及理论

　　生态环境保护重在实践，以此破解社会发展中的生态环境难题。在实践之前首先需要明确一系列的问题，我们需要什么样的发展？生态环境保护在社会发展中处于什么地位？如何处理经济发展与生态环境保护的关系？如何制定科学的环境决策，减少人为因素给社会带来的生态环境风险？如何影响、改造和重塑生态系统，让生态环境朝着人类希望的方向发展？

　　在科学认识客观规律的基础上，生态环境保护相关理论对以上问题进行了回答，走可持续发展之路、尊重生态系统自身规律、认清环境问题产生的经济学和社会学根源，才是生态环境问题的解决之道。在此基础上，生态环境保护相关原则通过总结提炼、结合实践、平衡利弊得来，以此解决社会发展与生态环境保护、经济发展与生态环境保护的问题。对于政府、社会和市场之间关系的处理，通过科学决策和顶层设计，利用法律约束和激励引导，形成正反双向驱动力，鼓励公众参与，进而形成政府、社会和市场三者的良性互动，引导生产资料向有利于绿色发展的方向流动，并从管理体制、技术产业和控制措施方面提供配套支持。

2.1 相关概念

　　（1）生态环境保护内涵

　　生态环境（Ecological Environment），即"由生态关系组成的环境"的简称，是指与人类密切相关的，影响人类生活和生产活动的各种自然（包括人工干预下形成的第二自然）力量（物质和能量）与作用的总和。生态环境

（生物科学门户网站 http：//nature. bio1000. com/）是指影响人类生存与发展的水资源、土地资源、生物资源以及气候资源数量与质量的总称，是关系到社会和经济持续发展的复合生态系统。生态环境问题是指人类为其自身生存和发展，在利用和改造自然的过程中，对自然环境破坏和污染所产生的危害人类生存的各种负反馈效应。

生态环境由生态和环境两个名词组合而成。其中，生态一词源于古希腊字，最初是指一切生物的状态，以及不同生物个体之间、生物与环境之间的关系。1869 年德国生物学家 E. 海克尔提出了生态学的概念，即生物学是研究动物与植物之间、动植物及环境之间相互影响的一门学科。生态环境一词在我国最早可追溯到 1982 年的第五届全国人民代表大会第五次会议。时任全国人大常委会委员、中国科学院地理研究所所长黄秉维院士指出平衡是动态的，自然界总是不断打破旧的平衡，建立新的平衡，提倡应以保护生态环境替代保护生态平衡。最终这一提法被会议接受，并形成了宪法第二十六条：国家保护和改善生活环境和生态环境，防治污染和其他公害。政府工作报告也采用了相似的表述。自此之后，"生态环境"一词一直沿用至今。根据对宪法第二十六条中关于生态环境涵义的解读，以及多年来使用生态表征人类追求的理想状态，经常被作为褒义形容词的实际情况，中国科学院地理科学与资源研究所研究员、博士生导师陈百明认为生态环境应定义为：不包括污染和其他重大问题的、较符合人类理念的环境，或者说是适宜人类生存和发展的物质条件的综合体。

生态环境保护（Ecological Environmental Protection），是涉及自然科学和社会科学等多个领域在内的具有较强综合性的研究。生态环境保护方式包括：采取行政、法律、经济、科学技术、民间自发环保组织等。转变观念和思路，加强引导，合理利用自然资源，防止环境的污染和破坏，树立绿色低碳发展观，发展绿色低碳经济、促进生态健康可持续发展，以求自然环境、人文环境以及经济环境的共同平衡与可持续发展，扩大有用资源的再生产，保证社会发展。生态环境保护是人类社会未来发展的必然选择。政府部门应从政策层面上支持和引导大力发展绿色低碳产业，引导、支持社会树立绿色发展和低碳发展的理念，以发展绿色低碳经济实践和探索为起点，寻求适合国情的绿色低碳经济发展模式。为遏止气候变化不断恶化的势头，积极采取自主行动，从多种环节入手，节能减排降耗，减轻环境灾害，切实履行量化减排义务。根据《中华人民共和国环境保护法》，环境保护的内容包括保护自然环境、防治污染和其他公害。也就是说，要运用现代环境科学的理论和方法，在更好地利用资源的同时深入认识、掌握污染和破坏环境的根源和危害，有计划地保护环境，恢复生态，预防环境质量的恶化，控制环境污染，促进人类与环境的协调发展。2021 年 5 月 18—19 日，全国生态环境保护大会在北京召开，会上习近平总书记强调，要自觉把经济社会发展同生态文明建设统筹起来，充分发挥党的领导和我国社会主义制度能够集中力量办大事的政治优势，充分利用改革开放 40 年来积累的坚实物质基础，加大力度推进生态文明建设、解决生态环境问题，坚决打好污染防治攻坚战，推动我国生态文明建设迈上新台阶。

（2）生态环境综合指数（Ecological Environment Composite Index）

本研究基于遥感生态指数（Remote Sensing Ecological Index，RSEI），采用修正的遥感生态指数（Remote Sensing Ecological Index - 2，RSEI - 2）用于对生态环境质量（Eco - Environment Quality，EEQ）的测度。该指标参考国家 2015 年发布的生态环境状况评价技术规范，综合考虑了绿度（植被覆盖）、干燥度（地区的干湿程度，考虑裸土和建筑）、热度（地表温度）、湿度和植被丰裕度指数等方面的因素。

（3）PM2.5

PM2.5 指环境空气中空气动力学当量直径小于等于 2.5 微米的细颗粒物。该种物质能较长时间悬浮于空气中，其在空气中含量浓度越高，就代表空气污染越严重。2013 年 2 月，全国科学技术名词审定委员会将 PM2.5 的中文名称命名为细颗粒物。细颗粒物的化学成分主要包括有机碳（OC）、元素碳（EC）、硝酸盐、硫酸盐、铵盐、钠盐（Na^+）等。

（4）碳排放量（Carbon Emission）

碳排放量是指在生产、运输、使用及回收该产品时所产生的平均温室气体排放量。动态的碳排放量是指每单位货品累积排放的温室气体量，同一产品的各个批次之间会有不同的动态碳排放量。中国计划于 2030 年实现碳达峰，

2060 年实现碳中和。美国提出将在 2050 年实现"净零排放"。欧盟提交了《欧洲气候法》，旨在从法律层面确保欧洲到 2050 年成为首个"气候中性"大陆。

（5）碳汇（Carbon Sink）

碳汇是指森林吸收并储存二氧化碳的多少，或者说是森林吸收并储存二氧化碳的能力。森林碳汇是指森林植物吸收大气中的二氧化碳并将其固定在植被或土壤中，从而减少该气体在大气中的浓度。土壤是陆地生态系统中最大的碳库，在降低大气中温室气体浓度、减缓全球气候变暖中，具有十分重要和独特的作用。通过植树造林、植被恢复等措施，吸收大气中的二氧化碳，从而减少温室气体在大气中浓度的过程、活动或机制。2003 年在《联合国气候变化框架公约》第九次缔约方大会中，国际社会已就将造林、再造林等林业活动纳入碳汇项目达成了一致意见，制定了新的运作规则，为正式启动实施造林、再造林碳汇项目创造了有利条件。2020 年 10 月 28 日，《自然》期刊上一个国际团队的研究结果也再次表示，中国的西南地区和东北地区的碳汇，占中国整体陆地碳汇 35％以上。

（6）植被抗旱（Plant Drought Resistance）能力

植被抗旱是指陆生植物对干旱环境的适应或抗御能力，由于陆生植物抗旱性的原理，常受到干旱威胁，在长期适应进化中形成各种抗旱机能。

（7）归一化植被指数（Normalized Differential Vegetation Index，NDVI）

为两个通道反射率之差除以它们的和。在遥感应用领域，植被指数已广泛用来定性和定量评价植被覆盖及其生长活力。该指数随生物量的增加而迅速增大。比值植被指数又称为绿度，为二通道反射率之比，能较好地反映植被覆盖度和生长状况的差异，特别适用于植被生长旺盛、具有高覆盖度的植被监测。

（8）年径流量（Annual Runoff）

年径流量指一年内通过河流某一过水断面的水量。将瞬时流量按时间平均，求得一年的平均流量称为年平均流量。并由此可以引出多年的平均值称为多年平均年净流量，通常以立方米计。

（9）年输沙量（Annual Sediment Runoff）

年输沙量指一年内通过河道某断面的输沙总量，包括悬移质泥沙及推移质泥沙两部分，通常以万吨或亿吨计。

（10）年含沙量（Annual Sediment Concentration）

含沙量又称固体径流，指单位体积浑水中所含泥沙的数量，悬移质泥沙的输沙量除以年水量为年平均含沙量，计量单位为千克/立方米。

（11）工业废水（Industrial Wastewater）

工业废水包括生产废水、生产污水及冷却水，指工业生产过程中产生的废水和废液，其中含有随水流失的工业生产用料、中间产物、副产品以及生产过程中产生的污染物。由于工业废水中常含有多种有毒物质，污染环境对人类健康有很大危害，因此要开发综合利用，化害为利，并根据废水中污染物成分和浓度，采取相应的净化措施进行处置后，才可排放。

（12）地表水质量（Surface Water Quality）

依据《地表水环境质量标准》（GB 3838—2002）中除水温、总氮、粪大肠菌群外的 21 项指标标准限值，分别评价各项指标水质类别，按照单因子方法取水质类别最高者作为断面水质类别。Ⅰ、Ⅱ类水质可用于饮用水源一级保护区、珍稀水生生物栖息地、鱼虾类产卵场、仔稚幼鱼的索饵场等；Ⅲ类水质可用于饮用水源二级保护区、鱼虾类越冬场、洄游通道、水产养殖区、游泳区；Ⅳ类水质可用于一般工业用水和人体非直接接触的娱乐用水；Ⅴ类水质可用于农业用水及一般景观用水；劣Ⅴ类水质除调节局部气候外，几乎无使用功能。

2.2 相关理论

生态环境保护工作既需要处理好人与自然的关系，也需要以保护生态环境为目的，协调好人类社会内部的关系。生态环境保护的复杂性决定了其学科的复合性，借助已有基础学科的理论和方法，结合生态环境保护的自身特点，形成了生态环境学、环境经济学、环境社会学、环境法学、环境政治学、环境哲学、环境工程学等多个学科，以认识生态环境的自身规律，利用经济和技术手段调节人与生态环境之间的关系，通过社会学方法揭示生态环境与社会发展的关系，政府、社会和市场的关系。在梳理各生态环境保护理论的基础上，本章将可持续发展理论作为国际生态环境保护的基础理论，其为国际社会达成生态环境保护共识、广泛参与生态环境保护工作提供了原则和目标，同时本章遵循普适性、重要性、代表性的原则，从自然科学、经济学、社会学角度选取了生态系统理论、外部性和公共物品理论及风险社会理论，以此构成本章生态环境保护的理论框架。

2.2.1 可持续发展理论

1980 年 3 月，《世界自然保护大纲》中初步提出了可持续发展的思想，强调"人类通过对生物圈的管理，使得生物圈既能满足当代人的最大需求，又能保持其满足后代人的需求能力"。1987 年 2 月，世界环境与发展委员会发布《我们共同的未来》，报告首次使用了可持续发展概念，并将其定义为"可持续发展是既满足当代人的需要，又不对后代人满足其需要的能力构成危害的发展"。1992 年 6 月，在联合国世界环境与发展大会上，102 个国家首脑共同签署了以可持续发展为核心的《21 世纪议程》，发表"里约宣言"，标志着可持续发展被广泛接受，并在之后逐渐成为国际社会经济发展的共识和方向。

可持续发展强调经济、社会和生态三方面的协调统一，以达到全面发展的目的。在经济方面，以区域开发、生产力布局、经济结构优化、物质供需平衡等为基本内容，其目标是将"科技进步贡献率抵消或克服投资的边际效益递减率"作为衡量可持续发展的重要指标和基本手段；在社会方面，以社会发展、社会分配、社会公平、利益均衡等为基本内容，其目标是将"经济效率与社会公平取得合理的平衡"作为可持续发展的重要依据和基本诉求；在生态方面，以生态平衡、自然保护、资源的永续利用等为基本内容，其目标是将"环境承载力与经济发展之间取得合理的平衡"作为可持续发展的重要指标和基本原则。

2015 年，联合国发展峰会正式通过了《2030 年可持续发展议程》，新议程涉及社会、经济和环境三个层面，包含 17 项可持续发展目标，其将是未来全世界人民的共同愿景和行动清单，具体目标包括：在全世界消除一切形式的贫困；消除饥饿，实现粮食安全，改善营养状况和促进农业可持续发展；确保健康的生活方式，促进各年龄段人群的福祉；确保包容和公平的优质教育，让全民终身享有学习机会；实现性别平等，增强所有妇女和女童的权能；为所有人提供水和环境卫生并对其进行可持续管理；确保人人获得负担得起的、可靠和可持续的现代能源；促进持久、包容和可持续的经济增长，促进充分的生产性就业和人人获得体面工作；建造具备抵御灾害能力的基础设施，促进具有包容性的可持续工业化，推动创新；减少国家内部和国家之间的不平等；建设包容、安全、有抵御灾害能力和可持续的城市和人类住区；采用可持续的消费和生产模式；采取紧急行动应对气候变化及其影响；保护和可持续利用海洋和海洋资源以促进可持续发展；保护、恢复和促进可持续利用陆地生态系统，可持续管理森林，防治荒漠化，制止和扭转土地退化，遏制生物多样性的丧失；创建和平、包容的社会以促进可持续发展，让所有人都能诉诸司法，在各级建立有效、负责和包容的机构；加强执行手段，重建可持续发展的全球伙伴关系。

可持续发展在实践中遵循公平性原则、持续性原则和共同性原则。公平性原则包括代内公平和代际公平两个方面，任何国家、任何地区的发展都不能以损害其他国家或地区的发展为代价，当代人的发展不以损害后代人的发展为代价，各代人之间的公平要求任何一代人都不能处于支配地位，即各代人都应有同样选择的机会空间。持续性原则包括生态可持续、经济可持续和社会可持续三个方面，要求保证资源的可持续利用和生态系统的可持续性，维持生态系统受到某种干扰时能保持其生产力的能力，保证经济系统运行状态良好并且持续长久，逐步提高全民生活质量，在人口、文化、教育、卫生等社会事业方面取得全面进步。共同性原则要求争取全球共同的配合行动，全人类共同促进自身之间、自身与自然之间的协调，既尊重各方的利益，又保护全球环境与发展体系的国际协定，既注重发展系统中各子系统和各要素的协调，又注重各区域之间的协调。

2.2.2 生态系统理论

生态系统概念由英国生态学家坦斯利提出，生态系统是由大气、水、土壤、各种生物及人类构成的，进行着能量、物质和信息交换，并维持相对稳定的开放系统。各组成要素间借助物种流动、能量流动、物质流动、信息传递和价值流动，相互联系、相互作用、相互制约，并形成具有自调节功能的复合体。

生态系统可通过自身的调节作用达到一个相对稳态，其在一定程度上承载了人类社会的发展，并为之提供生产资料，而一旦外界影响超过了生态系统维持自身动态平衡的能力，则可能导致生态功能退化和环境质量恶化。区域空间对污染物的容纳量与空间大小、污染物性质、污染物排放浓度和总量有关，而区域环境质量的好坏由污染物排放量及环境容量决定。具体到生态环境保护工作中，需结合空间大小和区域环境现状确定环境容量，根据所要达到的目标，结合污染物性质制定排放标准和总量控制要求，并分配到各个污染源进行逐个控制，以确保排污总量不超过环境容量、人类经济社会发展程度不超过区域环境承载力。

同时，生态系统本身是一个复杂的有机体，时时刻刻在与外界进行着能量传递和物质交换，各生态环境要素之间相互关联，并与其他生物相互影响，在开展生态环境保护工作时需要尊重生态系统的整体性规律，树立"山水林田湖"式的系统保护思维，对各环境要素进行统筹管理，对污染的产生、迁移、转化进行全过程控制。

2.2.3 外部性和公共物品理论

外部性理论和公共物品理论是现代环境经济学的理论基础。外部性由庇古在其创立的福利经济学中提出，指在实际经济活动中，生产者或消费者的活动对其他消费者和生产者产生的超越活动主体范围的利害影响。当活动涉及环境保护时，私人费用与社会费用的差值就是外部费用，通常表现为环境污染、生态破坏和其他环境问题等。若某种物品满足消费的同时具备非竞争性和非排他性两个条件，则此类物品被称为纯公共物品，但当物品消费具有较大的外部影响时，这类物品被称为准公共物品，环境质量和服务可被划入准公共物品范畴。

根据外部性的来源和影响结果，外部性可分为生产的外部不经济性、生产的外部经济性、消费的外部不经济性和消费的外部经济性四类，而环境问题主要与生产的外部不经济性、消费的外部经济性相关，表现为私人应该承担的环境污染成本社会化，而受影响者得不到决策者主体的补偿，某些效益被给予或某些费用被强加给没有参与这一决策的人。为减少环境问题的外部性，使该部分成本内部化为私人成本，可通过直接控制污染物排放、要求对财产或权益损失进行赔偿、对排放行为征税、明确环境介质产权四种方式进行。供给公共物品时，由于消费不具有竞争性和排他性，会产生"搭便车"现象，即参与者不需要支付任何成本，却可以享受到与支付者完全等值的效用，而且，在个人利益最大化动机的驱使下，消费者会倾向于消费更多的公共物品，同时总是希望政府扩大公共物品供给的范围和数量以满足消费需求。

如果将生态环境视为一种有限的资源，则可将其视为一种准公共物品，当消费需求不断增加时，其使用成本迅速上升，但由于外部性的存在，资源的使用成本被转嫁给了社会，并未由使用者承担，从而造成共有资源的过度使用，产生"公地悲剧"。生态环境的外部性决定了必须由社会的管理者对生态环境资源进行有效管理，采取强制管制手段和经济手段等，如对污染环境的行为进行禁止或限制、要求责任人承担污染防治责任、按比例缴纳排污税费等，让外部成本内部化，由资源的使用者承担成本。同时，出于公平与效率的考虑，可由社会管理者对生态环境资源的产权进行划分，由所有人或使用人具体负责管理，他们在获得生态环境资源使用权的同时，承担起保护生态环境的责任，并通过排污交易、生态补偿等形式将资源价值体现到价格上，克服政府定价带来的不经济性，实现资源的最佳配置和使用。

2.2.4 风险社会理论

"风险社会"概念由德国社会学家乌尔里希·贝克在1986年的《风险社会》一书中首先提出，指在全球化发展背景下，在人类实践所导致的全球性风险占据主导地位的社会发展阶段，各种全球性风险给人类的生存和发展带来严重的威胁。风险和人类的发展共存，近代以前自然风险占主导，近代之后人类成为风险的主要来源，工业化所产生的威胁开始占主导地位，产生了现代意义上的"风险"和"风险社会"雏形。

不同于以自然灾害为主要表现形式的传统风险，现代风险主要来源于与人相关的因素，包括人口、资源环境、科学技术、组织制度和社会经济结构等基本风险源，具体表现为：人口的持续增加带来环境资源空前紧张，高密度的居住方式、人口老龄化等影响社会保障体系政策运作等问题；资源环境承受极大压力，表现为气候变化、生态环境危机、资源紧缺等；科技进步带来不确定性，科技系统间相互依赖、相互作用，人们对科技高度依赖，科学研究日益突破限制、禁区和先试验后投产的逻辑顺序；组织化的行为加剧了风险的形成，甚至导致"有组织地不负责任"，面对某些社会风险时难以承担起事前预防和事后解决的责任，而制度本身也成为风险的重要来源；市场经济、竞争压力和追求效率导致经济社会发展规模化、规律化，过于关注短期效应，市场和市民社会自主性的提升带来失序、利益主体分化和冲突的加剧。以上因素在全球化、城市化、贫富两极分化、社会治理能力弱化、大众风险感知强化等的单独或交织作用下，引起了风险的暴发、放大和失控。这种风险是现代化发展到一定程度时的产物，并呈现出以下特点：现代化和科学技术的发展越快、越成功，风险就越多、越明显，呈现出潜在、无法感知的特点；针对人类整体，涉及每个群体和个体；风险的不确定性和危害性难以通过现代科学把握；风险的核心在于未来预期出现的风险；风险的扩展具有平等性，不以个体财富分配的不平等为转移；具有全球化趋势。

为应对风险，需在风险社会中进行"再造政治"，设计并创造出有创造力的政治，破除知识垄断、开放管辖权与决策结构、公开对话、自我约束和明确责任，推动民主政治模式的根本转型，使之更好地适应风险治理的根本要求，具体包括以下几方面：破除专门知识的垄断，认识到行政机构和专家有时并不能准确地了解每个人的需求；实现管辖权的开放，对于团体参与的范围必须根据社会的相关标准开放；实现决策结构的开放，决策的参与者必须认识到决策需从外部做出；专家和决策者之间的闭门协商必须传达到或转化为多种能动者之间的公开对话；整个过程的规范必须达成一致，实现自我立法和自我约束。

要实现对风险社会的有效管理，必须保持决策的开放和参与的广泛，避免政府决策和管理的片面性，认识到生态环境保护不是技术问题而是社会问题，在相关法律、标准制定、项目审批、权力运行中提供充分的公众参与途径，对企业排污情况、环境质量状况进行充分的信息公开，保障公众的生态环境知情权、参与权和监督权。同时，为有效控制社会风险，需树立综合保护意识，明确生态环境保护不只是政府的责任更是整个社会的责任，构建政府、社会和市场多方参与、相互监督、良性互动的管理体制。在政府内部，由各级政府、各部门在各自权限内承担生态环境管理责任，让各项管理职能服务于环境质量管理目标；由社会中的个人参与生态环境保护，践行绿色生活，对不环保的行为进行监督；由市场中的企业承担污染防治责任，对资源的使用和污染物的排放进行自我控制，并主动参与保护工作，提供技术和资金支持。

2.3 生态环境保护原则

生态环境保护理论是对保护过程中各种关系及特点的揭示，有助于认识生态环境保护的规律，避免陷入管理误区、提高管理效率，这些理论在实践管理中体现为需遵守的原则。结合前文中的可持续发展理论、生态系统理论、外部性和公共物品及风险社会理论，本章从污染者责任、管理部门责任、代内代际公平、管理整体性、保护工作经济性角度，将生态环境保护所应遵循的原则总结为污染者付费原则、共同责任原则、整体保护原则和协调发展原则。

（1）污染者付费原则

狭义的污染者付费原则要求所有的污染者都必须为其造成的污染直接或者间接地支付费用，从广义的角度来看，污染者付费原则就是要求排污者自证其行为不会对生态环境造成影响，若不能提供足够的证据，则应对这种行为加以约束和控制，对可能影响生态环境的生产、排污行为负责。针对排污行为，不论其是否达到相应的排放标准，污染者在客观上利用了生态环境资源，对生态环境造成了不良影响，并从中受益，按照权利与义务相适应的原则，污染者在排污过程中，应采取污染防治措施，承担防治费用，缴纳排污税费，如果排污行为产生了实际的不利影响，还需承担相应的恢复治理和赔偿责任。

（2）共同责任原则

生态环境保护责任必须由政府、企业、公众共同承担，其中生态环境的外部性要求政府必须在生态环境保护中发挥重要作用。政府作为区域生态环境资源的授权管理者，应承担对生态环境的管理责任，负责协调政府资源，制定相关法律、标准，对破坏生态环境的行为进行处罚，并辅以规划、指南和环境经济政策等，对发展和保护行为予以引导和激励，并通过各职能部门和各级政府进行落实。同时，政府应牵头发挥好市场和社会的作用。引导市场在生态环境资源配置中起到优化作用，促进社会力量和资本进入环保领域，鼓励环保产业健康发展。加强宣传教育，提高公众的环保意识，引导公众向绿色低碳、文明健康的生活方式转变，推进环境信息数据库、信息查询和举报平台的建立。

（3）整体保护原则

在生态环境保护中，应认识和尊重生态环境系统自身的规律，从环境要素、管理措施、管理体制方面加强环境保护的整体性、系统性。根据环境容量和环境承载力统筹开展水、大气和土壤等环境介质的综合保护，实现总体环境质量的提升，而非局部、暂时性的改善；在规划、布局、污染防治措施的设计、建设、运行的整个过程中，实现污染预防和治理全过程控制；对于跨区域、流域的环境问题，要从区域、流域整体层面制定规划并实施、协调利益相关者关系，综合环保部门及其他具有环境保护职能的部门力量，从不同领域对生态环境的资源价值、环境价值进行保护。

（4）协调发展原则

在处理经济建设与环境保护关系时，应综合考虑经济和环境成本的平衡，权衡污染控制成本和环境成本，追求整体价值的最大化。在制定经济发展规划、新建项目、选择污染防治措施时进行环境成本评估，在经济、技术可行的基础上，采用最先进的污染防治措施；在进行环境保护相关决策时需进行成本效益评估，避免对社会经济发展造成过重的负担，因成本过高而难以推行。以环境成本和经济成本的平衡，推动经济建设与环境保护的协调发展，实现社会效益的最大化。

3 黄河流域生态环境保护的
历史脉络

　　黄河是我国第二大河，也是世界上有名的大河之一。黄河流域生态环境保护的历史脉络是遵从全球生态环境保护的规律，基于此本章梳理了全球生态环境保护的背景，在此基础上阐述我国生态环境保护实施进程，进而详细阐述黄河流域生态环境保护的进程，以期深入系统展示我国沿黄 9 省份在国家生态环境保护重大战略指引下，进行顶层设计，按照部署要求，落实行动计划，从组织建设、制度安排、资金落实等方面所做出的积极行动与努力。

3.1 全球生态环境保护的背景

　　20 世纪中期以来，人口激增、资源破坏、物种灭绝、干旱缺水和食物供应不足等问题日益成为全球性危机，对人与自然的和谐发展产生严重影响和制约。促进人与自然的和谐共处和协调发展，必须优先解决全球生态失衡问题，最大程度地缓解人类所面临的生态危机。森林是维系人与自然和谐的重要基础，其本质就是促进人与自然和谐发展，保持人类文明发展和自然演化的平衡与协调（熊惊峰，2004）。

　　1992 年 6 月 3—14 日在巴西里约热内卢召开的联合国环境与发展大会（United Nations Conference on Environment and Development）通过了《里约环境与发展宣言》[*Rio Declaration*，又称《地球宪章》（*Earth Charter*)]、《21 世纪议程》（*Agenda* 21）、《关于森林问题的原则声明》（*The Declaration of*

Principles on Forests)、《联合国气候变化框架公约》(*United Nations Framework Convention on Climate Change*）以及《生物多样性公约》(*Convention on Biological Diversity*) 5 个国际性重要公约，明确了林业在环境发展中的首要地位。第 21 届联合国气候变化大会全称是"《联合国气候变化框架公约》第 21 次缔约方大会暨《京都议定书》(*Kyoto Protocol*) 第 11 次缔约方大会"，大会于 2015 年 11 月 30 日至 12 月 11 日在巴黎北郊的布尔歇展览中心举行。巴黎气候大会是继 2009 年后又一重要时间节点，将完成 2020 年后国际气候机制的谈判，制定出一份新的全球气候协议，以确保强有力的全球减排行动。此次大会的首要目标是，在《公约》框架下达成一项"具有法律约束力的并适用于各方的"全球减排新协议，全球已经有 160 个国家向联合国气候变化框架公约秘书处提交了"国家自主减排贡献"文件，这些国家碳排放量达到全球排放量的 90%。2015 年 12 月 12 日，《联合国气候变化框架公约》近 200 个缔约方一致同意通过《巴黎协定》，协定将为 2020 年后全球应对气候变化行动作出安排。《巴黎协定》指出，各方将加强对气候变化威胁的全球应对，把全球平均气温较工业化前水平升高控制在 2℃之内，并为把升温控制在 1.5℃之内而努力。

2014 年 6 月 23 日，第一届联合国环境大会在肯尼亚首都内罗毕的联合国环境规划署总部开幕。各国政府代表、主要团体和利益相关方代表等 1 200 多人出席会议，共同讨论 2015 年后的环境保护和发展、非法野生动植物贸易、绿色经济融资等议题。2016 年 5 月 23—28 日，第二届联合国环境大会在内罗毕召开，此次环境大会是继 2015 年联合国可持续发展峰会通过《2030 年可持续发展议程》、巴黎气候变化大会通过《巴黎协定》后，联合国召开的又一次以全球环境为议题的重大会议。大会以"落实《2030 议程》中的环境目标"为主题，聚焦当今世界环境和可持续发展面临的挑战，以期通过各项决议，助推全球可持续发展。大会加强了低碳经济和可持续发展议题的各方对话，为全球绿色经济和可持续发展绘制了蓝图。2017 年 12 月 4 日，第三届联合国环境大会在联合国环境署位于肯尼亚内罗毕的总部开幕，此次会议从 12 月 4 日持续至 12 月 6 日。数千名代表参加会议，讨论共同解决全球性的污染威胁。此次环境大会的主题是"迈向零污染地球"。根据联合国环境署最新报告《迈向零污染地球》，地球上的每个人都受到污染的影响，会议将该报告作为确定问题和制定新行动领域的基础。报告称，环境恶化导致全世界每年 1 260 万人死亡，占全球每年死亡人口的 1/4，还对主要生态系统造成了破坏。据悉，大会将讨论 10 多项决议，包括针对空气污染等，出台新方法。《柳叶刀》污染与健康委员会最新发表的报告说，污染造成的福利损失估计每年超过 4.6 万亿美元，相当于全球经济产出的 6.2%。联合国环境署执行主任埃里克·索尔海姆表示，数据表明，污染对人类自身和地球造成的伤害触目惊心，联合国环境大会急需出台决定。他表示，《2030 年可持续发展议程》、《巴黎协定》等全球协定都传达了一个简单的信息："我们必须珍视人与地球"。第四届联合国环境大会于 2019 年 3 月 11 日在肯尼亚首都内罗毕的联合国环境规划署总部开幕，来自全球的 4 700 余名政要、工商界人士、专家学者和民间机构代表参会；联合国环境大会是在联合国环境规划署年度理事会议基础上升格形成的，全球性讨论环境保护与可持续发展相互关系的重要会议，自 2014 年第一届联合国环境大会召开以来已经召开了三届，本届大会规模为历届最大。它之所以引起广泛的重视，在于大会的主题："寻找创新解决方案，以应对环境挑战并实现可持续的消费和生产"。2021 年 2 月 23 日，第五届联合国环境大会在肯尼亚首都内罗毕闭幕。与会代表呼吁各国政府采纳专家建议，以防止全球失去更多野生动物、损失更多自然资源。联合国秘书长古特雷斯在致辞中说，新冠疫情仍在全球肆虐，当下人类面临三重环境危机：气候变化、生物多样性丧失，以及每年导致约 900 万人死亡的环境污染问题。为实现联合国 2030 年目标，必须不遗余力地采取行动解决荒漠化、海洋垃圾、粮食和水安全问题。"我们必须把地球的生态健康放在制订计划和政策的核心位置。"大会主席、挪威环境大臣洛特瓦能表示，本届大会的一个核心内容是讨论如何让疫情后的社会恢复强劲活力。未来社会是否能抵御气候危机和致命病原体传播，关键在于政策和监管改革、充足的资金，以及技术和创新手段的运用。联合国环境规划署执行主任安诺生表示，在社会经济和生态剧变的大背景下，第五届联合国环境大会的召开更具意义，与自然和谐共处是可持续发展的关键。

3.2 我国生态环境保护实施进程

3.2.1 我国生态环境保护背景

（1）森林生态系统退化现状

森林生态系统退化是指由于人类活动的干扰（如乱砍滥伐、开垦及不合理经营等）或自然因素（如火灾、病虫害、地震、雪崩、火山爆发及大面积的塌方等），使原生森林生态系统遭到破坏，从而使其发生逆于其演替方向发展的过程（刘国华、傅伯杰，2000）。森林生态系统作为陆地生态系统的主体，森林的破坏或退化不仅使系统的功能衰退，而且也是其他生态环境恶化的根源。而中国现有森林生态系统的退化现象十分严重，而且还在进一步加剧。相比 20 世纪 80 年代，虽然中国的森林面积与森林覆盖率在增加，但值得注意的是，仅是疏林、灌木林和人工林在增加，而天然林则呈逐年下降的趋势，进一步说明中国森林生态系统的退化仍在加剧。其具体表现为：①森林生态系统的结构简单、残次林多；②森林生态系统年龄结构不合理，中国大部分森林生态系统处于退化或不成熟阶段，其稳定性很差，抗干扰能力低下；此外，中国森林资源的平均蓄积量远低于世界的平均水平；③由于人口多、人类活动强度大，中国现有的森林大都呈片状或孤岛状分布，森林生态系统破碎化程度高。因此，保护中国现有的原始森林生态系统以及恢复和重建中国退化森林生态系统是改善中国生态环境状况的关键所在。

（2）土地荒漠化和沙漠化呈扩大趋势

截至 1999 年，中国有荒漠化土地 267.4 万平方千米，占国土总面积的27.9%。与 1994 年监测结果相比，中国荒漠化仍呈扩展趋势，1995—1999年，5 年净增荒漠化土地 5.20 万平方千米，年均增加 1.04 万平方千米。全国沙化土地总面积到 1999 年为 174.31 万平方千米，占国土总面积的18.2%。与 1994 年普查同等范围相比，1995—1999 年，5 年沙化土地净增17 180 平方千米，年均增加 3 436 平方千米。总体来讲，实施退耕还林工程之前，中国土地荒漠化、沙漠化、石漠化呈局部好转、整体恶化之势。《第二次中国荒漠化、沙化状况公报》显示，每年因荒漠化造成的直接经济损失达 540 亿元，并且荒漠化加剧了整个生态环境的恶化，每年输入黄河的泥沙达 16 亿吨，风沙直接进入黄河的数量占其全年输沙量的 1/10 之多。沙尘暴越来越频繁，20 世纪 60 年代发生了 8 次、70 年代发生了 13 次、80 年代发生了 14 次、90 年代已经发生了 23 次。荒漠化、沙漠化、石漠化还导致了土地质量的衰退，由可利用的生产力较高的土地资源沦为生产力极低或难以利用的劣质土地，进而导致荒漠化地区与非荒漠化地区的贫富差距。据统计，在国家重点扶持的 592 个贫困县中，有近 200 个国贫县处在北方荒漠化地区（杨俊平、邹立杰，2000）。

从中国荒漠化的地域分布来看，我国绝大多数省份均有分布，其中新疆 74.57 万平方千米、内蒙古 42.08 万平方千米、西藏 21.48 万平方千米、青海 13.42 万平方千米、甘肃 11.13 万平方千米、河北 2.50 万平方千米、陕西 1.45 万平方千米、宁夏 1.20 万平方千米、四川 0.95 万平方千米、山东 0.80 万平方千米，这 10 个省份合计占全国沙化土地总面积的 97.0%。与 1994 年第一次沙化土地普查相比，沙化土地面积扩大的省份主要有内蒙古、辽宁、黑龙江、甘肃、青海、新疆、西藏、山东，共扩大 2.29 万平方千米。

从沙漠化的内涵来看，沙漠化是由自然因素和人为因素共同作用导致。持人为作用的观点者认为，沙漠化只发生在人类历史时期，强调沙漠化的成因是以人类活动为主要因素，人是沙漠化的导致者，是由于人为强度活动，引起植被破坏、土壤裸露，造成地表出现以风沙活动为主要标志的土地退化，其中最主要的理论依据是地表植被变化与降水量的相互作用理论，即地表植被的减少可引起气候变干和降水减少，而降水的减少又可强化植被退化的过程。也就是说，植被退化是导致荒漠化的主要原因，人为作用下植被退化会造成荒漠化不断加重，出现植被减少-降水减少-植被再减少的恶性循环（贾晓霞，2005）。但也有学者认为沙漠化并不是人类活动的唯一和必然的结果，天然沙漠化的存在与上述观点相悖，通过对浅层地震剖面仪测量记录的分析研究发现，晚更新世末期的渤海、黄海、东海大陆架部分地区曾沙丘广布，提出了中国大陆架在末次盛冰期出现沙漠化现象，冰期海退，出露的陆架松散沉积在风蚀作用下形成沙漠景观，这种沙漠化完全是自然因素作用的结果（赵松龄、于洪军等，2001）。

（3）水土流失状况严重

中国是世界上水土流失最为严重的国家之一，几乎所有的大流域都存在严重的水土流失现象，其中以黄土高原地区最为严重。根据全国第二次土壤侵蚀遥感调查，20 世纪 90 年代末，全国水土流失总面积 356 万平方千米，其中水蚀 165 万平方千米、风蚀 191 万平方千米，在风蚀和水蚀面积中，水蚀风蚀交错区水土流失面积为 25 万平方千米。在 165 万平方千米的水蚀面积中，轻度水蚀有 83 万平方千米、中度水蚀面积 55 万平方千米、强度水蚀面积 18 万平方千米、极强度水蚀面积 6 万平方千米、剧烈水蚀面积 3 万平方千米；在 191 万平方千米的风蚀面积中，轻度风蚀有 79 万平方千米、中度风蚀面积 25 万平方千米、强度风蚀面积 25 万平方千米、极强度风蚀面积 27 万平方千米、剧烈风蚀面积 35 万平方千米。冻融侵蚀面积 125 万平方千米（1990 年的遥感调查数据），没有统计在中国公布的水土流失面积当中（刘诚，2009）。

（4）特大洪水的全面性暴发

长期以来，掠夺式开发利用自然资源，继而引发了环境污染、生态破坏、资源浪费等一系列问题，使得中国生态环境边治理边破坏的现象十分严重，并呈不断恶化的趋势，加剧了自然灾害，也导致了受灾地区的贫困程度，阻碍了国民经济和社会的健康稳定的发展。特别是 1998 年，全国性特大洪水的灾害的发生使得国家重新重视生态环境问题。可以认为，全国性特大洪水的暴发以及因此而导致的严重损失，是退耕还林还草政策出台的契机，同时也使党和政府认识到经济发展与生态环境保护和建设需协同发展。1998 年特大洪水的全面性暴发是中国政府制定并实施退耕还林政策的主要诱因，而国民经济的发展状况将直接影响着政策的制定和实施，因此，对退耕还林政策的制定及实施前后的国民经济发展情况的分析十分必要。从退耕还林政策体系的内容来看，中国政府是政策实施的主体，以及粮食和现金补助的承担者，因此有必要对国民经济的发展状况进行分析。总体而言，在退耕还林政策实施第一轮的 1999—2012 年，中国国民经济的发展速度一直都较快，虽然在发展过程中也遇到了很多困难，但都在国家政策的积极作用下，保持了较为稳定而快速的发展，从而为退耕还林政策的顺利实施，提供了资金方面的保障。国家宏观经济结构，尤其是一二三产业结构的改变，转变了生产方式，取消了农林特产税，工业反哺农业，加快城乡一体化进程，构建社会保障体系，退耕还林政策的全面实施，为生态环境保护提供了全面支撑。

3.2.2 国家生态环境保护目标

全国生态环境保护目标是通过生态环境保护，遏制生态环境破坏，减轻自然灾害的危害；促进自然资源的合理、科学利用，实现自然生态系统良性循环；维护国家生态环境安全，确保国民经济和社会的可持续发展。

近期目标。到 2010 年，基本遏制生态环境破坏趋势。建设一批生态功能保护区，力争使黄河流域的源头区重要湖泊、湿地、重要的绿洲，水土保持重点预防保护区及重点监督区等重要生态功能区的生态系统和生态功能得到保护与恢复；在切实抓好现有自然保护区建设与管理的同时，抓紧建设一批新的自然保护区，使各类良好自然生态系统及重要物种得到有效保护；建立、健全生态环境保护监管体系，使生态环境保护措施得到有效执行，重点资源开发区的各类开发活动严格按规划进行，生态环境破坏恢复率有较大幅度提高；加强生态示范区和生态农业县建设，部分县（市、区）基本实现秀美山川、自然生态系统良性循环。

远期目标。到 2030 年，全面遏制生态环境恶化的趋势，使重要生态功能区、物种丰富区和重点资源开发区的生态环境得到有效保护，各大水系的一级支流源头区和国家重点保护湿地的生态环境得到改善；部分重要生态系统得到重建与恢复；全国 50％的县（市、区）实现秀美山川、自然生态系统良性循环，30％以上的城市达到生态城市和园林城市标准。到 2050 年，力争全国生态环境得到全面改善，实现城乡环境清洁和自然生态系统良性循环，全国大部分地区实现秀美山川的宏伟目标。

3.2.3 国家生态环境保护实施

（1）"十五"时期生态环境保护

"十五"初期，全国环境形势仍相当严峻，各项污染物排放总量很大，污染程度仍处于相当高的水平，一些地区的环境质量仍在恶化，相当多的城市水、气、声、土壤环境污染仍较严重，农村环境质量有所下降，生态恶化加剧。为了改变生态环境保护这样的现状，"十五"时期，国家把环境保护确定为全党长期奋斗的历史任务，将环境保护列入全面建设小康社会的总体目标，指出了环境保护工作的方向"要着眼于让人民喝上干净的水、呼吸上清洁的空气、吃上放心的食物，在良好的环境中生产生活"。修订通过了《中华人民共和国固体废物污染环境防治法》，进一步推动了重点流域水污染防治工作，落实科学发展观，环保工作关键是要加快实现三个转变（从重经济增长轻环境保护转变为保护环境与经济增长并重，从环境保护滞后于经济发展转变为环境保护与经济发展同步，从主要用行政手段保护环境转变为综合运用法律、经济、技术和必要的行政办法解决环境问题），这三个转变是方向性、战略性、历史性的转变，是中国环境保护发展史上一个新的里程碑。"十五"时期各年的措施与成效如表 3-1 所示。

表 3-1 "十五"时期国家生态环境保护实施情况

年份	现状	措施	成效
2001	据环境监测结果统计分析，全国环境形势仍相当严峻，各项污染物排放总量很大，污染程度仍处于相当高的水平，一些地区的环境质量仍在恶化，相当多的城市水、气、声、土壤环境污染仍较严重，农村环境质量有所下降，生态恶化加剧的趋势尚未得到有效遏制，部分地区生态破坏的程度还在加剧	江泽民总书记在"七一"讲话中，把环境保护确定为全党长期奋斗的历史任务，要求"努力开创生产发展、生活富裕和生态良好的文明发展道路"；全国人大九届四次会议审议通过的国民经济和社会发展"十五"纲要确定了"十五"期间全国环境保护的主要目标和任务；国务院批准了《国家环境保护"十五"计划》	污染物排放总量进一步得到控制，部分总量控制指标排放总量有所削减；工业污染源达标排放成果得到巩固，防止了污染反弹；"33211"重点治理工程成效明显，在径流量明显低于常均值的情况下"三河三湖"水质基本稳定；部分城市环境质量有所改善

（续）

年份	现状	措施	成效
2002	七大江河水系均受到不同程度的污染，一半以上的监测断面属于V类和劣V类水质，城市及其附近河段污染严重；滇池、太湖和巢湖富营养化问题依然突出、东海和渤海近岸海域污染较重；城市空气质量基本稳定，颗粒物污染范围较广	党的十六大报告对新世纪环保工作提出了更高要求，明确将环境保护列入全面建设小康社会的总体目标，并把增强可持续发展能力、改善生态环境作为全面建设小康社会的四项重要目标之一，给环境保护带来了前所未有的大好机遇和严峻挑战。国务院在年初召开了第五次全国环境保护会议，贯彻落实《国家环境保护"十五"计划》，明确了"十五"期间环境保护工作的目标和任务	全国环境质量基本维持在上年水平。废水中化学需氧量排放量，废气中二氧化硫、烟尘和工业粉尘排放量、工业固体废物排放量均有所削减。"33211"重点治理工程继续推进，三河三湖水质基本稳定，部分城市空气质量有所改善
2003	七大江河水系均受到不同程度的污染，仅不足三分之一的监测断面满足III类水质要求，尤以海河和辽河流域污染为重，滇池、太湖和巢湖氮、磷污染严重，东海和渤海近岸海域污染较重；城市空气质量基本稳定，超过三级标准的城市比例略有下降，颗粒物污染范围较广，部分城市二氧化硫污染严重，所有城市二氧化氮均达到国家空气质量二级标准	胡锦涛总书记在座谈会上明确指出："环境保护工作，要着眼于让人民喝上干净的水、呼吸上清洁的空气、吃上放心的食物，在良好的环境中生产生活"。党的十六届三中全会提出，要"统筹人与自然和谐发展"；"坚持以人为本，树立全面、协调、可持续的发展观，促进经济社会和人的全面发展"	城市空气质量达到国家空气质量二级标准的城市占41.7%，较上年度增加7.9个百分点
2004	城市空气污染依然严重。酸雨区范围基本稳定，湖南、浙江和江西的部分区域污染进一步加重。主要水系水质与上年持平，其中海河、辽河和淮河污染程度略有减轻，松花江、珠江污染加重；黄海近岸海域污染加重；渤海和东海近岸海域水质有所改善，但污染仍重；南海近岸海域水质与上年持平	第十届全国人大常委会第十三次会议于2004年12月29日修订通过了《中华人民共和国固体废物污染环境防治法》，国务院于2004年5月30日发布了《危险废物经营许可证管理办法》，国务院于2004年5月和10月分别召开了"全国重点流域水污染防治工作现场会"和"淮河流域水污染防治现场会"，进一步推动了重点流域水污染防治工作	全国环境质量基本稳定。城市空气质量与上年相当；城市声环境质量较好，辐射环境质量基本维持在天然本底水平

（续）

年份	现状	措施	成效
2005	部分城市污染仍然严重。酸雨污染略呈加重趋势。地表水水质无明显变化，辽河、淮河、黄河、松花江水质较差，海河水质差，东海和渤海污染严重	2005年12月3日发布了《国务院关于落实科学发展观加强环境保护的决定》（国发〔2005〕39号，以下简称《决定》）。环保工作关键是要加快实现三个转变：一是从重经济增长轻环境保护转变为保护环境与经济增长并重，二是从环境保护滞后于经济发展转变为环境保护与经济发展同步，三是从主要用行政手段保护环境转变为综合运用法律、经济、技术和必要的行政办法解决环境问题。这三个转变是方向性、战略性、历史性的转变，是中国环境保护发展史上一个新的里程碑	地表水水质无明显变化，珠江、长江水质较好，重点城市集中式饮用水源地总体水质良好；近岸海域海水水质有所改善；城市空气质量较上年有所好转

（2）"十一五"时期生态环境保护

"十一五"初期，地表水污染形势依然严峻，七大水系总体为中度污染，近岸海域总体为轻度污染，部分城市污染仍较重。为了改变生态环境保护现状，"十一五"时期，国务院发布了《国务院关于落实科学发展观加强环境保护的决定》，主要目标是建设环境友好型社会，将单位国内生产总值能源消耗降低20%左右，主要污染物排放总量减少10%，确定为"十一五"经济社会发展的约束性指标，把节能减排上升为十分突出的战略位置。把建设资源节约型、环境友好型社会写入党章，把建设生态文明作为实现全面建设小康社会奋斗目标的新要求。重点流域区域污染防治工作力度不断加大，农村环境保护工作全面启动，积极应对、妥善处置了各类突发环境事件，积极履行环境公约，国际环境合作取得重大突破。批准组建环境保护部，组织开展了太湖、巢湖、三峡库区生态安全评价，全面启动了生态安全监测工作，为深化湖泊综合治理奠定了基础。农村环境保护工作全面启动，国务院召开全国农村环境保护工作电视电话会议，提出了"以奖促治、以奖代补"等主要改革措施，中央首次设立了农村环境保护专项资金。修订后的《水污染防治法》正式实施，践行"让江河湖泊休养生息"理念。重点流域省界断面水质考核制度全面建立，"以奖促治"推动农村环保工作广泛开展自然生态保护工作继续加强，建立健全区域污染联防联控新机制，开展农村环境连片整治示范。可以看出，"十一五"时期我国生态环境保护工作措施开展得更加系统全面，组织及制度建设日益全面。"十一五"时期各年的措施与成效如表 3-2 所示。

表 3-2 "十一五"时期国家生态环境保护实施情况

年份	现状	措施	成效
2006	辽河、淮河、黄河、松花江水质较差，海河污染严重；部分城市污染仍然严重；酸雨分布区域保持稳定，局部地区酸雨强度或频率加大	国务院发布了《国务院关于落实科学发展观加强环境保护的决定》（以下简称《决定》），召开了第六次全国环境保护大会。标志着中国环境保护工作进入了保护环境优化经济增长的新阶段，主要目标是建设环境友好型社会。十届人大四次会议批准的《国民经济和社会发展第十一个五年规划纲要》，将单位国内生产总值能源消耗降低20%左右，主要污染物排放总量减少10%，确定为"十一五"经济社会发展的约束性指标，把节能减排上升为十分突出的战略位置	珠江、长江水质良好；重点城市集中式饮用水源地总体水质良好；远海海域水质良好；全国城市空气质量总体较上年有所改善，重点城市空气质量保持稳定。全国城市声环境质量较好，辐射环境质量状况良好
2007	松花江、黄河、淮河为中度污染，辽河、海河为重度污染；南海、黄海近岸海域水质良好，渤海、东海近岸海域分别为轻度和中度污染，酸雨分布区域保持稳定，主要集中在长江以南，四川、云南以东的区域	国务院印发了《关于印发节能减排综合性工作方案的通知》、《关于印发国家环境保护"十一五"规划的通知》、《批转节能减排统计监测及考核实施方案和办法的通知》等一系列重要文件。党的十七大把建设资源节约型、环境友好型社会写入党章，把建设生态文明作为实现全面建设小康社会奋斗目标的新要求。重点流域区域污染防治工作力度不断加大，打击违法排污企业取得积极进展；农村环境保护工作全面启动积极应对、妥善处置了各类突发环境事件。采取"区域限批"措施，从发展源头控制污染。修订《水污染防治法》，确定淘汰重污染行业落后产能企业名单；启动第一次全国污染源普查、中国环境宏观战略研究、水体污染治理与控制重大科技专项等三大基础性、战略性工程。核与辐射安全监管进一步加强。加大环境宣传力度。发布《环境信息公开办法（试行）》，保障公众环境知情权、参与权和监督权。积极履行环境公约，国际环境合作取得重大突破。多边、双边环境合作得到加强	污染减排工作取得突破性进展。化学需氧量和二氧化硫排放比上年分别下降 3.2%、4.7%，首次实现双下降；全国环境质量总体呈好转趋势

（续）

年份	现状	措施	成效
2008	地表水污染形势依然严峻，七大水系总体为中度污染，近岸海域总体为轻度污染。部分城市污染仍较重	十一届全国人大一次会议批准组建环境保护部，强化了统筹协调、宏观调控、监督执法和公共服务等职能，为推进环境保护历史性转变提供了更加有力的组织保障。淮河、海河等七项水污染防治"十一五"规划已经国务院批复实施。组织开展了太湖、巢湖、三峡库区生态安全评价，全面启动了生态安全监测工作，为深化湖泊综合治理奠定了基础。农村环境保护工作全面启动。国务院召开全国农村环境保护工作电视电话会议，提出了"以奖促治、以奖代补"等主要改革措施，中央财政首次设立了农村环境保护专项资金。环境执法监察力度进一步加大；环境法制、政策、科技、宣教和国际合作取得新进展。修订后的《水污染防治法》正式实施，首次发布了《社会生活环境噪声排放标准》	污染减排取得突破性进展。化学需氧量和二氧化硫排放量比上年分别下降 4.42% 和 5.95%，比 2005 年分别下降 6.61% 和 8.95%；城市空气质量总体良好，酸雨分布区域保持稳定。全国城市声环境质量总体较好
2009	全国地表水污染依然严重，七大水系水质总体为中度污染，湖泊富营养化问题突出，近岸海域水质总体为轻度污染	从严控制"两高一资"（高耗能、高污染、资源性）、产能过剩和重复建设项目。践行"让江河湖泊休养生息"理念。《重点流域水污染防治专项规划实施情况考核暂行办法》已经国务院办公厅转发，重点流域省界断面水质考核制度全面建立，成为推动重点流域水污染防治的关键抓手。扎实开展环境执法与应急管理工作，着力解决重金属污染等关系民生的突出环境问题。集中力量开展重金属污染综合整治，深入开展环保专项行动。"以奖促治"推动农村环保工作广泛开展。自然生态保护工作继续加强。制定了"高污染、高环境风险"产品目录，发布了中国首个《环境保护技术发展报告》	化学需氧量和二氧化硫排放量比上年分别下降 3.27% 和 4.60%，比 2005 年分别下降 9.66% 和 13.14%，二氧化硫"十一五"减排目标提前一年实现；城市空气质量总体良好，酸雨分布区域保持稳定。城市声环境质量总体较好
2010	中国地表水污染依然较重，七大水系总体为轻度污染、湖泊富营养化问题突出，近岸海域总体为轻度污染	完成环渤海、海峡西岸、北部湾、成渝和黄河中上游能源化工区五大区域重点产业发展战略环评。不断深化项目环评，对不符合要求的 59 个项目不予受理、不予审批、暂缓审批或退回报告书；同有关部门对 2009 年度重点流域规划执行情况进行考核评估。建立健全区域污染联防联控新机制，国务院办公厅转发《关于推进大气污染联防联控工作改善区域空气质量指导意见》；中央财政增设重金属污染防治专项，2010 年首次下达重金属污染防治专项资金 15 亿元，支持重点防控区综合防治、新技术示范和推广。开展农村环境连片整治示范。组织国际生物多样性年活动，国务院办公厅发布《关于做好自然保护区管理有关工作的通知》	化学需氧量和二氧化硫排放量分别比 2005 年下降 12.45% 和 14.29%，双双超额完成"十一五"减排任务。环境基础设施建设突飞猛进，落后产能淘汰力度空前，环境质量持续改善。环境保护优化经济发展的综合作用日益显现

（3）"十二五"时期生态环境保护

"十二五"初期，中国地表水污染依然较重，七大水系总体为轻度污染，湖泊（水库）富营养化问题突出，近岸海域水质总体为轻度污染。为了改变这个现状，开展《重金属污染防治"十二五"规划》，制定并实施环境空气质量新标准，国务院印发《大气污染防治行动计划》（简称《大气十条》），提出了 10 条 35 项综合治理措施，与各省（自治区、直辖市）签订了大气污染防治目标责任书，建立协作机制，加强综合治理，落实重点行业整治、产业结构调整、优化能源结构、机动车污染治理等措施，发布了 18 项污染物排放标准、9 项技术政策、19 项技术规范，加强大气环境执法监管，完善监测预警体系，建立并实施了持久性有机污染物统计报表制度，印发《"十二五"主要污染物总量减排核算细则》，部署全国化学品和危险废物环境管理专项检查，积极推广新能源汽车，加强重污染天气联合会商和预警发布。批复《全国农村饮水安全工程"十二五"规划》，先后批复《重点流域水污染防治规划（2011—2015 年）》。正式启动天然林资源保护工作，开展首次国家重点生态功能区县域生态环境质量考核试点和生物多样性试点监测，设立"中国生态文明奖"，开展生态保护红线划定试点，发布生态功能红线划定技术指南，新建国家级自然保护区 21 处。起草了《土壤污染防治行动计划》，出台了"一控两减三基本"目标，提出实行最严格的环境保护制度。可以看出，"十二五"时期我国生态环境保护工作措施开展得更加系统细致深入全面。"十二五"时期各年的措施与成效如表 3-3 所示。

（4）"十三五"时期生态环境保护

"十三五"初期，全国环境质量总体一般；地表水总体为轻度污染，部分城市河段污染较重；城市环境空气质量不容乐观。为了改变这个现状，推动能源结构优化调整，实施以电代煤、以气代煤，加快淘汰落后小型燃煤锅炉，发布 160 项国家环保标准，印发 2 项污染防治可行技术指南、6 项污染防治技术政策和《国家先进污染防治技术目录》，印发《关于全面加强生态环境保护 坚决打好污染防治攻坚战的意见》，出台《生态环境损害鉴定评估技术指导指南总纲》等技术规范，完成环境保护税法、环境影响评价法、海洋环境保护法等法律制修订，积极推进生态环境大数据工程建设，印发

表 3-3   "十二五"时期国家生态环境保护实施情况

年份	现状	措施	成效
2011	中国地表水污染依然较重，七大水系总体为轻度污染，湖泊（水库）富营养化问题突出，近岸海域水质总体为轻度污染	国务院印发了《关于加强环境保护重点工作的意见》和《国家环境保护"十二五"规划》，环境保护部会同有关部门开展了 14 个省（自治区、直辖市）加快转变经济发展方式监督检查。国务院发布了"十二五"节能减排综合性工作方案，召开了国家节能减排工作领导小组会议、全国节能减排工作电视电话会议，对"十二五"节能减排工作进行全面部署。环境保护部深入研究"十二五"污染减排目标任务、实现途径、保障措施、政策体制等重大问题，扎实做好减排政策制度顶层设计印发《"十二五"主要污染物总量减排核算细则》，在全国环保系统进行大规模宣贯培训，启动污染减排绩效管理试点；国务院批复《重金属污染综合防治"十二五"规划》和《湘江流域重金属污染治理实施方案》；部署全国化学品和危险废物环境管理专项检查，建立并实施了持久性有机污染物统计报表制度，建立危险废物规范化管理和督察考核机制。出台《全国地下水污染防治规划》、《长江中下游流域水污染防治规划（2011—2015 年）》。启动全国生态环境十年变化（2000—2010 年）遥感调查与评估项目，天然林资源保护工作工期正式启动；2010 国际生物多样性年，"中国国家委员会"正式更名为"中国生物多样性保护国家委员会"；国务院颁布实施《太湖流域管理条例》和《放射性废物安全管理条例》，配合推进《环境保护法》修订工作。开展首次国家重点生态功能区县域生态环境质量考核试点和生物多样性试点监测	全国地表水水质继续好转。全国环质量状况总体保持平稳，"十二五"环保事业开局良好
2012	中国地表水污染依然较重，七大水系总体为轻度污染，湖泊（水库）富营养化问题突出，近岸海域水质总体为轻度污染	环境保护部共批复建设项目环境影响评价文件 240 个，涉及总投资近 1.4 万亿元；实行环境影响评价受理、审批和验收全过程"三公开"；国务院批复《全国农村饮水安全工程"十二五"规划》，开展全国地级以上城市集中式饮用水水源地环境状况评估，落实《全国地下水污染防治计划》，安排专项资金 54 亿元治理重金属污染，开展《重金属污染防治"十二五"规划》；先后批复《重点流域水污染防治规划（2011—2015 年）》、《重点区域大气污染防治"十二五"规划》；国务院批复《核安全与放射性污染防治"十二五"规划及 2020 年远景目标》；制定并实施环境空气质量新标准，积极推进环境监测技术天地一体化进程，成功发射"环境一号"卫星；发布《环境保护综合名录（2012 年版）》，在 15 个省（自治区、直辖市）开展环境污染强制责任保险试点，起草《全国环境功能区划纲要》，开展省级环境功能区划编制试点	全国化学需氧量、二氧化硫、氨氮、氮氧化物排版总量分别比上年减少 3.05%、4.52%、2.62%、2.77%

（续）

年份	现状	措施	成效
2013	地表水总体为轻良污染；海洋环境质量总体较好，近岸海域水质一般；城市环境空气质量总体稳定	国务院印发《大气污染防治行动计划》（简称《大气十条》），提出了10条35项综合治理措施；国务院办公厅印发《大气十条》重点任务部门分工方案，有关部门制定了京津冀及周边地区落实《大气十条》的实施细则，与各省（自治区、直辖市）签订了大气污染防治目标责任书。25个省（自治区、直辖市）和国务院有关部门出台落实《大气十条》实施方案。建立协作机制，建立了京津冀及周边地区、长三角大气污染防治协作机制和全国大气污染防治部际协调机制；加强综合治理。落实重点行业整治、产业结构调整、优化能源结构、机动车污染治理等措施。出台配套政策。出台了环保电价、专项资金、新能源汽车补贴、油品升级价格等6项配套政策，发布了18项污染物排放标准、9项技术政策、19项技术规范。完善监测预警应急体系；出台了加强重污染天气监测、预警和应急管理工作的政策文件；编制《水污染防治行动计划》和《土壤环境保护和污染治理行动计划》。印发《关于大力推进生态文明建设示范区工作的意见》、《生态文明建设试点示范区指标》等文件。印发《关于切实加强环境影响评价监督管理工作的通知》。加大环评信息公开，发布《建设项目环境影响评价政府信息公开指南》。完善环境标准体系，发布135项国家环保标准。通过《水质较好湖泊生态环境保护总体规划（2013—2020年）》，中央财政设立江河湖泊生态环境保护专项；强化环境执法监管；印发实施《化学品环境风险防控"十二五"规划》	海水环境状况总体较好，近岸海域水质一般；城市声环境质量总体较好；辐射环境质量总体良好；生态环境质量总体稳定
2014	全国环境质量总体一般；地表水总体为轻度污染，部分城市河段污染较重；城市环境空气质量不容乐观	印发京津冀及周边地区、长三角、珠三角及周边地区重点行业大气污染限期治理方案，出台《大气污染防治成品油质量升级行动计划》，发布《石化行业挥发性有机物综合整治方案》；加强大气环境执法监管。环保部门运用卫星和无人机等高科技手段，采取联合执法、交叉执法、区域执法等方式，坚持每月组织开展大气污染防治专项检查，检查结果通报给地方政府并向社会公开。完善监测预警体系；印发《大气污染防治行动计划实施情况考核办法（试行）》，有关方面先后出台19项配套政策措施，发布20项相关污染物排放标准；编制《水污染防治行动计划（送审稿）》。对重点流域水污染防治规划实施情况进行考核，对未通过考核的地方政府负责人进行约谈，并实施	大气、水、土壤污染防治迈出新步伐。全国化学需氧量、氨氮、二氧化硫、氮氧化物排放总量同比分别下降2.47%、2.90%、3.40%、6.70%。环境保护优化经济发展作用继续显现

（续）

年份	现状	措施	成效
2014		区域环评限批。经国务院同意，环境保护部等部门印发《水质较好湖泊生态环境保护总体规划（2013—2020年）》；起草了《土壤污染防治行动计划》，会同国土资源部发布《全国土壤污染状况调查公报》；设立"中国生态文明奖"。全国已建成国家级生态市（县）92个、生态乡镇4 596个。开展生态保护红线划定试点，发布生态功能红线划定技术指南。印发《联合国生物多样性十年中国行动方案》。经国务院批准，新建国家级自然保护区21处	
2015	全国环境质量总体一般；地表水总体为轻度污染，部分城市河段污染较重；城市环境空气质量不容乐观	深化区域协作，将河南省交通运输部纳入京津冀及周边地区联防联控协作机制；淘汰2005年年底前注册营运的黄标车126万辆，积极推广新能源汽车；启动石化行业挥发性有机物（VOCs）综合整治，加强对建筑工地扬尘、渣土运输等环节监管，实施秸秆综合利用等项目。加强重污染天气联合会商和预警发布；围绕"一控两减三基本"目标（即严格控制农业用水总量，把化肥、农药施用总量逐步减下来，实现畜禽粪便、农作物秸秆、农膜基本资源化利用），加强农业面源污染防治。在10个省启动土壤污染治理与修复试点示范项目；《中共中央关于制定国民经济和社会发展第十三个五年规划的建议》提出实行最严格的环境保护制度，中共中央、国务院印发《关于加快推进生态文明建设的意见》和《生态文明体制改革总体方案》，共同形成了深化生态文明体制改革的战略部署和制度架构；印发《关于重点产业布局调整和产业转移的指导意见》	首批实施新环境空气质量标准的74个城市细颗粒物（PM2.5）平均浓度比2014年下降14.1%

《"三线一单"编制技术指南（试行）》，印发《生态环境损害赔偿制度改革方案》，明确打好污染防治攻坚战的路线图、任务书、时间表。编制《长江经济带生态环境保护规划》，深入实施《水污染防治行动计划》，启动地下水污染防治试点，启动水资源消耗总量和强度双控行动。启动首批山水林田湖生态保护工程试点，通过《关于划定并严守生态保护红线的若干意见》，国务院批准新建18个、调整5个国家级自然保护区，建立自然保护地生态环境监管制度。印发《农用地土壤环境管理办法（试行）》；出台《建立国家公园体制总体方案》。发布《"一带一路"生态环境保护合作规划》、《关于推进绿色"一带一路"建设的指导意见》，印发《生态环境部、全国工商联关于支

持服务民营企业绿色发展的意见》，制定《中央和国家机关有关部门生态环境保护责任清单》，印发《2020 年挥发性有机物治理攻坚方案》，启动编制2030 年前二氧化碳排放达峰行动方案。印发《2020 年推动黄河流域生态环境保护重点任务》，发布《关于以生态振兴巩固脱贫攻坚成果进一步推进乡村振兴的指导意见》。可以看出，"十三五"时期我国生态环境保护工作更加全面，措施更加细致，目标、任务、时间更加明确。"十三五"时期各年的措施与成效如表 3-4 所示。

表 3-4　"十三五"时期国家生态环境保护实施情况

年份	措施	成效
2016	深入实施《大气污染防治行动计划》。发布实施《京津冀地区大气污染防治强化措施（2016—2017 年）》。推动能源结构优化调整，实施以电代煤、以气代煤，加快淘汰每小时 10 蒸吨及以下的燃煤锅炉。编制《长江经济带生态环境保护规划》。开展沿江饮用水水源地环保执法专项行动，启动水资源消耗总量和强度双控行动；通过《关于划定并严守生态保护红线的若干意见》，31 个省（自治区、直辖市）均已启动生态保护红线划定工作；印发《控制污染物排放许可制实施方案》；印发《培育发展农业面源污染治理、农村污水垃圾处理市场主体方案》、《"十三五"环境影响评价改革实施方案》，出台《生态环境损害鉴定评估技术指导指南总纲》等技术规范；印发《关于构建绿色金融体系的指导意见》。完成环境保护税法、环境影响评价法、海洋环境保护法等法律制度修订，修订《最高人民法院最高人民检察院关于办理环境污染刑事案件适用法律若干问题的解释》。国务院批准新建 18 个、调整 5 个国家级自然保护区，启动首批山水林田湖生态保护工程试点，积极推进生态环境大数据工程建设	全国环境空气质量转好；全国重度污染天数减少；全国平均空气优良天数占比 78.32%，同比提高 1.92%；PM2.5 的年均浓度下降
2017	启动大气重污染成因与治理攻关项目。深入实施《水污染防治行动计划》，97.7% 的地级及以上城市集中式饮用水水源完成保护区标志设置，93% 的省级及以上工业集聚区建成污水集中处理设施，新增工业集散区污水处理能力近1 000 万立方米/日；印发《农用地土壤环境管理办法（试行）》；印发《禁止洋垃圾入境推进固体废物进口管理制度改革实施方案》，发布《进口废物管理目录》（2017 年）。完成京津冀、长三角、珠三角区域战略环评，开展连云港等 4 个城市"三线一单"（生态保护红线、环境质量底线、资源利用上线和环境准入负面清单）试点，印发《"三线一单"编制技术指南（试行）》；印发《长江经济带生态环境	蓝天保卫战成效显著。全国338 个地级及以上城市可吸入颗粒物（PM10）平均浓度比2013 年下降 22.7%，京津冀、长三角、珠三角区域细颗粒物（PM2.5）平均浓度比 2013年分别下降 39.6%、34.3%、27.7%；全国地表水优良水质断面比例不断提升，Ⅰ～Ⅱ类水体比例达到 67.9%，劣Ⅴ类水体比例下降至 8.3%；36 个重

（续）

年份	措施	成效
2017	保护规划》；印发《国家鼓励发展的重大环保技术装备目录（2017 年版）》；印发《生态环境损害赔偿制度改革方案》、《关于划定并严守生态保护红线的若干意见》；出台《排污许可管理办法（试行）》和《固定污染源排污许可分类管理名录（2017 年版）》；出台《建立国家公园体制总体方案》。发布《农用地土壤环境管理办法（试行）》等 4 项部门规章。国务院办公厅批复印发《第二次全国污染源普查方案》。国务院办公厅批复印发《第二次全国污染源普查方案》。启动大气重污染成因与治理攻关项目，成立国家大气污染防治攻关联合中心。组织实施水体污染控制与治理、场地土壤污染成因与治理技术、典型脆弱生态修复与保护研究等重点科技专项。组建国家环境保护督察办公室，六个区域督查中心由事业单位转为行政机构并更名为督察局。发布 160 项国家环保标准，印发 2 项污染防治可行技术指南、6 项污染防治技术政策和《国家先进污染防治技术目录》。发布《"一带一路"生态环境保护合作规划》、《关于推进绿色"一带一路"建设的指导意见》和《长江经济带生态环境保护规划》。环境经济政策取得新进展。印发《环境保护专用设备企业所得税优惠目录（2017 年版）》、《环境保护综合名录（2017 年版）》	点城市建成区的黑臭水体已基本消除；农药使用量连续三年负增长，化肥使用量提前三年实现零增长
2018	印发《关于全面加强生态环境保护 坚决打好污染防治攻坚战的意见》，明确打好污染防治攻坚战的路线图、任务书、时间表。印发实施《打赢蓝天保卫战三年行动计划》。出台《中央财政促进长江经济带生态保护修复奖励政策实施方案》。完成长江干线 1 361 座非法码头整治。印发《长江流域水环境质量监测预警办法（试行）》，组建长江生态环境保护修复联合研究中心。发布实施城市黑臭水体治理、农业农村污染治理、长江保护修复、渤海综合治理、水源地保护攻坚战行动计划或实施方案。提高船舶污染控制水平，发布《船舶水污染物排放控制标准》（GB 3552—2018）；通过《中华人民共和国土壤污染防治法》。出台《工矿用地土壤环境管理办法（试行）》、《土壤环境质量建设用地土壤污染风险管控标准（试行）》；推进第三批山水林田湖草生态保护修复工程试点工作。印发《关于生态环境领域进一步深化"放管服"改革，推动经济高质量发展的指导意见》，出台 15 项重点举措；印发《关于深化生态环境保护综合行政执法改革的指导意见》；印发《生态环境监测质量监督检查三年行动计划（2018—2020 年）》	黑臭水体消除比例达 95%，涉气污染物排放达标率显著提升，全国生态环境质量持续改善，主要污染物排放总量和单位国内生产总值二氧化碳排放量进一步下降，完成生态环境保护年度目标任务，达到"十三五"规划序时进度要求

（续）

年份	措施	成效
2019	北方地区清洁取暖试点城市实现京津冀及周边地区和汾渭平原全覆盖；推进工业炉窑、重点行业挥发性有机物治理。持续开展饮用水水源地生态环境问题排查整治；启动地下水污染防治试点；筛选确定深圳市等"11＋5"个城市和地区开展"无废城市"建设试点。聚焦长江经济带开展"清废行动2019"；出台《关于进一步深化生态环境监管服务推动经济高质量发展的意见》；出台《建设项目环境影响报告书（表）编制监督管理办法》等配套文件，强化事中事后监管。发布《生态环境部审批环境影响评价文件的建设项目目录（2019年本）》；印发《生态环境部、全国工商联关于支持服务民营企业绿色发展的意见》。启用国家生态环境科技成果转化综合服务平台；推动生态保护红线评估和勘界定标。京津冀、长江经济带11个省（直辖市）和宁夏回族自治区等15个省份生态保护红线初步划定，山西等16个省份基本形成划定方案，生态保护红线监管平台初步建立。印发《中央生态环境保护督察工作规定》；出台《关于办理环境污染刑事案件有关问题座谈会纪要》等文件；制定《中央和国家机关有关部门生态环境保护责任清单》、《生态环境保护综合行政执法事项指导目录》并报党中央、国务院；印发《生态环境监测规划纲要（2020—2035年）》，完成"十四五"国家环境空气、地表水、海洋生态环境监测网络优化调整	长江流域、渤海入海河流劣Ⅴ类国控断面分别由12％、10％降至3％、2％；长江流域总磷超标断面数比2018年下降40.7％；生态环保扶贫工作成效明显
2020	推进细颗粒物（PM2.5）与臭氧（O_3）协同控制，印发《2020年挥发性有机物治理攻坚方案》，继续开展秋冬季大气污染综合治理攻坚和蓝天保卫战秋冬季监督帮扶；发布《优先控制化学品名录（第二批）》；印发《2020年推动黄河流域生态环境保护重点任务》。发布《建设项目环境影响评价分类管理名录（2021年版）》；发布《关于以生态振兴巩固脱贫攻坚成果进一步推进乡村振兴的指导意见（2020—2022年）》；启动编制2030年前二氧化碳排放达峰行动方案。持续推进全国碳市场制度体系建设，加快推动《碳排放权交易管理条例》立法进程。印发《碳排放权交易管理办法（试行）》和《2019—2020年全国碳排放权交易配额总量设定与分配实施方案（发电行业）》等制度文件，正式启动全国碳排放权交易市场第一个履约周期，电力行业首批纳入。推动建立统筹和加强应对气候变化与生态环	全国地表水优良水质断面比例提高到83.4％（目标70％），劣Ⅴ类水质断面比例下降到0.6％（目标5％）；基本完成长江经济带重点尾矿库污染治理。超额完成重点行业重点重金属污染物排放量下降10％的目标任务。圆满完成2020年年底前基本实现固体废物零进口目标；2020年单位国内生产总值二氧化碳排放强度比2015年下降18.8％，超额完成"十三五"下降18％的目标。生态环

（续）

年份	措施	成效
2020	境保护相关工作协同优化高效的工作体系；印发《关于加强生态保护监管工作的意见》、《自然保护地生态环境监管工作暂行办法》。建立自然保护地生态环境监管制度；印发《关于构建现代环境治理体系的指导意见》、《中央和国家机关有关部门生态环境保护责任清单》。国办印发《生态环境保护综合行政执法事项指导目录（2020 年版）》	境质量总体改善。生产和生活方式绿色、低碳水平上升，主要污染物排放总量大幅减少，环境风险得到有效控制，生物多样性下降势头得到基本控制，生态系统稳定性明显增强，生态安全屏障基本形成

3.3 黄河流域生态环境保护的进程

3.3.1 黄河流域生态环境保护背景

黄河流域是连接青藏高原、黄土高原、华北平原的生态廊道，构成我国重要的生态屏障。然而黄河流域生态环境脆弱，加之各方面污染，使得2018 年黄河 137 个水质断面中，劣 V 类水占比达 12.4%，明显高于全国 6.7% 的平均水平。在全国的大江大河中，黄河的治理任务最为繁重。黄河流域西北紧临干旱的戈壁荒漠，流域内大部分地区也属干旱、半干旱区，北部有大片沙漠和风沙区，西部是高寒地带，中部是世界著名的黄土高原，干旱、风沙、水土流失灾害严重，生态环境脆弱。据调查研究资料，流域内风力侵蚀严重的土地面积约 11.7 万平方千米，水力侵蚀面积约 33.7 万平方千米，通称水土流失面积 45.4 万平方千米。严重的水土流失使黄河多年平均来沙量达 16 亿吨，年最大来沙量达 39 亿吨，成为世界上泥沙最多的河流。上中游地区土壤侵蚀产生的大量泥沙不断输往下游地区，在漫长的历史时期冲积塑造了黄淮海大平原。同时，黄河的频繁泛滥、改道又给下游平原地区造成巨大的灾难，黄河洪水威胁成为中华民族的心腹之患。治理黄河是防止荒漠化继续向东南扩张的前哨战，是改善黄土高原生态环境、再造山川秀美西北地区的重大措施，也是消除下游水患，保障广大平原地区经济、社会稳定持续发展的根本途径。黄河流域又是资源丰富、具有巨大发展潜力的地区，治理和开发黄河，对保证全国经济、社会的可持续发展有十分重要的意义。黄河流域范围内总土地面积 11.9 亿亩*（含内流区），其中耕地约 1.79 亿亩，林地 1.53 亿亩，牧草地 4.19 亿亩，宜于开垦的荒地约 3 000 万亩。黄河下游现行河道洪泛可能影响范围的总土地面积 1.8 亿亩（12 万平方千米），其中耕地 1.1 亿亩，虽然不在流域范围以内，但仍属黄河防洪保护区。黄河水少沙多，多年平均河川径流量约 580 亿立方米，只占全国总量的 2%，水资源贫乏，对于西北、华北缺水地区，黄河水资源尤其宝贵，是经济和社会发展的重要制约因素。

2019 年 9 月 18 日习近平总书记在黄河流域生态保护和高质量发展座谈会上发表重要讲话，强调"保护黄河是事关中华民族伟大复兴的千秋大计"，发出"让黄河成为造福人民的幸福河"的伟大号召，亲自擘画新时代黄河保护治理宏伟蓝图。两年来，水利部黄河水利委员会（以下简称黄委）坚持以习近平新时代中国特色社会主义思想为指导，贯彻黄河流域生态保护和高质量发展重大国家战略，按照水利部党组部署要求，扎实开展重大专项工作，切实做好防汛抗旱救灾工作，不断提升水资源集约节约利用水平，持续改善河湖生态环境，稳步推进重大项目前期和工程建设管理，不断增强依法治河、科技兴河能力，综合管理持续加力。黄委各级党组织按照党中央决策部署、水利部党组安排，将学习贯彻习近平总书记关于治水特别是黄河保护治理的重要讲话指示批示精神与党史学习教育相结合，强化组织领导，细化工作方案，成立工作专班，组建巡回指导组，压茬推进各阶段工作任务；与水利部党组"三对标、一规划"专项行动相结合，按照政治对标、思路对标、任务对标要求，分阶段抓好深化学习、专题研讨，推动全员覆盖、对准对实，编制完成《黄河流域"十四五"水安全保障规划》、《黄委"十四五"发展规划》并上报水利部。黄委主任汪安南在 2021 年委务会议上，用"八大行动"阐述了当前和今后一个时期黄河保护治理的难点、要点、着力点。

---

* 1 亩＝1/15 公顷。

3.3.2 黄河流域生态环境保护目标

（1）指导思想

全国生态环境保护的指导思想。高举邓小平理论伟大旗帜，以实施可持续发展战略和促进经济增长方式转变为中心，以改善生态环境质量和维护国家生态环境安全为目标，紧紧围绕重点地区、重点生态环境问题，统一规划、分类指导、分区推进、加强法治、严格监管，坚决打击人为破坏生态环境行为，动员和组织全社会力量，保护和改善自然恢复能力，巩固生态建设成果，努力遏制生态环境恶化的趋势，为实现祖国秀美山川的宏伟目标打下坚实基础。

（2）基本原则

①坚持生态环境保护与生态环境建设并举。在加大生态环境建设力度的同时，必须坚持保护优先、预防为主、防治结合，彻底扭转一些地区边建设边破坏的被动局面。

②坚持污染防治与生态环境保护并重。应充分考虑区域和流域环境污染与生态环境破坏的相互影响和作用，坚持污染防治与生态环境保护统一规划、同步实施，把城乡污染防治与生态环境保护有机结合起来，努力实现城乡环境保护一体化。

③坚持统筹兼顾，综合决策，合理开发。正确处理资源开发与环境保护的关系，坚持在保护中开发，在开发中保护。经济发展必须遵循自然规律，近期与长远统一、局部与全局兼顾。进行资源开发活动必须充分考虑生态环境承载能力，绝不允许以牺牲生态环境为代价，换取眼前和局部的经济利益。

④坚持谁开发谁保护，谁破坏谁恢复，谁使用谁付费制度。要明确生态环境保护的权、责、利，充分运用法律、经济、行政和技术手段保护生态环境。

（3）保护目标

近年来，黄委认真谋划流域节水顶层设计，深入开展黄河流域水资源集约节约利用措施、南水北调西线受水区节水评价等重大专题研究，推动《国家节水行动方案》涉及黄委的 26 项任务落实，探索开展"区域停批限批"、"水权转让"等实践，并建立起流域重大突发水污染事件应对长效机制。与此同时，黄委加快健全水资源监管体制机制。2021 年以来，组织开展黄河流域取用水管理专项整治行动整改提升；实施水资源监测系统提升，建立全覆盖、全天候的实时动态水资源监测体系，逐步实现黄河规模以上取退水口在线监测、监视、监控，全面提升水资源集约节约安全利用能力。

①完善流域防洪工程体系。紧紧抓住水沙关系调节"牛鼻子"，盯住下游悬河防洪安全风险，统筹加强流域防洪薄弱环节建设，提升洪涝灾害防御能力。

②提升水资源优化配置能力。实施流域水网重大工程，加快重大引调水工程建设，加强区域河湖水系连通，推进控制性调蓄工程建设，提升水资源优化配置能力。

③加强水源涵养能力。维护黄河健康生命，加强水源涵养能力建设，提升河流生态廊道功能，推进河口区生态保护与修复，开展地下水超采综合治理，提升河湖生态保护治理能力。

④提升水土保持能力。科学推进水土流失综合治理，加强淤地坝建设、坡耕地综合整治，推进以小流域为单元的综合治理，推进黄土高原塬面保护，提升水土保持能力。

⑤提升科学精准决策支持能力。加强智慧黄河建设，加强黄河流域水安全监测体系建设，构建黄河智能中枢，建设智能业务应用，提升科学精准决策支持能力。

⑥提升水资源集约节约利用能力。建立健全节水制度政策，完善黄河水量分配制度，落实水资源刚性约束制度，健全节水监督管理考核制度，提升水资源集约节约利用能力。

⑦提升黄河水文化影响力。保护传承弘扬黄河水文化，加强黄河水文化保护，挖掘黄河水文化基因，弘扬黄河水文化精神，提升黄河水文化影响力。

⑧提升流域现代治理能力。强化体制机制法治管理，强化黄河保护治理法治建设，完善流域保护治理协同机制，突出重点领域制度机制建设，提升

流域现代治理能力。

当前，沿黄省份已形成强化县域节水的共识，以县域节水型社会建设倒逼生产方式转型和产业结构升级，共建成 400 多个节水型社会达标县（区），占县域总数的一半以上，已顺利完成水利部有关目标任务。

两年来，黄委交出一张张亮眼的节水成绩单。2020 年，黄河流域亩均灌溉用水量比 2018 年降低 19.6%，万元工业增加值用水量比 2018 年下降了 7%。近年来，黄委严格执行《黄河水量调度条例》和水利部批复的年度水量调度计划，加强骨干水库精细调度和水资源优化配置，保障黄河供水安全；实施全河生态调度，编制印发《黄河生态调度实施方案》；对已确定生态流量保障目标的黄河干流、洮河、大通河、渭河、北洛河、无定河、伊洛河等 7 条重点河流每日跟踪监管，各河流生态流量均达标，切实还水于河。

3.3.3 黄河流域各省生态环境保护实施进程

沿黄 9 省份在国家生态环境保护重大战略指引下，进行顶层设计，按照部署要求，落实行动计划与措施，从组织建设、制度安排、资金落实等方面都积极行动。

（1）陕西省生态环境保护实施情况

①生态环境保护行动。陕西入黄泥沙量占整个流域的 60% 以上。"黄河治理的根源在中游，中游的重点在陕西，陕西的关键在水土保持。"近年来，陕西靶向发力，出台 75 项涉及黄河保护治理的法规，狠抓河流治理和植树造林、淤地坝建设等水土保持工程，全力扩展"绿色版图"。砌垒石坑、回填客土、栽植大苗、引水浇灌……在黄土裸露、岩石遍地的晋陕峡谷，陕西造林人突破石质山地无法实施人工造林的局限，栽出一片翠绿。治黄必治沙。40 年来，陕西累计参加义务植树 4 亿人次，年均植树 6 000 万棵，植被覆盖度达到 60.68%，实现"人进沙退、绿锁沙丘"的奇迹。截至 2019 年年底，陕西在黄土高原累计治理水土流失面积 5.5 万平方千米；建成淤地坝 3.4 万座，占全国总数的 58%。实施全域治水行动，黄河最大支流渭河得到全面治理，2020 年，渭河入黄断面水质提升到 Ⅱ 类，达到 20 年来最高水平。

②生态环境保护取得的成效。2020 年,陕西黄河流域 32 个国考断面中Ⅰ至Ⅲ类水质比例达到 87.5%,优于"十三五"国考目标 31.3 个百分点。累计实施退耕还林还草 188.8 万公顷,全省绿色版图向北延伸 400 千米,年均入黄泥沙量从 2000 年之前的 8 亿多吨降至 2.7 亿吨。淤地坝共拦泥 58 亿吨,淤地造田 5.73 万公顷,年增产粮食 4 亿千克;按照黄河下游每立方米泥沙清淤 10 元的标准计算,减少清淤费用 580 亿元。

(2)山西生态环境保护实施情况

①生态环境保护行动。"还大自然一个绿水青山,给老百姓一个美丽家园"。煤炭大省山西立足保护"华北水塔",强力推进汾河保护治理,实施"五水综改"、"五湖"治理、国土绿化彩化财化行动、黄土高原水土流失综合治理等重点项目,走上转型发展之路。山西集中 9 个月时间完成汾河中游 13.5 千米先行示范段项目建设,汾河中游示范区建设也全面开工。"十三五"时期,以黄河干流和汾河为主线的大水网建设提速,新增供水能力 5.49 亿立方米,水源供水优化配置能力达 86 亿立方米。扎实推进山水林田湖草沙系统治理,水土流失面积较 20 世纪 50 年代初减少 45.46%,黄土高原蓄水保土能力显著增强。

②生态环境保护取得的成效。2021 年第一季度,汾河及其最长支流杨兴河两大考核断面水质改善率 24.90%,改善幅度在全国排名第 17 位,实现"一泓清水入黄河"。山西大水网建设取得重大进展,工程全部完工后,总供水量将提高 20 亿立方米以上。完成营造林 153.82 万公顷,草原综合植被盖度达到 73%。生态保护促进了农民增收致富,目前全省干果特色经济林面积达 130 万公顷,其中黄河流域占比 95.38%。

(3)河南生态环境保护实施情况

①生态环境保护行动。"在全流域树立河南标杆"。河南紧盯这一目标,加快"森林河南"建设,启动百千米生态廊道、千公顷湿地公园群、万亩黄河滩区生态保护治理试点,倾力打造郑州大都市区黄河流域生态保护和高质量发展核心示范区,以使"生态黄河"重现中原。到 2021 年 4 月,河南沿黄生态廊道已建成 400 千米,占总任务的 56.34%。截至 2020 年年底,"四水同治"项目累计开工 1 355 个,近 3 年来投资达 2 047 亿元。"十三五"期

间，累计造林 89.2 公顷，超出规划期任务 33%，森林覆盖率达 25.07%，森林蓄积量 2.07 亿立方米。截至 2020 年年底，全省治理水土流失面积达 2 417 平方千米。

②生态环境保护取得的成效。2020 年前 11 个月，河南省辖黄河流域国考断面Ⅰ类至Ⅲ类水质断面占比远超国家下达的 66.7% 的目标。随着生态环境的改善，全球仅千只规模的国家一级保护鸟类大鸨在河南黄河滩区越冬的数量稳定在 350 余只。"十三五"期间，河南省林业年产值由 1 658 亿元增至 2 180 亿元，年均增速超 6.3%；共落实生态护林员专项补助资金 8.83 亿元，带动增收脱贫人口 13.4 万人。

（4）内蒙古生态环境保护实施情况

①生态环境保护行动。在黄河"几"字弯上，内蒙古多措并举推动呼伦湖、乌梁素海、岱海"一湖两海"生态改善，同时将一半国土列入生态保护红线范围，从源头上杜绝不合理开发建设活动，加快构建中国北方重要生态安全屏障。"一湖两海"是北疆风景线上的"明珠"。内蒙古累计完成环呼伦湖土地治理面积 5.59 万公顷，落实禁牧与草畜平衡面积 375.53 万公顷。

②生态环境保护取得的成效。据了解，环呼伦湖植被覆盖率逐步提升，草地退化、沙化程度得到有效遏制。乌梁素海水质总体改善，乌梁素海流域保护修复案例入选自然资源部与世界自然保护联盟联合发布的《基于自然的解决方案中国实践典型案例》。岱海流域内的鸟类由 2015 年的 68 种增加到 91 种。

（5）青海生态环境保护实施情况

①生态环境保护行动。作为"三江之源"和"中华水塔"，青海积极推动三江源、祁连山国家公园建设，印发实施《关于加快把青藏高原打造成为全国乃至国际生态文明高地的行动方案》，坚定扛起确保"一江清水向东流"的"源头责任"。"'十三五'期间，青海水土保持投资规模、建设规模（治理面积）分别为'十二五'的 2.18 倍、1.47 倍，水土保持重点工程建设进入'快车道'。"据统计，"十三五"期间，青海共投入水土保持资金 12.98 亿元，实施水土保持工程 264 项。其中，祁连山生态保护与综合治理工程水土保持项目 13 项，治理完成水土流失面积 1 900 余平方千米，水土流失面

积较 2011 年减少 6 500 余平方千米。2020 年，祁连山国家公园青海片区荒漠化土地总面积较近 10 年平均减少 2.3％，积雪季积雪面积较近 10 年增加 1.5 倍。

②生态环境保护取得的成效。据了解，2020 年，青海境内黄河干流水质达优；从 2007 年起，黄河、长江、澜沧江等多条重要干流水质已持续 13 年达优；三江源地区大于 30 平方千米的湖泊总面积较上年增加 39.14 平方千米。另据《青海省水资源公报》，2020 年，青海省内流域出境水量 954.98 亿立方米，与 2016 年相比增加 463.58 亿立方米，近 5 年年均增加水量超 92 亿立方米。

（6）宁夏生态环境保护实施情况

①生态环境保护行动。"努力建设黄河流域生态保护和高质量发展先行区。"2020 年 6 月，习近平总书记在宁夏考察时强调。"先行区"就要先行一步。宁夏推动形成"1＋N＋X"规划政策体系，启动先行区立法工作，在全国率先建立"河长＋监察长＋警长"工作机制，实施用水权、土地权、排污权、山林权改革，积极探索生态保护经验。在先行区建设中，宁夏以黄河和贺兰山、六盘山、罗山为重点，积极开展植绿增绿大会战，统筹推进"四水同治"，大力实施退耕还湿、生态治理修复等，全区水土流失实现总体逆转，治理率达 58％。"十三五"期间，全区完成营造林 51.32 万公顷，森林覆盖率达 15.8％，草原植被综合盖度达到 56.5％。黄河三级支流渝河水质由以前的劣Ⅴ类提升、稳定在Ⅱ类，成为宁夏治水的典型。

②生态环境保护取得的成效。自 2017 年以来，黄河干流宁夏段连续 4 年保持Ⅱ类水质断面监测记录，创有监测数据以来历史最好成绩。2020 年，宁夏河长制湖长制、河湖管理保护等 5 项工作受到国务院通报表扬，获得督查激励。

（7）山东生态环境保护实施情况

①生态环境保护行动。400 名人员、25 个小组，奔赴沿黄 25 个县（市、区），每县蹲点两周，完成各类报告 34 个。山东在摸清"黄河家底"的基础上，数易其稿修编规划，谋划生态保护修复等重大工程、重大项目 500 多项，扬起黄河流域生态保护和高质量发展"龙头"。山东以黄河滩区、东平

湖、南四湖、黄河三角洲等区域及黄河沿线为重点，大力实施生态保护修复、生态补水、生态廊道建设等工程，在今年开工建设的 390 个省级重点项目中，生态保护项目达到近百个。2008 年以来，累计为黄河三角洲补水 8.39 亿立方米。目前，山东沿黄地区设立自然保护地 90 个，面积达 74 万公顷。

②生态环境保护取得的成效。在生态补水的滋养下，黄河三角洲自然保护区成为我国暖温带最完整的湿地生态系统，鸟类由 1992 年的 187 种上升到 370 种，数量达 600 万只。1—7 月，山东国考断面中Ⅰ类至Ⅲ类水质断面比例为 67.3%，同比改善 7.2 个百分点。2017 年以来，山东省累计完成投资 371 亿元，历史性地解除了黄河滩区 60 万群众的水患威胁。2020 年，沿黄 9 市实现地区生产总值超过 35 000 亿元，占全省的 48.5%。

（8）四川生态环境保护实施情况

①生态环境保护行动。若尔盖是黄河流经四川的唯一地区，也是黄河上游重要的水源补充地。四川成立生态环境保护委员会和黄河护河队，编制水污染防治规划，实施"一河一策"管理保护方案，奋力打造若尔盖国家公园，确保黄河清水出川。在生态实践中，若尔盖县重点实施护湿、禁牧、治沙等 20 个生态治理项目，沙化土地植被盖度增加 30% 以上，2020 年水土流失面积较 2011 年减少 57.9%。花湖自然水位提高 30 厘米，湿地湖泊面积从原来的 215 公顷扩大到 650 公顷。

②生态环境保护取得的成效。根据四川省水环境质量报告，2021 年上半年，黄河、赤水河等 8 条流域国考断面水质优良率均为 100%。得益于生态保护，若尔盖"全域旅游"快速崛起。2020 年，该县接待国内外游客 275.8 万人次，增长 32.8%；旅游总收入 19.6 亿元，增长 23.9%。牧民扎西在家门口开起"藏家乐"，每年可增收几万元。

（9）甘肃生态环境保护实施情况

①生态环境保护行动。习近平总书记曾就甘肃生态环境保护多次作出重要指示批示，明确要"卸下 GDP 的紧箍咒，套上生态环保的紧箍咒"。甘肃谨记嘱托，成立黄河流域生态保护和高质量发展协调推进领导小组及 5 个专责组，建立覆盖 54 个省级部门和单位的生态环境保护责任体系，制定 6 部

地方性法规，扛牢生态责任使命。甘肃率先在沿黄 9 省份开展了入河排污口排查试点工作，共排查 4 个水系 36 条重要干支流。两年来，甘肃争取和安排中央水污染防治资金 9.3 亿元，对 65 个黄河流域的水污染防治、良好水体保护等项目予以资金支持。黄河甘肃段防洪工程全面完工，治理河长 326 千米，其中新建及维修加固堤防 74 千米。祁连山保护区内，144 宗矿业权全部分类退出，42 座水电站全部分类处置，25 个旅游设施项目全面完成整改，核心区农牧民全部搬迁。

②生态环境保护取得的成效。2020 年，甘肃全省生态环境质量达到"十三五"以来最高水平，9 项约束性指标和污染防治攻坚战阶段性目标任务全面完成。祁连山迎来由黑色到浅绿、深绿的"底色之变"，在甘肃祁连山国家级自然保护区 22 个保护站中，有 15 个站发现濒危野生动物雪豹的活动踪迹。

沿黄 9 省份在重大国家战略指引下倡导保护生态，各方力量汇聚叠加不但要"各自为战"，更要"集团作战"。青海、甘肃、宁夏 3 省份签署联合开展地质工作助推黄河流域上游 3 省份生态保护和高质量发展合作协议；陕西、山西、河南 3 省签署协同推进郑（州）洛（阳）西（安）高质量发展合作带建设合作框架协议，甘肃与四川、河南与山东分别签订横向或省际生态补偿协议。

3.4 本章小结

沿黄 9 省份在国家生态环境保护重大战略指引下，进行顶层设计，按照部署要求，落实行动计划，从组织建设、制度安排、资金落实等方面都积极行动。

（1）黄河治理的根源在中游，中游的重点在陕西，陕西的关键在水土保持。近年来，陕西靶向发力，出台 75 项涉及黄河保护治理的法规，狠抓河流治理和植树造林、淤地坝建设等水土保持工程。截至 2019 年年底，陕西在黄土高原累计治理水土流失面积 5.5 万平方千米；建成淤地坝 3.4 万座，占全国总数的 58%。实施全域治水行动，黄河最大支流渭河得到全面治理。

2020年，渭河入黄断面水质提升到Ⅱ类，达到20年来最高水平。

（2）煤炭大省山西立足保护"华北水塔"，强力推进汾河保护治理，实施"五水综改"和"五湖"治理、国土绿化彩化财化行动，扎实推进山水林田湖草沙系统治理，水土流失面积较20世纪50年代初减少45.46%，黄土高原蓄水保土能力显著增强。

（3）"在全流域树立河南标杆"。河南紧盯这一目标，加快"森林河南"建设，启动百千米生态廊道、千公顷湿地公园群、万亩黄河滩区生态保护治理试点。截至2020年年底，"四水同治"项目累计开工1 355个，近3年来投资达2 047亿元。"十三五"期间，累计造林89.2公顷，超出规划期任务33%，森林覆盖率达25.07%，森林蓄积量2.07亿立方米。至2020年年底，全省治理水土流失面积达到2 417平方千米。

（4）在黄河"几"字弯上，内蒙古多措并举推动呼伦湖、乌梁素海、岱海"一湖两海"生态改善，同时将区内一半国土列入生态保护红线范围，从源头上杜绝不合理开发建设活动，加快构建中国北方重要生态安全屏障。"一湖两海"是北疆风景线上的"明珠"。内蒙古累计完成环呼伦湖土地治理面积5.59万公顷，落实禁牧与草畜平衡面积375.53万公顷。

（5）作为"三江之源"和"中华水塔"，青海积极推动三江源、祁连山国家公园建设，印发实施《关于加快把青藏高原打造成为全国乃至国际生态文明高地的行动方案》，坚定扛起确保"一江清水向东流"的"源头责任"。2020年，祁连山国家公园青海片区荒漠化土地总面积较近10年平均减少2.3%，积雪季积雪面积较近10年增加1.5倍。

（6）宁夏推动形成"1＋N＋X"规划政策体系，启动先行区立法工作，在全国率先建立"河长＋监察长＋警长"工作机制，实施用水权、土地权、排污权、山林权改革，积极探索生态保护经验。在先行区建设中，宁夏以黄河和贺兰山、六盘山、罗山为重点，积极开展植绿增绿大会战，统筹推进"四水同治"，大力实施退耕还湿、生态治理修复等，全区水土流失实现总体逆转，治理率达58%。"十三五"期间，全区完成营造林51.32万公顷，森林覆盖率达15.8%，草原植被综合盖度达到56.5%。黄河三级支流渝河水质由以前的劣Ⅴ类，提升并稳定在Ⅱ类，成为宁夏治水的典型。

（7）山东在摸清"黄河家底"的基础上，数易其稿修编规划，谋划生态保护修复等重大工程、重大项目 500 多项，扬起黄河流域生态保护和高质量发展"龙头"。山东以黄河滩区、东平湖、南四湖、黄河三角洲等区域及黄河沿线为重点，大力实施生态保护修复、生态补水、生态廊道建设等工程。

（8）若尔盖是黄河流经四川的唯一地区，也是黄河上游重要的水源补充地。在生态实践中，若尔盖县重点实施护湿、禁牧、治沙等 20 个生态治理项目，沙化土地植被盖度增加 30％以上，2020 年水土流失面积较 2011 年减少 57.9％。花湖自然水位提高 30 厘米，湿地湖泊面积从原来的 215 公顷扩大到 650 公顷。

（9）"甘肃率先在沿黄 9 省份开展了入河排污口排查试点工作，共排查 4 个水系 36 条重要干支流。"两年来，甘肃争取和安排中央水污染防治资金 9.3 亿元，对 65 个黄河流域的水污染防治、良好水体保护等项目予以资金支持。黄河甘肃段防洪工程全面完工，治理河长 326 千米，其中新建及维修加固堤防 74 千米。祁连山保护区内，144 宗矿业权全部分类退出，42 座水电站全部分类处置，25 个旅游设施项目全面完成整改，核心区农牧民全部搬迁。

4

黄河流域生态环境保护
效果时空演变格局与趋势

依据我国生态环境保护总体目标，测度了反映黄河流域环境保护整体效果的生态质量指标。基于我国生态环境保护一般目标，选择确定了反映空气质量的 PM2.5 浓度比例、单位 GDP 二氧化碳排放、植被覆盖指数、地表水质量、工业废水五项生态环境保护效果指标，同时选择了年径流量、年输沙量、年含沙量和植被抗旱四项体现黄河流域环境保护的区域指标。运用统计描述分析方法、全局空间自相关和局部空间自相关等分析方法，分析 2001—2019 年黄河流域生态环境保护效果时空演变格局与趋势。

4.1 生态环境质量时空格局与趋势分析

4.1.1 生态环境质量地域差异

黄河流域在我国经济社会发展和生态安全方面的作用举足轻重，是我国重要的生态功能区，也是党和政府关注的重点区域。习近平总书记强调，将黄河流域生态保护和高质量发展确定为重大国家战略。但是黄河流域也是我国生态环境最为脆弱、水土流失最为严重的地区之一，为此我国从 1978 年开始在黄河流域陆续实施了"三北防护林工程"、"退耕还林还草工程"等一系列重大林业生态工程，使得该地区生态环境得到极大改善。虽然黄河流域生态环境整体向好，但是也有局部地区由于人类生产活动的影响，导致生态环境恶化。随着新时代黄河流域社会经济发展由高增速转向高质量，区域生态环境质量的长时序遥感监测数据成为定量评价生态环境优劣和演变趋势的重要手段，也是制定黄河流域生态保护和高质量发展的重要依据。在实际监测中，学者们虽然提出了多种生态环境质量评价指标，但普遍存在指标提取困难、研究尺度小、数据更新慢等问题。因此，如何及时、准确地获取黄河流域生态环境质量的时空格局与演变趋势，是黄河流域生态环境保护和建设必须解决的问题。为此，本课题依据改进的像素模型（Pixel‐Based Model）测算出黄河流域 2001—2019 年不同县区单元生态质量指数。流域及其各省的生态环境质量指数如表 4‐1 所示。

表 4‐1 流域各省份生态环境质量变化情况

年份	流域	陕西	山西	河南	甘肃	青海	内蒙古	宁夏	山东	四川
2001	0.473 9	0.515 0	0.495 2	0.445 4	0.476 3	0.503 9	0.422 3	0.428 8	0.409 2	0.615 9
2002	0.473 7	0.518 0	0.501 2	0.435 0	0.476 6	0.501 8	0.432 5	0.436 5	0.392 2	0.604 3
2003	0.476 4	0.518 0	0.508 2	0.429 0	0.479 2	0.502 7	0.448 8	0.437 0	0.393 5	0.603 9
2004	0.473 7	0.515 5	0.498 9	0.434 4	0.475 0	0.508 4	0.434 6	0.428 8	0.401 3	0.608 0
2005	0.472 4	0.513 0	0.493 6	0.430 7	0.479 3	0.516 2	0.430 6	0.428 8	0.400 7	0.625 2
2006	0.476 8	0.525 8	0.502 7	0.435 1	0.478 9	0.503 7	0.435 3	0.431 3	0.401 1	0.608 7
2007	0.477 6	0.521 6	0.498 8	0.444 3	0.480 9	0.504 8	0.433 0	0.433 6	0.410 1	0.608 2
2008	0.480 0	0.526 6	0.504 1	0.434 5	0.486 6	0.513 2	0.439 6	0.440 0	0.401 9	0.615 3
2009	0.476 5	0.521 0	0.502 4	0.436 0	0.478 3	0.510 4	0.430 1	0.435 2	0.403 9	0.598 0
2010	0.468 6	0.515 0	0.493 0	0.428 5	0.469 4	0.497 1	0.425 9	0.431 6	0.395 9	0.608 1
2011	0.470 5	0.516 3	0.496 4	0.429 5	0.472 7	0.501 1	0.421 8	0.430 3	0.400 0	0.599 1
2012	0.475 1	0.520 8	0.496 1	0.427 2	0.485 3	0.511 9	0.434 1	0.434 0	0.401 8	0.607 7
2013	0.464 7	0.508 6	0.486 0	0.418 6	0.470 6	0.493 0	0.423 2	0.422 8	0.406 9	0.599 1
2014	0.473 2	0.520 4	0.496 2	0.432 8	0.477 7	0.502 7	0.423 8	0.430 4	0.405 1	0.605 0
2015	0.470 4	0.520 5	0.491 6	0.434 1	0.471 4	0.491 9	0.424 8	0.427 9	0.405 4	0.589 2
2016	0.468 4	0.515 7	0.492 1	0.426 5	0.468 0	0.494 4	0.424 8	0.427 3	0.405 7	0.597 7
2017	0.470 7	0.518 5	0.492 3	0.435 3	0.470 3	0.500 0	0.419 1	0.425 0	0.409 5	0.599 6
2018	0.476 7	0.525 9	0.494 1	0.433 3	0.486 9	0.511 9	0.426 9	0.439 3	0.405 3	0.613 4
2019	0.473 3	0.515 9	0.489 7	0.429 4	0.485 1	0.519 5	0.432 6	0.431 6	0.399 7	0.611 0

从表 4‐1 和图 4‐1 可以看出，2001—2019 年，总体而言流域整体生态环境质量较为稳定，生态环境质量有小幅波动。从绝对值而言，四川、青海

和陕西较其他省份高，最低的是山东省。从动态来看，2019 年相对于 2001 年，四川提升幅度为 -0.80%，甘肃提升幅度为 1.85%，青海提升幅度为 3.10%，内蒙古提升幅度为 2.42%，宁夏提升幅度为 0.65%；陕西提升幅度为 0.17%，山西提升幅度为 -1.11%，河南提升幅度为 -3.59%，山东提升幅度为 -2.32%。可以看出，经过"十五"、"十一五"、"十二五"、"十三五"四个五年计划，国家实施了有力的生态环境保护举措，黄河流域的生态环境质量总体区域呈小幅提升的态势。

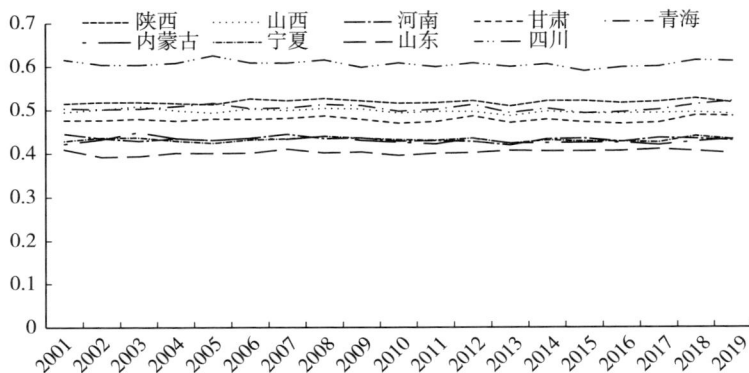

图 4-1　流域各省份生态环境质量变化趋势

从表 4-2 和图 4-2 可以看出，从 2001—2019 年，总体而言流域整体生态环境质量较为稳定，生态环境质量有小幅波动。从绝对值而言，生态环境质量中游>上游>下游；2019 年相对于 2001 年，中游提升幅度为 -0.46%，上游提升幅度为 1.96%，下游提升幅度为 -3.58%。可以看出，经过"十五"、"十一五"、"十二五"、"十三五"四个五年计划，国家实施了有力的生态环境保护举措，黄河流域的生态环境质量总体区域呈小幅提升的态势，提升水平上游>中游>下游。

表 4-2　流域各省份生态环境质量变化情况

年份	流域	上游	中游	下游
2001	0.473 9	0.469 4	0.494 2	0.413 3
2002	0.473 7	0.472 2	0.496 7	0.398 0
2003	0.476 4	0.477 8	0.499 3	0.395 0

（续）

年份	流域	上游	中游	下游
2004	0.473 7	0.472 9	0.494 7	0.403 1
2005	0.472 4	0.475 1	0.491 4	0.401 6
2006	0.476 8	0.472 6	0.501 8	0.399 9
2007	0.477 6	0.474 0	0.498 3	0.414 1
2008	0.480 0	0.480 7	0.502 2	0.402 5
2009	0.476 5	0.474 2	0.498 9	0.404 2
2010	0.468 6	0.465 6	0.491 4	0.396 6
2011	0.470 5	0.466 4	0.493 2	0.401 0
2012	0.475 1	0.477 5	0.495 4	0.400 4
2013	0.464 7	0.462 5	0.484 0	0.403 0
2014	0.473 2	0.468 8	0.495 4	0.405 6
2015	0.470 4	0.462 4	0.494 3	0.404 8
2016	0.468 4	0.463 5	0.490 9	0.401 1
2017	0.470 7	0.463 9	0.492 7	0.409 3
2018	0.476 7	0.476 4	0.498 5	0.402 6
2019	0.473 3	0.478 6	0.491 9	0.398 5

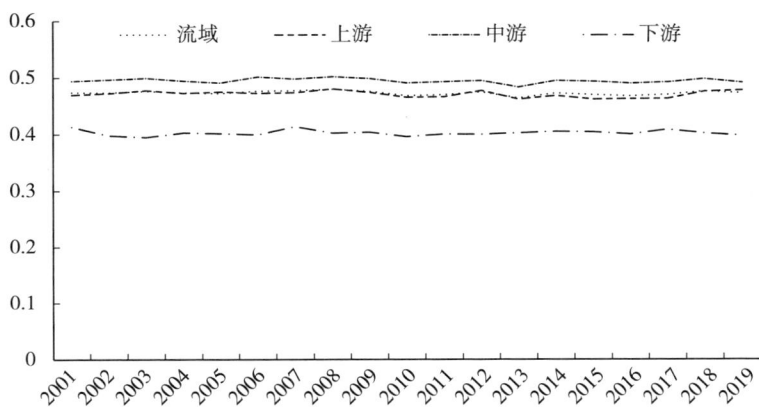

图 4-2　各流域生态环境质量变化趋势

绘制 2001—2019 年生态环境质量空间分布及其变化幅度分布图（图 4-3），从图中可以看出黄河流域生态环境质量呈现出明显的"区域化"特征。

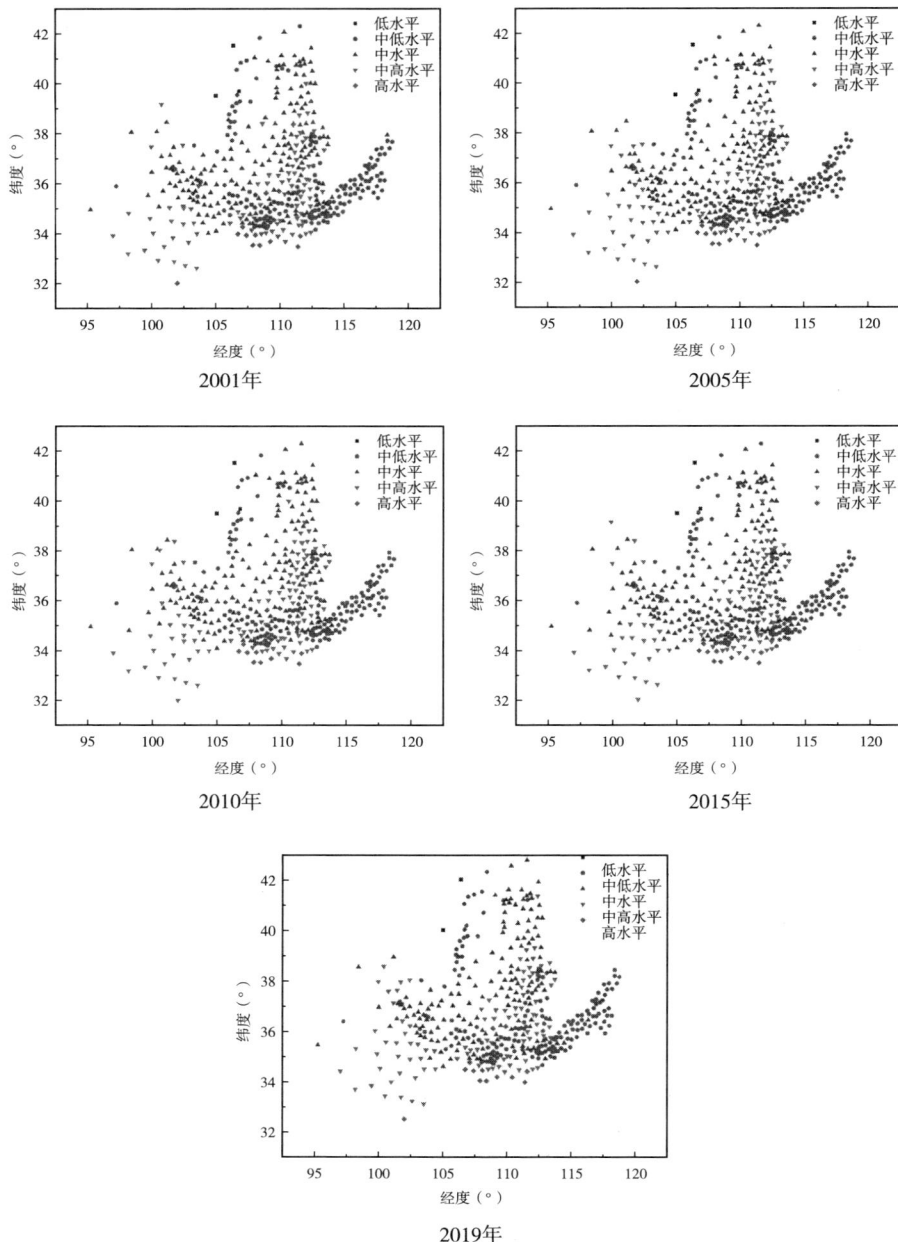

图 4-3　黄河流域生态环境质量时空变化图（2001—2019 年）

2001—2019 年间黄河流域生态环境质量指数测度结果表明，其间黄河流域生态环境质量总体保持稳定，主要是由于一定时期内黄河生态环境质量同时发生着好转和恶化两种相反趋势相互综合造成的结果。

黄河流域生态环境质量空间分异差异明显，如图 4-3 所示，上游西北部生态质量指数整体较低，西南部较高；下游生态质量指数整体较高，县域生态质量指数由西向东逐渐上升。

2001 年黄河流域各县区生态质量指数的均值约为 0.041 2，各县区单元生态质量指数差异较大。生态质量指数最高的县区单元是陕西省安康市宁陕县，为 0.859 1；生态质量指数最低的县区单元是内蒙古自治区阿拉善盟阿拉善左旗，为 0.128 1。2000 年黄河流域生态质量指数在 0.08～0.25 的县区单元有 6 个，分别位于黄河流域上游与中下游的自治州与市级单位（乌海市、巴彦淖尔市、阿拉善盟、西安市），分别为海勃湾区、乌拉特后旗、阿拉善左旗、新城区、碑林区、莲湖区等。生态质量指数介于 0.26～0.44 的县区单元有 173 个，主要分布在黄河流域中下游，包括上游的 34 个市县区，主要位于内蒙古自治区部分城市、甘肃省、青海省、宁夏回族自治区等，例如临夏市、广河县、城东区、城中区、城西区、城北区、古浪县、玉泉区、昆都仑区、土默特右旗、海南区、鄂托克旗、杭锦旗、乌拉特中旗、四子王旗等；和中游的 77 个市县区，主要位于固原市、庆阳市、平凉市、天水市、渭南市、咸阳市、西安市、三门峡市、洛阳市、郑州市、运城市、晋中市、太原市、长治市等。生态质量指数介于 0.45～0.53 的县区单元有 151 个，主要分布在黄河流域中上游，包括上游的 98 个市县区，主要位于呼和浩特市、包头市、鄂尔多斯市、巴彦淖尔市、乌兰察布市、兰州市、白银市、定西市、临夏回族自治州、海东市、海南藏族自治州、吴忠市、中卫市等；中游的 49 个市县区，主要位于太原市、阳泉市、朔州市、晋中市、运城市、忻州市、临汾市、吕梁市、焦作市、宝鸡市、咸阳市、延安市、榆林市等。生态质量指数介于 0.54～0.69 的县区单元有 73 个，主要分布在黄河流域中上游，包括上游的 22 个市县区，主要位于果洛藏族自治州、海北藏族自治州、甘南藏族自治州、阿坝藏族羌族自治州等；中游的 51 个市县区，主要位于太原市、晋城市、长治市、临汾市、吕梁市、三门峡市、咸阳市、宝鸡市、商洛市、渭南市等;生态质量指数介于0.7~0.95的县市区单元有12个,主要分布在黄河流域中游,包括洛阳市、南阳市、西安市、宝鸡市、延安市等。

2005年黄河流域生态质量的空间分布情况较2000年发生一些变化。其中黄河流域生态质量指数介于0.07~0.25的县区单元范围主要分布在西安市、阿拉善盟、巴彦淖尔市这样的中上游城市;生态质量指数介于0.26~0.44的县区单元有188个,在山东省、河南省、陕西省、甘肃省、山西省一带分布范围有所扩大,例如运城市、济南市、淄博市。黄河流域各县区单元生态质量指数均值下降至-0.086 8,最大值为陕西省安康市宁陕县0.863 1,最小值为内蒙古自治区阿拉善旗0.118 7。生态质量指数介于0.45~0.53的县区单元有137个,减少14个;生态质量指数介于0.54~0.69的县区单元有75个,总体较2001年增加2个,上游增加6个,中下游减少4个;生态质量指数介于0.7~0.95的县区单元有12个,总体与上年持平。

2010年黄河流域生态质量指数介于0.06~0.25的县区单元有6个,较2005年和2000年无明显变化,介于0.26~0.44的县区单元有185个,相比于2005年有所缩小,包括上游36个较2005年减少一个。黄河流域各县区生态环境质量指数的均值上升至-0.013 359,最大值为陕西省安康市宁陕县0.853 204,最小值为内蒙古自治区阿拉善旗0.122 842。介于0.45~0.53的县区单元有144个,其中上游68个,中游76个,整体较2005年增加7个。介于0.54~0.69的县区单元68个,较2005年整体减少7个县区单元,介于0.7~0.95的县区单元有11个,较2005年变化并不明显。

2015年,黄河流域生态质量指数相较于2000年、2005年和2010年并无明显变化。黄河流域各县区生态环境质量指数的均值上升至0.026 269,最大值为陕西省安康市宁陕县0.870 454,最小值为内蒙古自治区阿拉善旗0.121 651。生态质量指数介于0.06~0.25的县域单元有6个,主要分布于上中游,西安市生态质量指数比往年有所下降;相比于2010年,生态质量介于0.26~0.44的县域单元减少2个,黄河流域生态

质量指数介于 0.45～0.53 的县区单元增加 3 个县域单元；介于 0.54～
0.69 的县域单元有 65 个，处于这个区间的城区基本在中上游；生态质量
指数介于 0.70～0.95 的县域单元与 2000 年、2005 年、2010 年基本无变
化，保持稳定。由此可见，随着经济社会的不断发展，政府一直重视环境
的治理。

2019 年，黄河流域生态质量指数相较于 2000 年、2005 年、2010 年
和 2015 年有明显下降。黄河流域生态质量空间分布特征为上游县域各单
元的生态质量指数大部分高于 0.54，中游西北部各县区单元的生态质量
指数基本处于 0.25 以下。黄河流域各县区生态环境质量指数的均值下降至
－0.134 3，最大值为陕西省安康市宁陕县 0.863 098，最小值为内蒙古自治
区阿拉善旗 0.118 7。生态质量指数介于 0.06～0.25 的县域单元有 6 个，主
要分布于中游，上游也有少数。生态质量介于 0.26～0.44 的县域单元 188
个，介于 0.45～0.53 的县区单元包括 137 个县域单元，主要分布于山西、
山东、陕西、甘肃、宁夏等西北部中下游地区；介于 0.54～0.69 的县域单
元有 75 个，较 2015 年增加 10 个，绝大部分处于中游地区；生态质量指数
在 0.70～0.95 的县域单元与 2015 年基本持平，但区域更多偏向到中游陕西
北部地区。

从总体分布情况来看，黄河流域生态质量指数表现为从上游低值到中游
高值再到下游低值的倒 U 形格局，低值区稳定分布在人口稀少且生态环境
较好的内蒙古中部和西南部高原地区；中值区分布在内蒙古南部以及西部地
区；高值区分布在人口稠密、经济较发达的地带（较为典型的是山东省），
在人烟稀少的地方也有分布。2001—2015 年间，黄河流域生态质量指数分
布变化不太明显，但 2016—2019 年生态质量指数下降明显，这可能与经济
的高速发展密切相关。

4.1.2 生态质量指数空间集聚演变特征

生态质量指数总体空间关联特征。基于不同年份黄河流域各县区单元生
态质量指数，按照极差、变异系数、Moran's Ⅰ 的计算方法得出总体空间关
联特征的指标值（表 4 - 3）。

表 4 - 3   不同年份黄河流域县域生态质量指数总体特征

年份	2001	2005	2010	2015	2019
极差	11.014 9	10.604 5	11.126 9	10.111 7	10.269 2
变异系数	63.496 0	−31.858 2	−211.687 7	100.203 2	−20.200 3
Moran's Ⅰ	0.794 2	0.829 0	0.900 5	0.898 1	0.871 1

研究范围内，黄河流域生态质量指数的 Moran's Ⅰ 指数在 0.01 置信水平下均为正，表明黄河流域各县区单元生态质量指数的高值和低值的空间分布分别聚集。从时间变化看，黄河流域生态质量指数的 Moran's Ⅰ 指数呈现先上升后趋于平稳的变化，但总体上呈现增加趋势，对应空间集聚作用逐渐增加。而黄河流域生态质量指数变异系数在 2001—2015 年呈现下降趋势，在 2015 年至 2019 年呈现下降趋势，整体呈现出先下降后上升再下降再回升的变化趋势，表明生态质量区域差异现象明显，黄河流域各县区单元生态质量的极大值与极小值更加集中，离散程度变大，这和某个地区自身的高原地区环境或地区的工业发展程度相关。黄河流域生态质量极差总体变化趋势不大，比较稳定，生态质量最高与最低区域的差距缩小，这与其 Moran's Ⅰ 指数变动反映的信息基本吻合，县域生态质量指数存在空间集聚效应减小的可能。

生态质量空间聚类分布特征。绘制 2001—2019 年黄河流域县域生态质量指数的聚类和异常值的空间分布图（图 4 - 4），发现黄河流域县域生态质量指数空间上表现出显著的高低值集聚特征，生态质量指数具有很强的空间依赖性。

黄河流域生态质量分析结果以 H - H、L - L 和 L - H 类型集聚为主，且具有一定的稳定性。从时间变化看，2001 年 H - H 集聚类型区均集中分布于黄河上游的西南部，包括藏族自治州、西安市、宝鸡市、安康市、商洛市、南阳市、长治市、临汾市、延安市、汉中市，这些地区人口密集，经济较为发达，环境污染严重。L - H 集聚类型主要分布在不显著集聚类型周边，包括阿拉善盟、巴彦淖尔、鄂尔多斯市、乌海市、石嘴山市。不显著集聚类型主要位于黄河流域下游北部和中游，由宁夏回族自治区以东，阳泉

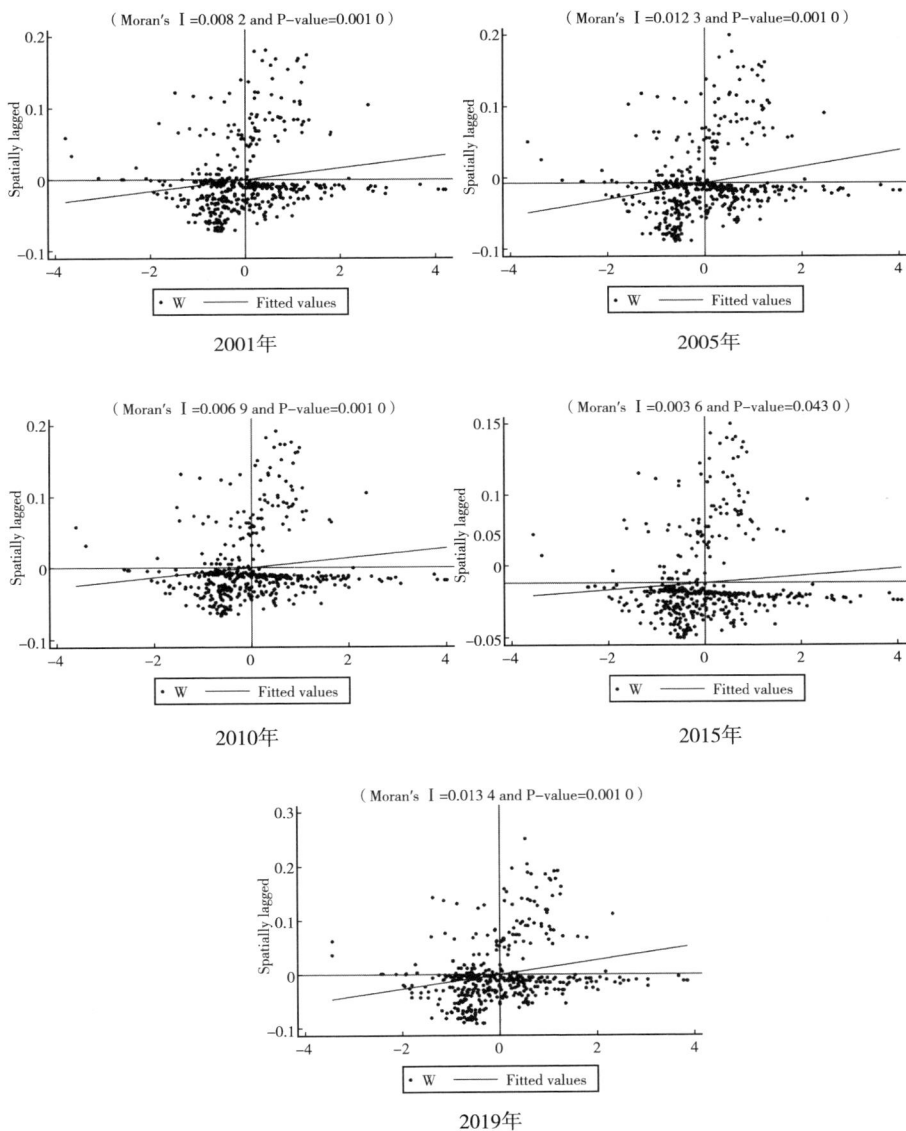

（Moran's I =0.008 2 and P-value=0.001 0）

2001年

（Moran's I =0.012 3 and P-value=0.001 0）

2005年

（Moran's I =0.006 9 and P-value=0.001 0）

2010年

（Moran's I =0.003 6 and P-value=0.043 0）

2015年

（Moran's I =0.013 4 and P-value=0.001 0）

2019年

图 4-4　黄河流域 LISA 聚类图（2001—2019 年）

市、大同市、太原市以西，包头市以南等地区构成。

2005 年相比于 2001 年，生态质量指数分析结果以 H－H、L－L 和 L－H 类型集聚为主且分布范围变化明显，与 2001 年的分析结果相似。2010 年的 H－H 集聚类型和 L－H 集聚类型的分布地区与 2005 年相比基本无变化，但 H－H 集聚类型区新增了吕梁市、太原市、延安市、长治市。2015 年，相比于 2010 年，H－H 集聚区向榆林市、朔州市方向扩散，而果洛藏族自治州、海西蒙古族藏族自治州、兰州市、白银市、中卫市、西宁市南部的集聚变为不显著。H－H 集聚类型区分布范围向上游南部扩散，咸阳市、铜川市、渭南市、运城市、三门峡市集聚变为不显著。2019 年的分析结果显示相比于 2001 年各个集聚类型区分布范围较为相似，但太原市、阳泉市、晋中市的大部分地区由 L－L 集聚变为不显著。

4.2 黄河流域空气中 PM2.5 浓度时空格局与趋势分析

4.2.1 PM2.5 浓度地域差异

黄河流域因农耕文明历史悠久而具备稠密的人口和较高的城镇化水平，此外它因能源丰富而拥有较高的工业化水平，加之开发强度较高，最终促使黄河流域的空气质量长期处于较为严峻的状态，而且相关研究也已佐证黄河流域雾霾污染严重的事实。对黄河流域 PM2.5 浓度情况进行分析，对于打赢大气污染防治攻坚战、推动黄河流域生态文明建设和高质量发展具有重要意义。流域及其各省份的 PM2.5 浓度如表 4－4 所示。

表 4－4 流域各省份 PM2.5 浓度变化情况

单位：微克/立方米

年份	流域	陕西	山西	河南	甘肃	青海	内蒙古	宁夏	山东	四川
2001	60.556 4	61.445 7	59.325 9	82.578 3	50.972 6	43.516 1	47.797 1	52.766 6	78.508 0	33.978 2
2002	62.120 3	62.318 9	60.201 8	85.354 2	50.811 8	43.121 7	48.074 5	52.531 4	88.092 1	33.862 2
2003	64.581 4	65.203 7	62.900 8	89.501 5	50.574 2	43.292 3	51.116 8	52.180 2	92.650 9	34.669 7
2004	60.710 2	61.279 0	59.424 9	83.677 6	49.265 7	42.661 2	48.283 8	52.037 3	81.813 4	34.208 4

（续）

年份	流域	陕西	山西	河南	甘肃	青海	内蒙古	宁夏	山东	四川
2005	64.025 1	67.332 6	62.144 2	90.473 5	49.658 5	42.179 0	49.817 5	52.992 8	86.358 1	32.650 7
2006	66.681 8	67.036 7	65.767 6	93.045 7	51.393 2	43.135 8	51.437 5	56.867 5	97.049 6	34.560 9
2007	67.297 0	68.331 6	65.679 4	97.024 3	51.559 2	42.744 0	51.741 8	55.548 5	95.916 2	33.675 9
2008	64.264 1	65.127 2	61.558 4	92.383 4	50.156 5	42.462 7	49.916 9	52.725 1	91.406 7	34.203 1
2009	64.126 0	65.868 2	60.565 1	91.002 2	51.249 7	42.843 4	49.556 8	52.725 0	91.035 7	34.483 9
2010	64.407 7	64.658 3	61.606 2	91.774 0	51.328 5	42.865 4	48.490 7	52.495 2	94.220 7	34.334 0
2011	67.680 9	70.347 0	64.258 9	96.452 9	53.941 7	44.203 4	52.379 9	56.411 8	93.846 0	34.768 8
2012	63.609 6	66.067 0	60.127 2	91.363 4	49.512 2	41.635 7	48.191 4	51.871 7	91.152 2	32.666 1
2013	70.959 3	72.017 6	68.367 0	104.199 4	56.351 9	52.980 9	48.867 7	50.836 0	98.662 9	45.520 1
2014	56.359 4	57.399 6	51.369 9	74.575 3	49.836 2	45.949 8	39.688 6	46.518 8	81.336 8	39.929 0
2015	49.664 0	45.015 3	46.513 4	69.401 3	41.351 7	39.966 2	38.023 6	44.141 7	75.136 5	30.801 8
2016	48.867 7	48.011 2	47.697 1	65.938 7	39.466 1	37.963 0	36.822 3	42.137 4	69.691 9	29.988 7
2017	46.996 3	48.361 9	49.882 3	63.481 5	37.142 3	30.408 3	36.777 8	39.589 1	59.897 2	22.371 2
2018	41.008 8	41.481 5	42.227 5	54.704 7	34.578 2	27.662 6	32.889 2	36.090 4	51.959 1	19.405 7
2019	36.938 3	37.899 9	38.562 0	50.692 0	27.037 6	22.588 4	29.920 6	30.095 4	51.488 3	17.352 4
2020	34.111 8	35.858 2	34.094 4	45.330 3	26.205 7	21.825 4	27.586 4	30.190 4	47.425 9	16.625 5

从表 4-4 和图 4-5 可以看出，从 2001—2013 年，流域整体 PM2.5 浓度趋于增加趋势，2013—2020 年趋于大幅下降趋势。从绝对值而言，河南、山东较其他省份高，最低的省份是四川省。从动态来看，2020 年相对于 2001 年，四川降低幅度为 51.07%，青海降低幅度为 49.85%，甘肃降低幅度为 48.59%，河南降低幅度为 45.11%，宁夏降低幅度为 42.79%，山西降低幅度为 42.53%，内蒙古降低幅度为 42.28%，陕西降低幅度为 41.64%，山东降低幅度为 39.59%。可以看出，经过"十五"、"十一五"、"十二五"、"十三五"四个五年计划，国家实施了有力的生态环境保护举措，黄河流域的 PM2.5 浓度总体区域呈大幅下降态势。

从表 4-5 和图 4-6 可以看出，从 2001 年至 2013 年，流域整体 PM2.5 浓度趋于增加趋势，2013 年至 2020 年趋于大幅下降趋势。从绝对值而言，PM2.5 浓度下游＞中游＞上游；2020 年相对于 2001 年，上游下降幅度为

微克/立方米

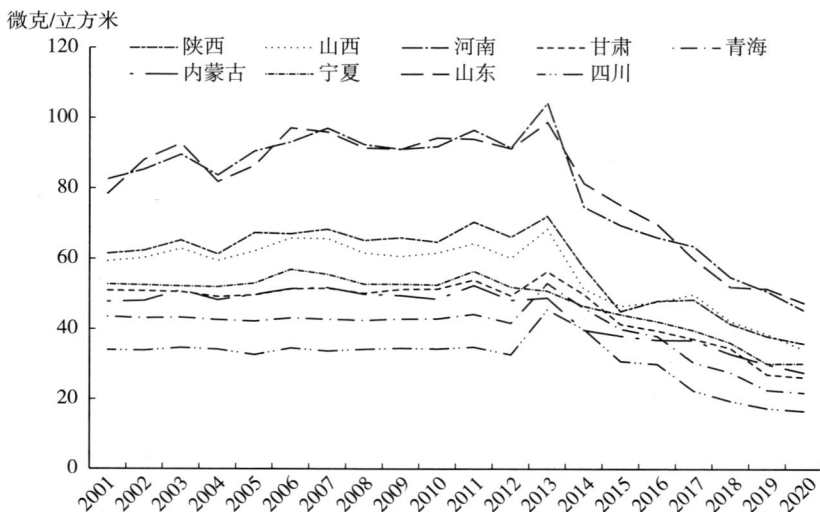

图 4－5　流域各省份 PM2.5 浓度变化趋势

43.97％，中游下降幅度为 43.67％，下游下降幅度为 42.88％。可以看出，经过"十五"、"十一五"、"十二五"、"十三五"四个五年计划，国家实施了有力的生态环境保护举措，黄河流域的 PM2.5 浓度总体区域呈大幅下降的态势，下降水平上游＞中游＞下游。

表 4－5　流域各省份 PM2.5 浓度变化情况

单位：微克/立方米

年份	流域	上游	中游	下游
2001	60.556 4	60.880 3	60.630 4	82.233 6
2002	62.120 3	62.622 9	62.220 1	88.237 0
2003	64.581 4	65.021 7	64.697 3	92.648 1
2004	60.710 2	61.046 9	60.798 0	84.380 0
2005	64.025 1	64.517 9	64.130 3	90.348 1
2006	66.681 8	66.921 3	66.787 5	96.751 6
2007	67.297 0	67.720 7	67.424 4	98.521 6
2008	64.264 1	64.972 9	64.378 0	93.927 8
2009	64.126 0	65.058 9	64.231 3	92.813 3
2010	64.407 7	65.141 6	64.517 0	94.699 1

（续）

年份	流域	上游	中游	下游
2011	67.680 9	68.577 4	67.796 5	97.256 3
2012	63.609 6	64.521 9	63.724 0	93.122 0
2013	70.959 3	71.638 4	71.120 3	103.792 6
2014	56.359 4	57.666 5	56.445 8	78.846 0
2015	49.664 0	50.489 4	49.714 8	73.447 1
2016	48.867 7	49.174 3	48.947 6	68.847 7
2017	46.996 3	46.240 3	47.086 5	62.952 0
2018	41.008 8	40.689 6	41.057 1	54.382 0
2019	36.938 3	36.512 9	37.005 7	51.905 7
2020	34.111 8	34.116 4	34.153 5	46.971 5

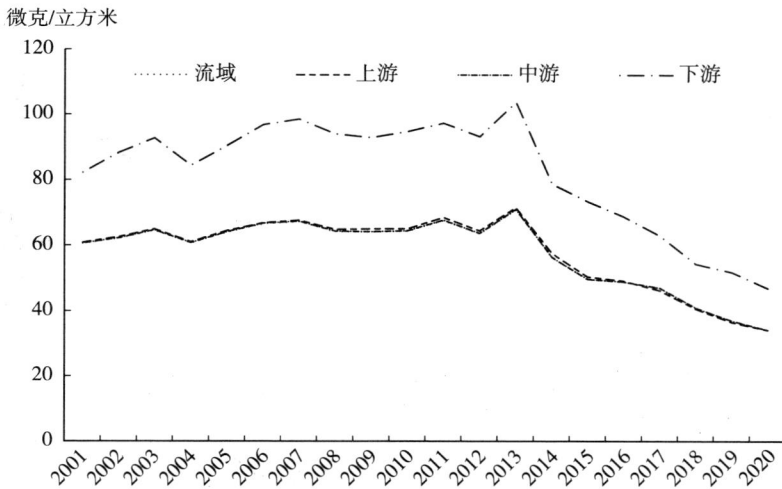

图 4-6 各流域 PM2.5 浓度变化趋势

根据黄河流域 2000—2020 年不同县区单元 PM2.5 浓度状况，绘制 2000—2020 年 PM2.5 浓度空间分布图（图 4-7），从图中可以看出黄河流域 PM2.5 浓度呈现出明显的"区域化"特征。上游西南部 PM2.5 浓度整体较低，下游 PM2.5 浓度整体较高，县域 PM2.5 浓度表现为由西向东逐渐上升。从时间变化来看，2000 年黄河流域各县区单元 PM2.5 浓度的均值约为

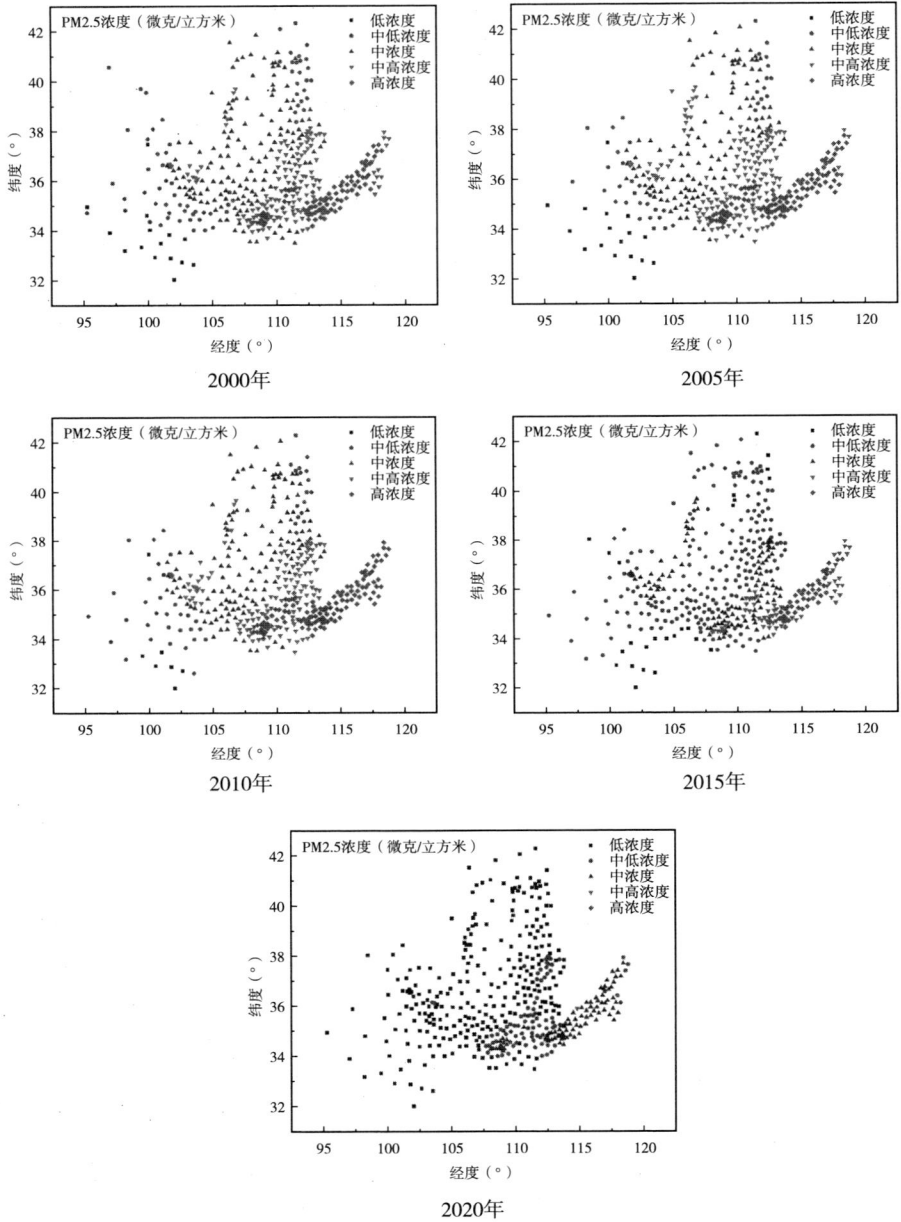

图 4-7　黄河流域 PM2.5 分布图（2000—2020 年）

59.64 微克/立方米,各县区单元 PM2.5 浓度差异较大。PM2.5 浓度最高的县区单元是下游的河南省内黄县,为 91.73 微克/立方米;PM2.5 浓度最低的县区单元是上游的四川省马尔康市,为 30.73 微克/立方米。2000 年黄河流域 PM2.5 浓度低于 35 微克/立方米的县区单元有 15 个,均位于黄河流域上游的高原地带的自治州(阿坝藏族羌族自治州、果洛藏族自治州以及玉树藏族自治州等),分别为马尔康市、松潘县、阿坝县、若尔盖县、红原县、石渠县、玛曲县、刚察县、玛沁县、班玛县、甘德县、达日县、久治县、称多县和曲麻莱县。PM2.5 浓度介于 35~45 微克/立方米的县区单元有 57 个,主要分布在黄河流域中上游,包括上游的 41 个县区,主要位于乌兰察布市大部分、张掖市、陇南市、甘南藏族自治州、黄南藏族自治州、海南藏族自治州、海西蒙古族藏族自治州等;中游的 16 个县区,主要位于大同市、朔州市、忻州市中部、陇南市等。PM2.5 浓度介于 45~55 微克/立方米的县区单元有 146 个,主要分布在黄河流域中上游,包括上游的 69 个县区,主要位于包头市、呼和浩特市、鄂尔多斯市、巴彦淖尔市、榆林市、武威市、定西市、临夏回族自治州、西宁市、海东市、吴忠市、固原市、中卫市等;中游的 77 个县区,主要位于太原市西北部和东北部、阳泉市北部、晋中市东部、忻州市东南部、吕梁市中北部、鄂尔多斯市、宝鸡市西北和西南部、延安市西部、榆林市、汉中市、商洛市南部、安康市中南部、天水市、平凉市、庆阳市大部分等。PM2.5 浓度高于 55 微克/立方米的县区单元有 230 个,黄河流域的上中下游均有分布,主要分布在黄河流域中下游,也包括上游的 16 个县区,主要位于兰州市、白银市、银川市、石嘴山市、乌海市、阿拉善盟等;中游的 145 个县区,主要位于吕梁市西部和东南部、太原市南部、阳泉市南部、晋中市西部、长治市、晋城市北部、临汾市大部分、洛阳市、三门峡市、铜川市、宝鸡市、咸阳市北部、延安市东部、榆林市东南部、商洛市西部和北部;下游的全部 69 个县区,包括郑州市、新乡市、濮阳市、济南市、济宁市、菏泽市、淄博市、东营市、滨州市等,并且下游大部分地区 PM2.5 浓度超过了 75 微克/立方米。

2005 年黄河流域 PM2.5 浓度的空间分布情况较 2000 年变化不太明显。整体来看,黄河流域 PM2.5 浓度介于 55~75 微克/立方米的县区单元范围在银川市、石嘴山市、乌海市、阿拉善盟一带有所扩大，PM2.5 浓度大于75 微克/立方米的县区单元范围在咸阳市、渭南市、运城市一带，分布范围有所扩大。黄河流域各县区单元 PM2.5 浓度的均值上升至 64.03 微克/立方米，最大值为新乡市卫滨区 104.92 微克/立方米，最小值为阿坝藏族羌族自治州马尔康市的 30.86 微克/立方米。全县 PM2.5 浓度低于 35 微克/立方米的县区单元增加至 17 个，新增县区为青海省的河南蒙古族自治县和玛多县。PM2.5 浓度介于 35～45 微克/立方米的县区单元减少至 41 个；PM2.5 浓度介于 45～55 微克/立方米的县区单元有 119 个，减少了 27 个；PM2.5 浓度大于 55 微克/立方米的县区单元有 271 个，较 2000 年增加了 41 个。

2010 年，整体来看，黄河流域 PM2.5 浓度小于 35 微克/立方米的分布范围较 2005 年和 2000 年明显缩小，介于 55～75 微克/立方米的县区单元范围相比于 2005 年在银川市、石嘴山市、乌海市、阿拉善盟一带有所缩小。黄河流域各县区单元 PM2.5 浓度的均值上升至 64.41 微克/立方米，最大值为新乡市卫滨区 107.24 微克/立方米，最小值为阿坝藏族羌族自治州马尔康市 31.72 微克/立方米。全县 PM2.5 浓度低于 35 微克/立方米的县区单元下降至 7 个，分别为马尔康市、阿坝县、红原县、刚察县、班玛县、达日县和久治县，分布范围明显缩小。PM2.5 浓度介于 35～45 微克/立方米、45～55 微克/立方米、大于 55 微克/立方米的县区单元分别为 48 个、139 个、254 个。

2015 年，黄河流域 PM2.5 浓度分布相较于 2000 年、2005 年和 2010 年有明显变化。相比于 2010 年，乌兰察布市及其周边等地区的 PM2.5 浓度减少至小于 35 微克/立方米的范围，黄河流域 PM2.5 浓度介于 45～55 微克/立方米的县区单元明显缩小并下降至 35～45 微克/立方米，兰州市、白银市、中卫市等地区的 PM2.5 浓度由 45～55 微克/立方米浓度范围下降为 35～45 微克/立方米浓度范围。黄河流域各县区单元 PM2.5 浓度的均值减小至 49.66 微克/立方米，最大值为新乡市卫滨区 83.95 微克/立方米，最小值为阿坝藏族羌族自治州马尔康市 27.02 微克/立方米。PM2.5 浓度低于 35 微克/立方米的县区单元增加至 25 个，除空气质量一直较好的西南部高原外，还包括宝鸡市、汉中市、天水市、陇南市等地区的部分县区。PM2.5 浓度介于 35～45 微克/立方米的县区单元为 202 个，较 2005 年增加了 154 个；PM2.5 浓度为 45～55 微克/立方米和大于 55 微克/立方米的县区单元分别为 105 个、116 个，较 2010 年分别减少 34 个、138 个。由此可见，2015 年黄河流域 PM2.5 浓度整体明显下降。

2020 年，黄河流域 PM2.5 浓度空间分布变化显著，各县区单元的 PM2.5 浓度均小于 55 微克/立方米，黄河流域上游的西部地区 PM2.5 浓度均小于 25 微克/立方米，中游大部分地区 PM2.5 浓度位于 25～35 微克/立方米，下游大部分地区 PM2.5 浓度位于 45～55 微克/立方米。黄河流域各县区单元 PM2.5 浓度的均值下降至 34.11 微克/立方米，最大值为濮阳市华龙区 53.06 微克/立方米，最小值为阿坝藏族羌族自治州马尔康市 16.04 微克/立方米。黄河流域 PM2.5 浓度位于小于 35 微克/立方米、35～45 微克/立方米和 45～55 微克/立方米范围的县区单元分别为 268 个、88 个和 92 个。

从总体分布情况来看，黄河流域 PM2.5 浓度表现为自西向东递增，低值区稳定分布在人口稀少且生态环境较好的内蒙古中部和西南部高原地区，高值区一部分分布在自然条件较差的西北内陆地区；另一部分分布在人口稠密、能源需求量大、经济较发达的地带（较为典型的是山东省和河南省）。2000—2020 年间，黄河流域 PM2.5 浓度分布变化明显，各个县区单元整体上表现为降低的趋势，尤其在 2015 年和 2020 年的分布图上表现较为明显。

4.2.2 PM2.5 浓度空间集聚演变特征

PM2.5 浓度总体空间关联特征。基于不同年份黄河流域各县区单元 PM2.5 浓度，按照极差、变异系数、Moran's I 的计算方法得出总体空间关联特征的指标值（表 4-6）。

研究范围内，黄河流域 PM2.5 浓度的 Moran's I 指数在 0.01 置信水平下均为正，表明黄河流域各县区单元 PM2.5 浓度的高值和低值区域相互聚集。从时间变化来看，黄河流域 PM2.5 浓度的 Moran's I 指数呈现 M 形波动变化，但总体上呈现减小趋势，对应空间集聚作用减小。而黄河流域 PM2.5 浓度的变异系数在 2000 年至 2010 年呈现上升趋势，在 2010 年至

2020 年呈现下降趋势，但总体处于上升趋势，表明 PM2.5 浓度区域差异现象明显，黄河流域各县区单元 PM2.5 浓度的极大值与极小值更加集中，离散程度变大，这和某个地区自身的高原地区环境或地区的工业发展程度差异相关。黄河流域 PM2.5 浓度两极差总体呈现下降的趋势，PM2.5 浓度最高与最低区域的差距缩小，这与其 Moran's I 指数变动反映的信息基本吻合，县域 PM2.5 浓度存在空间集聚效应减小的可能。

表 4 - 6　不同年份黄河流域县域 PM2.5 浓度总体特征

单位：微克/立方米

年份	2000	2005	2010	2015	2020
极差	−61.008 4	−74.057 0	−75.515 9	−56.925 6	−37.018 4
变异系数	0.260 1	0.294 8	0.308 1	0.288 8	0.278 1
Moran's I	0.838 0	0.838 8	0.827 9	0.838 2	0.709 9

黄河流域 PM2.5 浓度空间聚类分布特征。绘制 2000—2020 年黄河流域县域 PM2.5 浓度的聚类和异常值的空间分布图（图 4 - 8），发现黄河流域县域 PM2.5 浓度空间上表现出显著的高低值集聚特征，PM2.5 浓度具有很强的空间依赖性。

黄河流域县域 PM2.5 浓度分析结果以 H - H、L - L 和 L - H 类型集聚为主，且具有一定的稳定性。从时间变化看，2000 年 H - H 集聚类型区均集中分布于黄河中游东南部包括临汾市、铜川市、咸阳市、西安市、渭南市、运城市、三门峡市、济源市、晋城市、洛阳市、平顶山市和黄河下游全部地区，这些地区人口密集，经济较为发达，能源需求量大，PM2.5 浓度较高，环境污染严重。L - H 集聚类型主要分布在 H - H 集聚类型周边，包括安康市、汉中市、商洛市、南阳市、临汾市东部和中部以及延安市南部。L - L 集聚类型主要位于黄河流域上游和中游的北部和西南部，以阳泉市北部、太原市北部、吕梁市北部、榆林市南部、延安市北部、庆阳市南部、平凉市中部、宝鸡市西北部和西南部以及天水市为大致分界线向北向西并去除阿拉善盟、乌海市、石嘴山市和银川市西部这些不显著的地区外的地区均为 L - L 集聚区。这些地区为人口稀少、生态环境较好的内蒙古中部和西南部高原地区，以及自然条件较差的西北内陆地区。

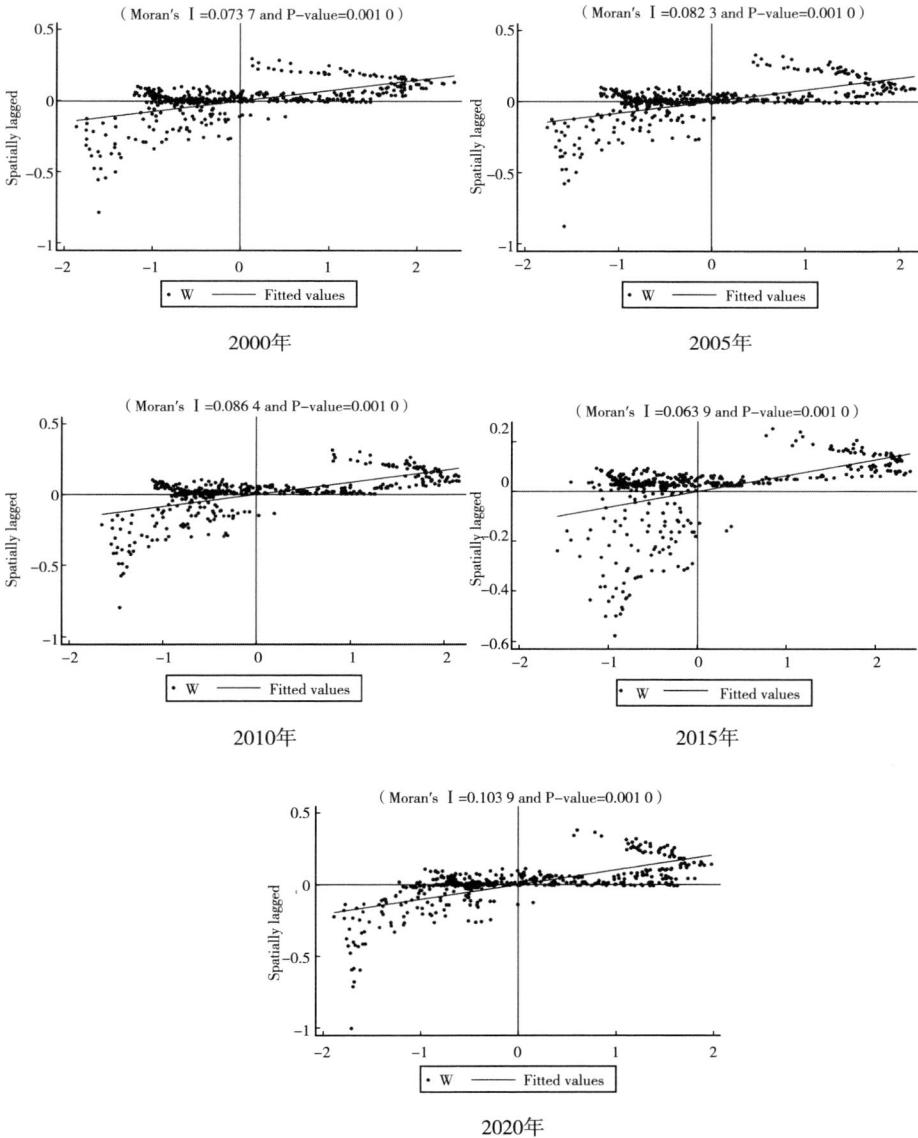

（Moran's Ⅰ =0.073 7 and P-value=0.001 0）

2000年

（Moran's Ⅰ =0.082 3 and P-value=0.001 0）

2005年

（Moran's Ⅰ =0.086 4 and P-value=0.001 0）

2010年

（Moran's Ⅰ =0.063 9 and P-value=0.001 0）

2015年

（Moran's Ⅰ =0.103 9 and P-value=0.001 0）

2020年

图 4-8　黄河流域 PM2.5LISA 聚类图（2000—2020 年）

2005 年相比于 2000 年，PM2.5 浓度分析结果仍以 H－H、L－L 和 L－H 类型集聚为主且分布范围变化不明显，与 2000 年的分析结果基本相似。2010 年的 H－H 集聚类型和 L－H 集聚类型的分布地区与 2000 年和 2005 年相比基本无变化，但 L－L 集聚类型区新增了阿拉善盟、乌海市、石嘴山市和银川市，且巴彦淖尔市西部地区集聚变为不显著。2015 年相比于 2010 年，L－L 集聚区向宝鸡市、咸阳市、铜川市方向扩散，而玉树藏族自治州、海西蒙古族藏族自治州、兰州市、白银市、中卫市、西宁市南部的集聚变为不显著。H－H 集聚区分布范围向东缩小，临汾市、铜川市、安康市、汉中市、商洛市、南阳市、三门峡市以及咸阳市和西安市集聚变为不显著。2020 年的分析结果显示相比于 2000 年各个集聚类型区分布范围较为相似，但太原市、阳泉市、晋中市的大部分地区由 L－L 集聚变为不显著。

从总体分布情况来看，黄河流域 PM2.5 浓度空间集聚类型以 H－H 和 L－L 类型集聚为主且具有一定的稳定性。H－H 类型集聚主要分布在黄河流域上游和中游的西北部，L－L 类型集聚主要分布在黄河流域中下游交界处和下游地区。2000 年至 2017 年间，黄河流域 PM2.5 浓度聚类和异常值的空间分布变化不明显。

4.3 黄河流域碳排放时空格局

4.3.1 碳排放地域差异

碳排放与社会经济发展、雾霾污染等具有高度相关性，碳排放机理与空间扩张的相关研究能增强多主体和多要素协同治理能力，加强黄河流域碳排放研究与治理和探索新时代绿色可持续发展道路十分重要。

流域及其各省的碳排放如表 4－7 所示。从表 4－7 和图 4－9 可以看出，从 2001 年至 2017 年，流域整体碳排放一直趋于增加趋势。从绝对值而言，内蒙古、宁夏、山东分别位于第一、第二和第三，最低的省份是四川省。从动态来看，2017 年相对于 2001 年，四川上升幅度为 572.07％，宁夏上升幅度为 411.82％，内蒙古上升幅度为 403.39％，陕西上升幅度为 276.65％，甘肃上升幅度为 223.70%，河南上升幅度为 193.36%，青海上升幅度为 186.59%，山东上升幅度为 180.76%，山西上升幅度为 144.08%。可以看出，虽然经过"十五"、"十一五"、"十二五"、"十三五"四个五年计划，国家实施了有力的生态环境保护举措，但黄河流域的碳排放总体趋于上升态势。

表 4-7 流域各省份碳排放变化情况

单位：百万吨

年份	流域	陕西	山西	河南	甘肃	青海	内蒙古	宁夏	山东	四川
2001	1.150 8	0.737 6	1.432 5	1.311 3	0.664 1	0.470 4	1.591 0	1.548 7	1.965 2	0.058 0
2002	1.212 4	0.803 8	1.569 2	1.434 7	0.718 5	0.487 6	1.623 0	1.625 5	1.830 3	0.084 3
2003	1.423 6	0.944 6	1.812 4	1.668 7	0.826 9	0.511 6	1.982 8	1.844 9	2.272 5	0.122 1
2004	1.613 6	1.062 1	2.002 8	1.846 1	0.903 0	0.529 5	2.385 8	2.017 1	2.775 5	0.146 9
2005	2.002 5	1.293 6	2.300 4	2.198 6	1.056 1	0.572 9	3.427 0	2.393 2	3.816 4	0.197 7
2006	2.256 2	1.493 0	2.559 5	2.520 4	1.201 2	0.611 4	4.019 0	2.663 0	4.105 3	0.231 8
2007	2.418 3	1.604 5	2.668 4	2.681 1	1.277 6	0.623 0	4.534 7	2.857 9	4.406 2	0.252 8
2008	2.637 4	1.769 3	2.818 1	2.875 2	1.396 0	0.665 9	5.242 3	3.187 0	4.722 7	0.268 0
2009	2.820 7	1.938 3	3.036 5	3.080 6	1.533 5	0.704 9	5.511 9	3.448 6	4.914 0	0.291 9
2010	3.117 4	2.196 5	3.274 4	3.361 1	1.714 0	0.768 7	6.328 3	4.001 7	5.211 2	0.318 2
2011	3.616 0	2.669 3	3.566 5	3.828 3	2.039 8	0.988 7	7.713 2	5.717 1	5.311 2	0.369 0
2012	3.678 9	2.725 8	3.654 6	3.894 6	2.070 1	0.987 4	7.815 5	5.794 8	5.388 4	0.396 2
2013	3.722 7	2.754 9	3.582 6	3.877 5	2.112 8	1.177 9	7.888 1	6.882 8	5.106 6	0.405 9
2014	3.797 5	2.813 9	3.617 5	3.925 5	2.147 2	1.209 5	8.018 0	7.120 2	5.312 1	0.408 2
2015	3.591 0	2.605 6	3.384 1	3.726 7	1.971 4	1.113 1	7.709 7	6.559 4	5.282 6	0.373 2
2016	3.693 9	2.679 0	3.468 7	3.877 7	2.029 0	1.122 5	7.880 0	6.688 7	5.498 6	0.378 3
2017	3.823 6	2.778 2	3.496 5	3.846 6	2.149 7	1.348 1	8.008 9	7.926 5	5.517 5	0.389 8

从表 4-8 和图 4-10 可以看出，从 2001 年至 2017 年，流域整体碳排放一直呈增加趋势。从绝对值而言，从 2001 年至 2011 年，碳排放下游＞中游＞上游；从 2011 年至 2017 年，碳排放下游＞上游＞中游，上游超过了中游。2017 年相对于 2001 年，上游增加幅度为 262.97%，中游增加幅度为 230.29%，下游增加幅度为 188.66%。可以看出，虽然经过"十五"、"十

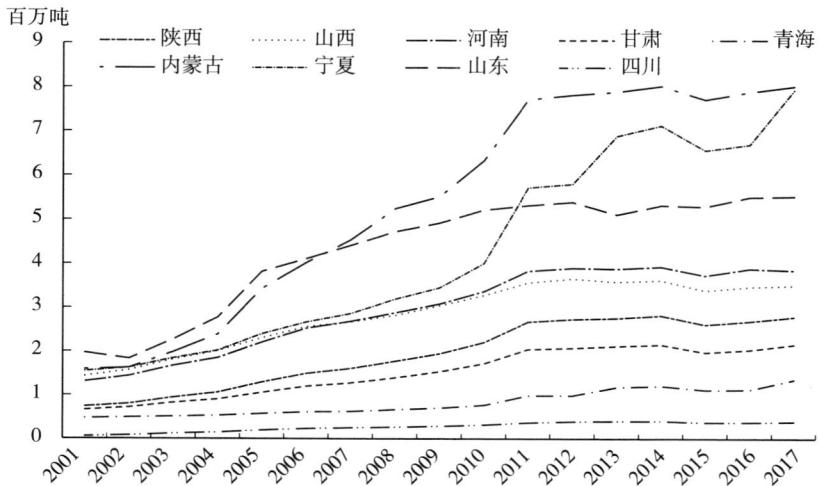

图 4-9 流域各省份碳排放变化趋势

表 4-8 流域各省份碳排放变化情况

单位：百万吨

年份	流域	上游	中游	下游
2001	1.150 8	1.077 0	1.150 2	1.618 9
2002	1.212 4	1.118 9	1.211 5	1.632 4
2003	1.423 6	1.321 8	1.423 3	1.961 2
2004	1.613 6	1.511 7	1.613 9	2.283 2
2005	2.002 5	1.924 5	2.003 8	2.941 9
2006	2.256 2	2.176 7	2.256 8	3.257 9
2007	2.418 3	2.352 8	2.418 9	3.482 1
2008	2.637 4	2.590 0	2.637 7	3.731 8
2009	2.820 7	2.764 2	2.820 9	3.935 0
2010	3.117 4	3.076 3	3.116 3	4.228 8
2011	3.616 0	3.629 0	3.606 7	4.549 5
2012	3.678 9	3.685 3	3.669 5	4.622 6
2013	3.722 7	3.759 5	3.705 7	4.490 4
2014	3.797 5	3.844 7	3.779 6	4.613 7
2015	3.591 0	3.645 2	3.575 3	4.488 7
2016	3.693 9	3.752 9	3.678 0	4.678 6
2017	3.823 6	3.909 2	3.799 1	4.673 1

一五"、"十二五"、"十三五"四个五年计划，国家实施了有力的生态环境保护举措，但黄河流域的碳排放浓度总体区域呈大幅增加的态势，增加幅度上游＞中游＞下游。

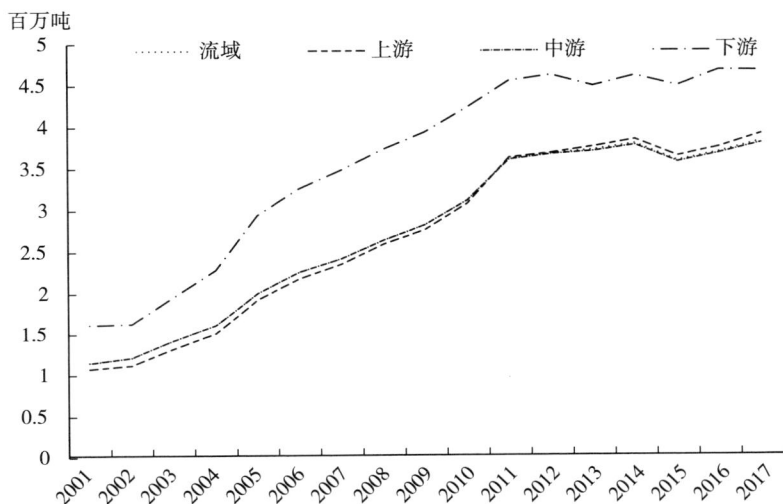

图 4-10 流域碳排放浓度变化趋势

黄河流域碳排放的"区域化"特征显著。根据黄河流域 2000—2017 年不同县区单元碳排放状况，绘制 2000—2017 年碳排放空间分布图（图 4-11），从图中可以看出黄河流域县域碳排放空间分异差异明显，上游西南部碳排放整体较低，中下游碳排放整体较高，县域碳排放表现为西部高东部低，黄河流域北部高值区存在扩张现象。

2000 年黄河流域各县区单元碳排放的均值约为 1.10 百万吨，各县区单元碳排放差异较大。碳排放最高的县区单元是下游的山西省孝义市，为 3.57 百万吨；碳排放最低的县区单元是上游的四川省石渠县，为 0.01 百万吨。2000 年黄河流域碳排放低于 1.3 百万吨的县区单元有 285 个，包括上游的 94 个县区、中游的 164 个县区和下游的 27 个县区。碳排放介于 1.3～2.6 百万吨的县区单元有 152 个，包括上游的 45 个县区、中游的 66 个县区和下游的 41 个县区。碳排放介于 2.6～6.1 百万吨的县区单元有 11 个，主要分布在中游地区的山西省的部分市区，分别是郊区、泽州县、灵石县、介

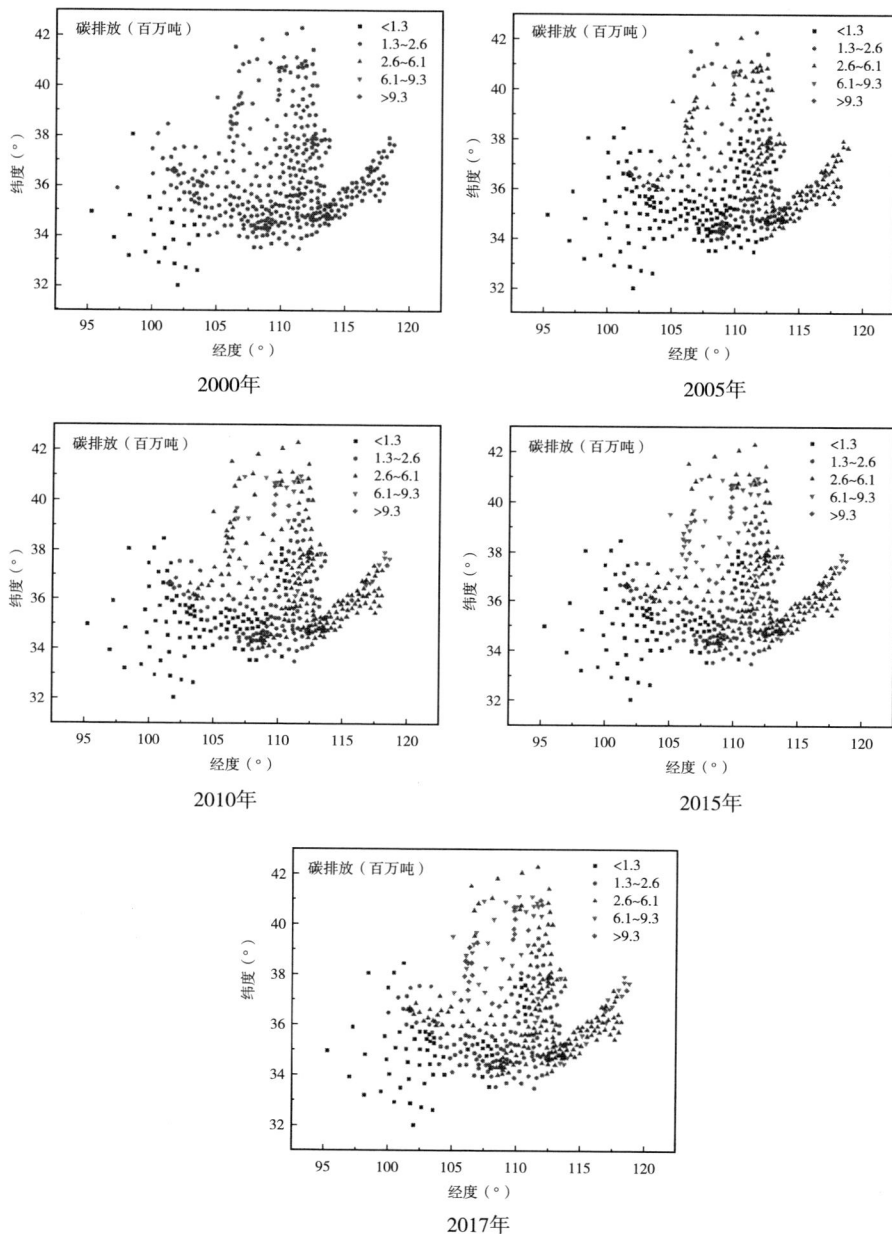

图 4-11 黄河流域碳排放分布图（2000—2017 年）

休市、尧都区、洪洞县、孝义市、汾阳市，还包括上游地区的九原、青铜峡市和下游的东营区。总之，2000 年黄河流域碳排放整体处于较低水平。

2005 年碳排放空间分布相比于 2000 年变化较为明显，黄河流域北部和黄河流域下游地区碳排放明显增加。2005 年黄河流域各县区单元碳排放的均值约为 2.00 百万吨，各县区单元碳排放差异较大。碳排放最高值为下游的山东省东营区，为 7.62 百万吨；碳排放最低的县区单元是上游的青海省班玛县，为 0.03 百万吨。2005 年黄河流域碳排放低于 1.3 百万吨的县区单元有 167 个，包括上游的 66 个县区、中游的 100 个县区和下游的 1 个县区（河南新乡市卫滨区）。碳排放介于 1.3～2.6 百万吨的县区单元有 140 个，包括上游的 29 个县区、中游的 90 个县区和下游的 21 个县区。碳排放介于 2.6～6.1 百万吨的县区单元有 137 个，包括上游的 45 个县区、中游的 48 个县区和下游的 44 个县区。碳排放介于 6.1～9.3 百万吨的县区单元有 4 个，分别是包头市九原区、济南市市中区和历城区以及东营市东营区。

2010 年，整体来看，黄河流域碳排放大于 2.6 百万吨的分布范围较 2005 年和 2000 年明显扩大，且开始出现碳排放大于 9.3 百万吨的县区，主要是鄂尔多斯市东北部和呼和浩特市中部、延安市西北部、临汾市、阳泉市、吕梁市和长治市交界处以及济南市和东营市的部分县区；黄河下游地区碳排放进一步增多。2010 年黄河流域各县区单元碳排放的均值上升至 3.12 百万吨，最大值为鄂尔多斯市康巴什区 12.79 百万吨，最小值为青海省班玛县 0.05 百万吨。全县碳排放低于 1.3 百万吨的县区单元下降至 96 个，分别为马尔康市、阿坝县、红原县、刚察县、班玛县、达日县和久治县等，分布范围明显缩小。碳排放介于 1.3～2.6 百万吨、2.6～6.1 百万吨、6.1～9.3 百万吨、9.3～13.8 百万吨的县区单元分别为 114 个、202 个、28 个、8 个。

2015 年，黄河流域县域碳排放高值区包括鄂尔多斯市东北部、呼和浩特市中部、延安市西北部，阿拉善盟小部分县区碳排放继续增多且呈现出向周边地区扩散的趋势。黄河流域各县区单元碳排放的均值增加至 3.59 百万吨，最大值仍是鄂尔多斯市康巴什区，为 19.25 百万吨，最小值仍是青海省班玛县，为 0.08 百万吨。全县碳排放低于 1.3 百万吨的县区单元减少至 78 个，碳排放介于 1.3～2.6 百万吨的县区单元为 114 个，与 2005 年持平；碳排放为 2.6～6.1 百万吨、6.1～9.3 百万吨、9.3～13.8 百万吨、13.8～25.7 百万吨的县区单元分别为 193 个、50 个、10 个、3 个，较 2010 年分别减少 9 个、增加 22 个、增加 2 个、增加 3 个。由此可见，2015 年黄河流域碳排放整体明显升高。

2017 年，黄河流域碳排放空间分布相较于 2015 年高值区进一步扩大，主要分布在阿拉善盟，银川市、吴忠市、中卫市三市交界处，延安市西北部，鄂尔多斯市东北部，呼和浩特市等地区。下游地区碳排放进一步增多，上游地区的西南部高原地区碳排放变化仍旧不显著。黄河流域各县区单元碳排放的均值增多至 3.82 百万吨，最大值为鄂尔多斯市康巴什区 19.48 百万吨，最小值为青海省班玛县 0.09 百万吨。碳排放小于 1.3 百万吨、1.3～2.6 百万吨、2.6～6.1 百万吨、6.1～9.3 百万吨、9.3～13.8 百万吨、13.8～25.7 百万吨的县区单元分别为 63 个、116 个、197 个、50 个、19 个、3 个，相比于 2015 年分别减少 15 个、增加 2 个、增加 4 个、不变、增加 9 个、不变。由此可见，2017 年黄河流域碳排放整体升高。

从总体分布情况来看，黄河流域碳排放表现为自西向东递增，人口稀少且生态环境较好的西南部高原地区稳定处于低值区，高值区主要分布在山东部分县区与陕甘宁蒙交界区，且呈现扩张趋势。2000 年至 2017 年间，黄河流域碳排放分布变化明显，各个县区单元整体上看表现为升高的趋势。

4.3.2 碳排放空间集聚演变特征

碳排放总体空间关联特征。基于不同年份黄河流域各县区单元碳排放，按照极差、变异系数、Moran's Ⅰ的计算方法得出总体空间关联特征的指标值（表 4 - 9）。

表 4 - 9 不同年份黄河流域县域碳排放总体特征

年份	2000	2005	2010	2015	2017
极差	3.561 6	7.592 2	12.743 1	19.170 9	19.392 8
变异系数	0.606 3	0.670 0	0.692 2	0.732 2	0.730 8
Moran's Ⅰ	0.355 1	0.409 1	0.369 9	0.353 6	0.358 8

研究范围内，黄河流域碳排放的 Moran's Ⅰ 指数在 0.01 置信水平下均为正，表明黄河流域各县区单元碳排放的高值和低值区域相互聚集。从时间变化看，黄河流域碳排放的 Moran's Ⅰ 指数呈现"N"形波动变化，但总体上呈现增加趋势，对应空间集聚作用增大。而黄河流域碳排放的变异系数在 2000 年至 2017 年呈现上升趋势，表明碳排放区域差异现象明显，黄河流域各县区单元碳排放的极大值与极小值更加集中，离散程度变大。黄河流域碳排放极差总体呈现升高的趋势，碳排放最高与最低区域的差距增大，这与其 Moran's Ⅰ 指数变动反映的信息基本吻合，县域碳排放存在空间集聚效应增加的可能。

碳排放空间聚类分布特征。绘制 2000—2017 年黄河流域县域碳排放的聚类和异常值的空间分布图（图 4-12），发现黄河流域县域碳排放空间上表现出显著的高低值集聚特征，碳排放具有很强的空间依赖性。黄河流域县域碳排放分析结果以 H-H 和 L-L 类型集聚为主且具有一定的稳定性，并伴随少部分的 H-L 聚类和 L-H 聚类。

从时间变化看，2000 年 H-H 集聚类型区均集中分布于黄河中上游地区宁陕蒙交界处，包括阿拉善盟、乌海市、石嘴山市、银川市、吴忠市、中卫市、包头市、呼和浩特市、白银市北部地区和鄂尔多斯市中部和东南部地区，黄河中下游地区包括太原市、阳泉市、吕梁市、晋中市、长治市、临汾市、晋城市、焦作市、平顶山市区以及下游地区除济宁市、菏泽市东部、聊城市东部、淄博市东部的地区，这些地区人口密集，经济较为发达，能源需求量大，碳排放较高，环境污染严重。L-L 集聚类型主要位于黄河流域上游和中游的南部，以海北藏族自治州、临夏回族自治州、定西市、固原市、庆阳市、延安市、榆林市、铜川市、咸阳市、安康市、商洛市为边界向西向南为 L-L 集聚。L-H 集聚类型主要分布在 H-H 集聚类型周边或与其相间分布，包括武威市、鄂尔多斯市的部分地区、乌兰察布市南部、呼和浩特市南部、忻州市南部、吕梁市东北部、晋中市东南部、长治市东部、济宁市、菏泽市东部、聊城市东部以及淄博市东部的县区。H-L 集聚类型有两处分布，分别为黄河流域上游西南部的海东市、中游的西安市和渭南市的部分县区。

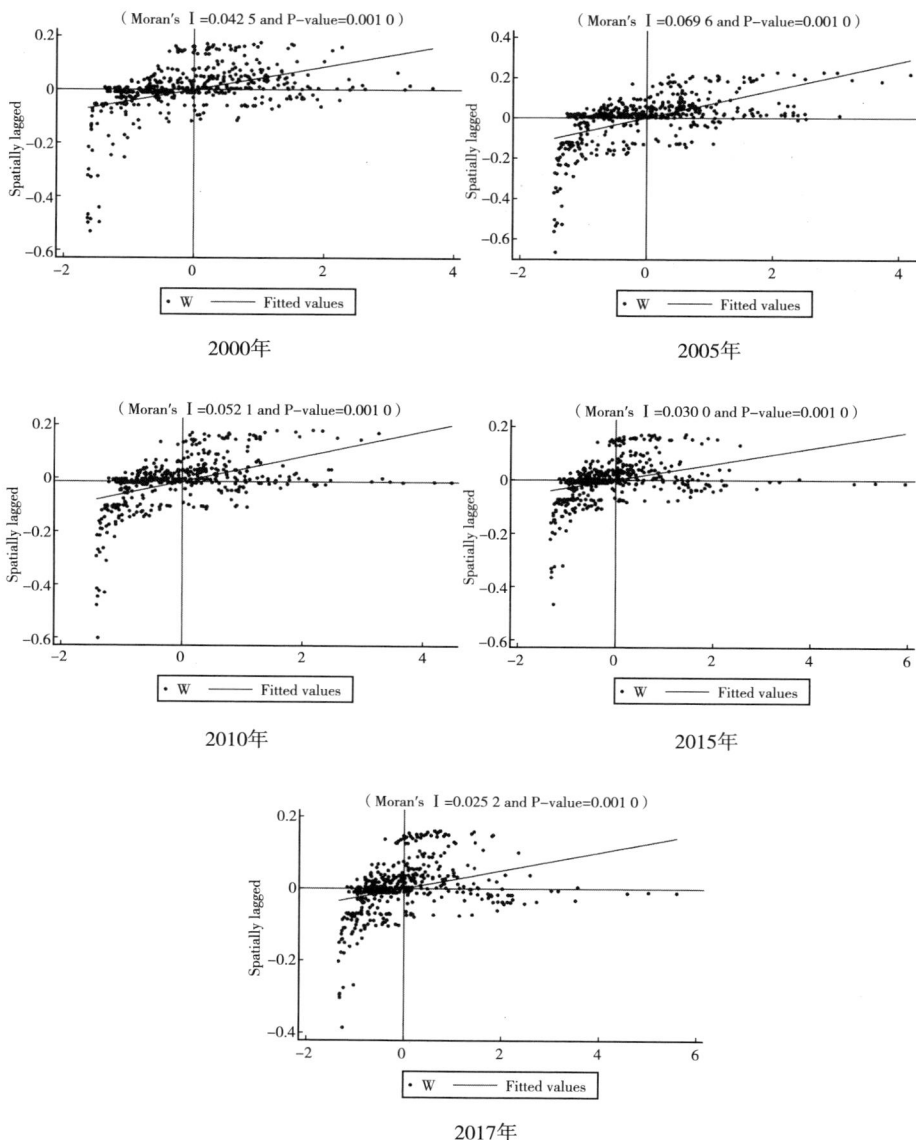

（Moran's I =0.042 5 and P-value=0.001 0）

2000年

（Moran's I =0.069 6 and P-value=0.001 0）

2005年

（Moran's I =0.052 1 and P-value=0.001 0）

2010年

（Moran's I =0.030 0 and P-value=0.001 0）

2015年

（Moran's I =0.025 2 and P-value=0.001 0）

2017年

图 4-12　黄河流域碳排放 LISA 聚类图（2000—2017 年）

2005 年相比于 2000 年，碳排放分析结果仍以 H-H 和 L-L 类型集聚为主，且伴随少部分的 H-L 聚类和 L-H 聚类，但各个集聚类型的分布地区与 2000 年相比分布范围略有不同，黄河流域西南部的 L-L 类型集聚向东北方向扩散，中游地区的 L-L 集聚类型向西南方向转移，下游地区以及中下游交界地区的 H-H 类型集聚分布范围向东缩小，中上游交界处北部地区 H-H 聚类分布范围扩大。H-L 集聚地区新增延安市和榆林市交界地区和三门峡市。2010 年的 H-H 集聚类型和 L-L 集聚类型的分布地区与2005 年相比变化明显，中游南部地区的 L-L 集聚类型分布范围向南缩小，中上游北部的交界处 H-H 类型集聚范围向南有所扩大，而中游东部地区包括阳泉市、晋中市、临汾市和晋城市等地区由 2005 年的 H-H 类型集聚变为不显著，分布在这些地区周边的 L-H 集聚也变为不显著。2015 年，中游南部地区的 L-L 集聚类型分布范围相比于 2010 年向东北方向有小幅度的扩大，中上游北部的交界处 H-H 类型集聚范围向南有小范围的扩大，黄河流域下游的 H-H 集聚类型向东南方向有小幅度的缩小；整体来说变化不太明显。2017 年的分析结果显示 H-H 类型集聚和 L-L 类型集聚变化在 2015 年的变化基础上程度略微加大，黄河流域下游西部地区变为不显著，仅剩东部的一些县区为 H-H 类型集聚。

从总体分布情况来看，黄河流域碳排放空间集聚类型以 H-H 和 L-L 类型集聚为主且具有一定的稳定性，并伴随少部分的 H-L 聚类和 L-H 聚类。2000 年至 2017 年间，黄河流域碳排放聚类和异常值的空间分布变化明显，表现为黄河流域下游地区的 H-H 类型集聚分布范围逐渐缩小，中上游北部交界处的地区 H-H 类型集聚分布范围逐渐扩大，中游南部地区的 L-L 类型集聚分布范围向西向南转移，但变化幅度较小。中上游晋陕蒙地区是中国主要能源基地，榆林、鄂尔多斯等市是继山西省的煤炭后备基地，伴随着煤炭工业的迅速发展及其粗放的经营模式与落后的技术水平，导致能源消耗大，碳排放呈 H-H 集聚。

4.4 黄河流域碳汇时空格局

4.4.1 地域差异

人类活动产生的大规模能源消费碳排放是导致全球气候变化的主因之

一，并深刻影响着地表自然环境过程与人类社会可持续发展。而碳汇功能即吸收二氧化碳等温室气体，对减缓全球气候变暖方面至关重要。黄河流域是全国石油、煤炭等能源资源的主要供应基地，亦是连接青藏高原、黄土高原、华北平原的生态廊道，所以测算研究黄河流域的碳汇时空格局，对实现以碳减排为目标的流域综合治理与可持续发展具有重要意义。

流域及其各省份的碳汇如表4－10所示。从表4－10和图4－13可以看出，从2001年至2017年，流域整体碳汇呈波动小幅增加趋势。从绝对值而言，四川省远超其他省域的水平一直处于高位水平，其次是青海、甘肃、内蒙古，最低的省份是河南省。从动态来看，2017年相比于2001年，四川上升幅度为5.90％，宁夏上升幅度为58.19％，内蒙古上升幅度为67.30％，陕西上升幅度为65.74％，甘肃上升幅度为34.92％，河南上升幅度为37.62％，青海上升幅度为17.87％，山东上升幅度为26.06％，山西上升幅度为66.37％。可以看出，经过"十五"、"十一五"、"十二五"、"十三五"四个五年计划，国家实施了有力的生态环境保护举措，黄河流域各省份区域的碳汇总体趋于小幅上升态势。

表4－10　流域各省份碳汇变化情况

单位：百万吨

年份	流域	陕西	山西	河南	甘肃	青海	内蒙古	宁夏	山东	四川
2001	1.753 5	1.410 2	1.051 6	0.878 0	2.389 7	4.545 2	1.596 9	1.186 5	1.096 9	10.666 9
2002	2.069 9	1.820 7	1.272 8	0.951 3	2.854 4	5.070 3	2.216 3	1.574 3	1.022 2	11.134 0
2003	2.177 4	1.950 5	1.553 6	1.240 0	2.721 0	4.693 3	2.444 9	1.570 8	1.255 0	10.458 1
2004	2.226 7	1.992 3	1.610 0	1.275 5	2.737 5	4.641 5	2.530 2	1.564 0	1.489 9	10.274 5
2005	2.108 9	1.861 5	1.377 8	1.105 3	2.795 0	5.168 2	1.983 0	1.381 5	1.265 2	10.900 7
2006	2.225 2	1.959 4	1.518 0	1.161 3	2.836 9	5.575 6	2.105 4	1.395 0	1.198 6	12.118 7
2007	2.170 4	1.941 5	1.405 3	1.108 7	2.910 0	5.143 7	2.166 4	1.507 8	1.254 8	11.202 8
2008	2.307 8	2.115 6	1.638 0	1.253 0	3.033 4	4.895 1	2.395 2	1.505 2	1.498 2	10.865 2
2009	2.265 1	2.113 8	1.600 1	1.138 0	2.893 9	5.288 2	2.270 3	1.517 8	1.202 0	11.391 7
2010	2.350 3	2.220 5	1.568 4	1.140 0	3.012 1	5.863 8	2.186 0	1.752 9	1.210 4	11.682 7
2011	2.236 3	2.089 3	1.583 5	1.110 0	2.862 5	5.156 0	2.135 4	1.580 6	1.316 1	11.167 2
2012	2.532 6	2.424 2	1.846 1	1.253 3	3.227 8	5.254 5	2.978 3	1.994 2	1.433 1	10.511 5

（续）

年份	流域	陕西	山西	河南	甘肃	青海	内蒙古	宁夏	山东	四川
2013	2.551 9	2.445 7	1.827 8	1.021 2	3.464 1	5.676 3	2.790 6	1.953 5	1.224 9	12.203 6
2014	2.465 8	2.383 6	1.817 2	1.124 7	3.305 3	4.936 6	2.733 8	2.053 1	1.372 4	10.856 6
2015	2.480 4	2.480 3	1.758 0	1.326 3	3.299 2	4.980 2	2.532 8	1.828 7	1.446 2	10.883 4
2016	2.619 7	2.429 9	1.975 8	1.272 5	3.255 9	5.575 7	3.053 1	1.937 1	1.466 8	11.975 3
2017	2.469 5	2.337 3	1.749 5	1.208 3	3.224 3	5.357 2	2.671 6	1.876 9	1.382 8	11.296 0

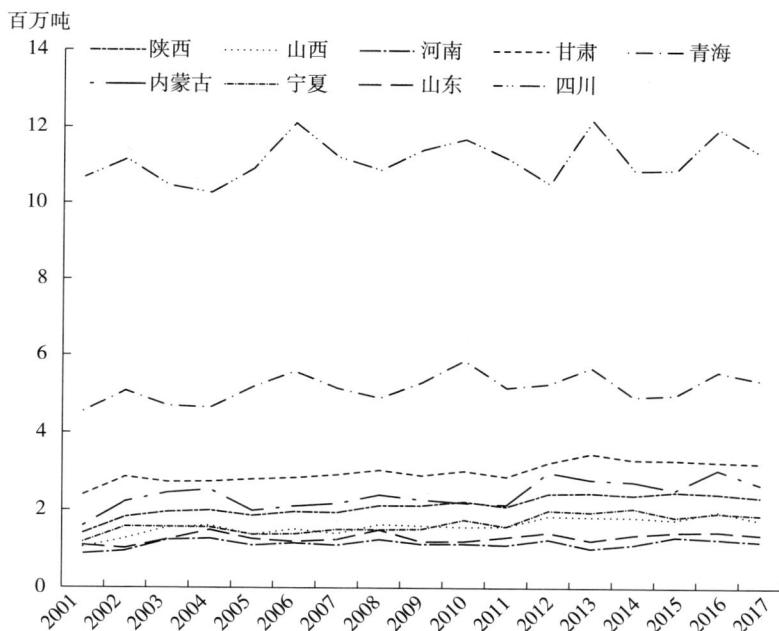

图 4-13 流域各省份碳汇变化趋势

从表 4-11 和图 4-14 可以看出，从 2001 年至 2017 年，流域整体碳汇一直呈增加趋势。从绝对值而言，从 2001 年至 2017 年，碳汇上游＞中游＞下游，上游远超下游。2017 年相对于 2001 年，上游增加幅度为 37.30%，中游增加幅度为 40.67%，下游增加幅度为 30.62%。可以看出，经过"十五"、"十一五"、"十二五"、"十三五"四个五年计划，国家实施了有力的生态环境保护举措，黄河流域的碳汇总体有 40% 左右幅度的增加，增加幅度中游＞上游＞下游。

表 4-11 各流域碳汇变化情况

单位：百万吨

年份	流域	上游	中游	下游
2001	1.753 5	1.936 0	1.754 0	0.894 2
2002	2.069 9	2.278 8	2.067 6	0.875 8
2003	2.177 4	2.340 8	2.176 4	1.140 0
2004	2.226 7	2.388 3	2.226 9	1.262 4
2005	2.108 9	2.300 4	2.110 1	1.074 8
2006	2.225 2	2.410 4	2.227 3	1.057 2
2007	2.170 4	2.370 8	2.170 5	1.063 0
2008	2.307 8	2.483 2	2.309 2	1.246 3
2009	2.265 1	2.439 3	2.266 1	1.049 3
2010	2.350 3	2.555 2	2.348 8	1.052 0
2011	2.236 3	2.407 3	2.235 7	1.098 8
2012	2.532 6	2.712 5	2.529 3	1.208 4
2013	2.551 9	2.741 6	2.548 8	0.984 8
2014	2.465 8	2.635 7	2.460 3	1.124 6
2015	2.480 4	2.669 6	2.478 3	1.250 9
2016	2.619 7	2.788 4	2.618 8	1.236 2
2017	2.469 5	2.658 2	2.467 4	1.168 0

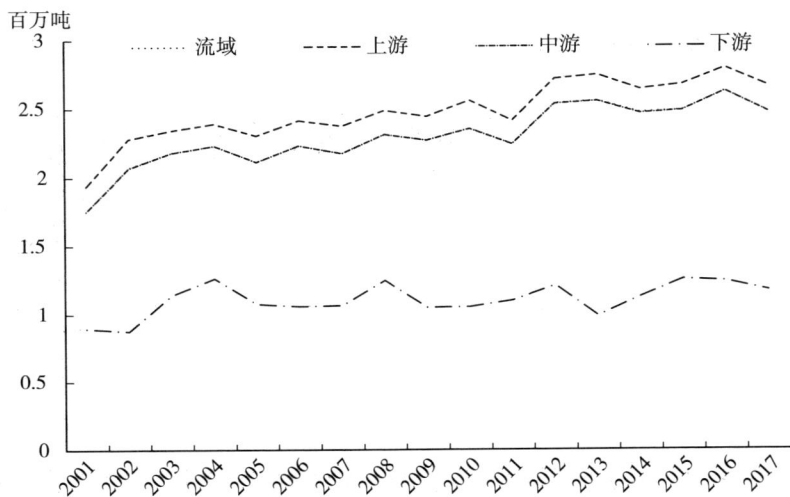

图 4-14 各流域碳汇变化趋势

　　黄河流域碳汇的"区域化"特征显著。根据黄河流域 2000—2017 年不同县区单元碳汇状况，绘制出碳汇空间分布图（图 4 - 15）。从图中可以看出，黄河流域县域碳汇空间分异差异明显，上游西南部地区碳汇整体较高，中游和下游地区碳汇整体较低，县域碳汇表现为西部高东部低，并且黄河流经地区包括兰州市、银川市、呼和浩特市、太原市、临汾市、西安市等城市及其周边地区以及黄河流域下游地区碳汇较低。从时间变化来看，2000—2017 年间碳汇变化不明显。2000 年黄河流域各县区单元碳汇的均值约为1.80 百万吨，各县区单元碳汇差异较大。碳汇最高的县区单元是上游的青海省都兰县，为 11.93 百万吨；碳汇最低的县区单元是中游的西安市碑林区，为 0.04 百万吨。2000 年黄河流域碳汇低于 3 百万吨的县区单元有 391个，包括上游的 98 个县区、中游的 224 个县区和下游的 69 个县区。碳汇介于 3～6 百万吨之间的县区单元有 34 个，包括上游的 20 个县区和中游的 14个县区。碳汇介于 6～9 百万吨之间的县区单元有 12 个，主要分布在上游甘肃省和青海省的部分地区，分别是迭部县、玛曲县、祁连县、刚察县、河南蒙古族自治县、共和县、兴海县、玛沁县、班玛县、甘德县、达日县和久治县。碳汇介于 9～12 百万吨的县区单元有 11 个，主要分布在上游四川省和青海省的部分地区，分别是马尔康市、阿坝县、若尔盖县、红原县、石渠县、玛多县、称多县、曲麻莱县、都兰县和天峻县。

　　2005 年碳汇空间分布相比于 2000 年有轻微变化，黄河流域中游陕甘地区碳汇有所增加。2005 年黄河流域各县区单元碳汇的均值增加至 2.11 百万吨，各县区单元碳汇差异较大。碳汇最高的县区单元是上游的青海省都兰县，为 13.41 百万吨；碳汇最低的县区单元是中游的西安市碑林区，为0.05 百万吨。2005 年黄河流域碳汇低于 3 百万吨的县区单元有 367 个，包括上游的 93 个县区、中游的 205 个县区和下游的 69 个县区。碳汇介于 3～6 百万吨的县区单元有 57 个，包括上游的 24 个县区和中游的 33 个县区。碳汇介于 6～9 百万吨和 9～12 百万吨的县区单元各有 11 个，全部位于上游地区。碳汇介于 12～24 百万吨的县区单元有 2 个，分别是石渠县和都兰县。

　　2010 年整体来看，上游高值区碳汇有所增加，黄河中上游宁陕蒙地区碳汇位于 3～6 百万吨的范围有略微扩大。2010 年黄河流域各县区单元碳汇

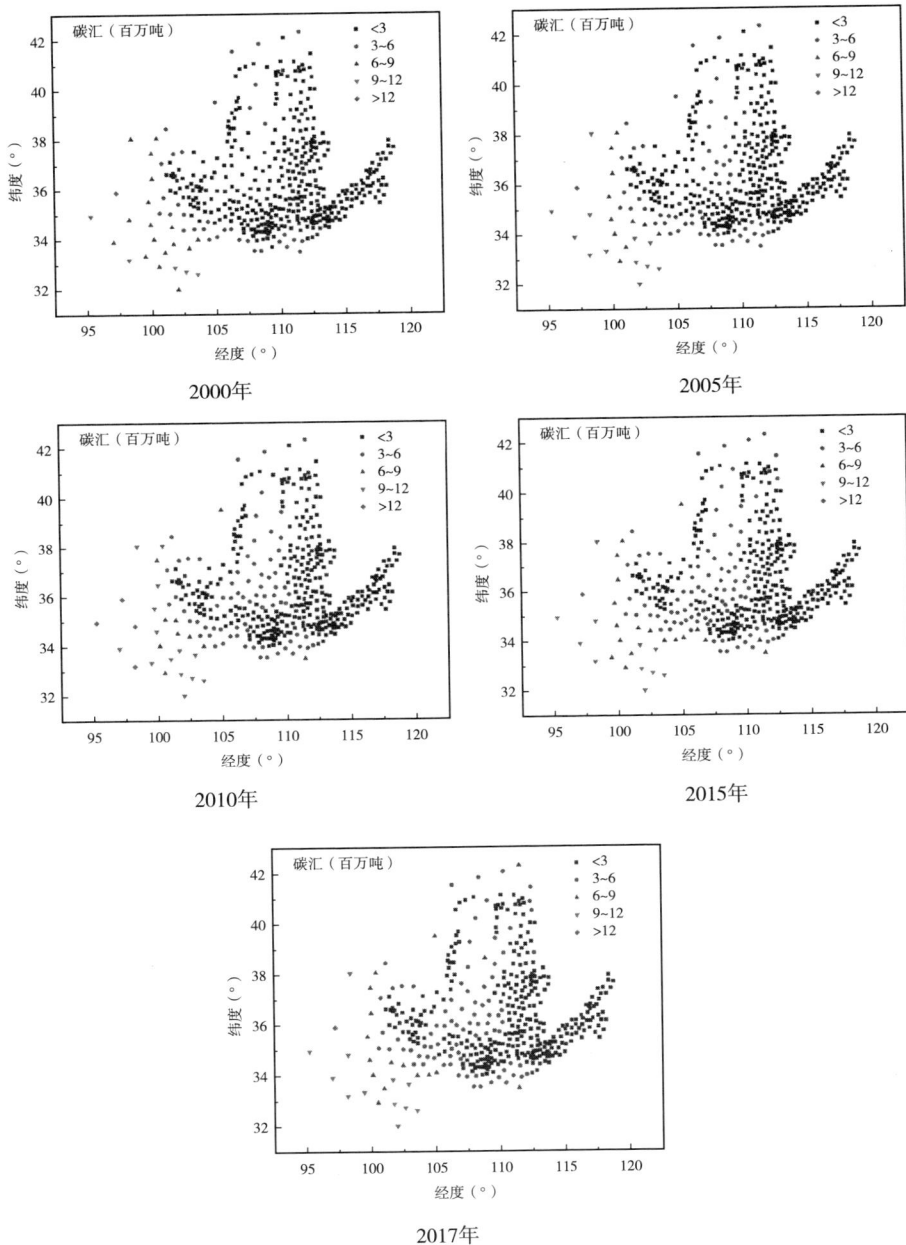

2000年

2005年

2010年

2015年

2017年

图 4-15 黄河流域碳汇分布图（2000—2017 年）

的均值上升至 2.35 百万吨，最大值为都兰县的 16.02 百万吨，最小值为碑林区的 0.05 百万吨。全县碳汇低于 3 百万吨和介于 3～6 百万吨的县区单元分别为 348 个、72 个。碳汇介于 6～9 百万吨、介于 9～12 百万吨和 12～24 百万吨的县区单元分别为 10 个、14 个、4 个，除中游的西峡县为 6.20 百万吨外，其余县区均位于上游。

2015 年，上游高值区碳汇有所下降，分布范围与 2005 年相似；黄河中上游陕甘宁地区碳汇位于 6～9 百万吨的范围继续扩大，固原市、天水市和平凉市等地区由小于 3 百万吨变为 3～6 百万吨。黄河流域各县区单元碳汇的均值增加至 2.48 百万吨，最大值仍是都兰县，为 12.90 百万吨，最小值仍是碑林区，为 0.06 百万吨。全县碳汇低于 3 百万吨的县区单元减少至 330 个，碳汇介于 3～6 百万吨的县区单元为 87 个，与 2005 年相比增加 15 个；碳汇为 6～9 百万吨、9～12 百万吨、12～24 百万吨的县区单元分别为 19 个、11 个、1 个，较 2010 年分别增加 9 个、减少 3 个、减少 3 个。

2017 年，黄河流域碳汇空间分布相较于 2015 年各个碳汇区间的分布范围变化不明显，鄂尔多斯市中部碳汇由 3～6 百万吨增加至 6～9 百万吨，黄河下游碳汇一直处于 0～3 百万吨低值区。黄河流域各县区单元碳汇的均值为 2.47 百万吨，与 2015 年基本持平，最大值仍是都兰县，为 13.85 百万吨，最小值仍是碑林区，为 0.06 百万吨。碳汇为小于 3 百万吨、3～6 百万吨、6～9 百万吨、9～12 百万吨、12～24 百万吨的县区单元分别 335 个、83 个、17 个、10 个、3 个，相比于 2015 年分别增加 5 个、减少 4 个、减少 2 个、减少 1 个、增加 2 个。由此可见，2017 年黄河流域碳汇与 2015 年相比基本持平。

从总体分布情况来看，黄河流域碳汇表现为自西向东递减，人口稀少且生态环境较好的西南部高原地区稳定处于高值区；兰州市、银川市、西安市、呼和浩特市、太原市、临汾市、忻州市、临汾市、晋城市等城市及其周边地区以及黄河流域下游地区，这些经济较为发达、能源消耗较高的地区碳汇稳定处于低值区。2000—2017 年，黄河流域碳汇分布变化不明显，中游宁陕蒙地区碳汇值处于 3～6 百万吨的分布范围向周围扩大，其余各县区单元整体而言碳汇变化幅度不大。

4.4.2 碳汇空间集聚演变特征

碳汇总体空间关联特征。基于不同年份黄河流域各县区单元碳汇，按照极差、变异系数、Moran's I的计算方法得出总体空间关联特征的指标值（表4-12）。

表4-12 不同年份黄河流域县域碳汇总体特征

年份	2000	2005	2010	2015	2017
极差	11.876 4	13.357 1	15.966 2	12.840 8	13.793 4
变异系数	1.075 7	1.004 6	1.016 6	0.865 1	0.907 6
Moran's I	0.217 5	0.243 4	0.242 4	0.281 6	0.274 5

研究范围内，黄河流域碳汇的Moran's I指数在0.01置信水平下均为正，表明黄河流域各县区单元碳汇的高值和低值区域相互聚集。从时间变化来看，黄河流域碳汇的Moran's I指数呈现M形波动变化，但总体上呈现增加趋势，但增加幅度不大，对应空间集聚作用略微增大。而黄河流域碳汇的变异系数在2000年至2017年呈现W形波动变化，总体来看变动不大。黄河流域碳汇极差总体呈现升高的趋势，碳汇最高与最低区域的差距增大，这与其Moran's I指数变动反映的信息基本吻合，县域碳汇存在空间集聚效应增加的可能。

碳汇空间聚类分布特征。绘制2000—2017年黄河流域县域碳汇的聚类和异常值的空间分布图（图4-16），发现黄河流域县域碳汇空间上表现出显著的高低值集聚特征，碳汇具有很强的空间依赖性。黄河流域县域碳汇分析结果以H-H和L-L类型集聚为主且具有一定的稳定性，并伴随H-L聚类。

从时间变化来看，2000年H-H集聚类型区均集中分布于黄河上游地区包括玉树藏族自治州、海西蒙古族藏族自治州、甘孜藏族自治州、果洛藏族自治州、海北藏族自治州、海南藏族自治州、黄南藏族自治州、甘南藏族自治州、阿坝藏族羌族自治州以及陇南市、定西市南部和天水市西南部的县区。L-L类型集聚主要位于兰州市、白银市、银川市、石嘴山市、乌海市、

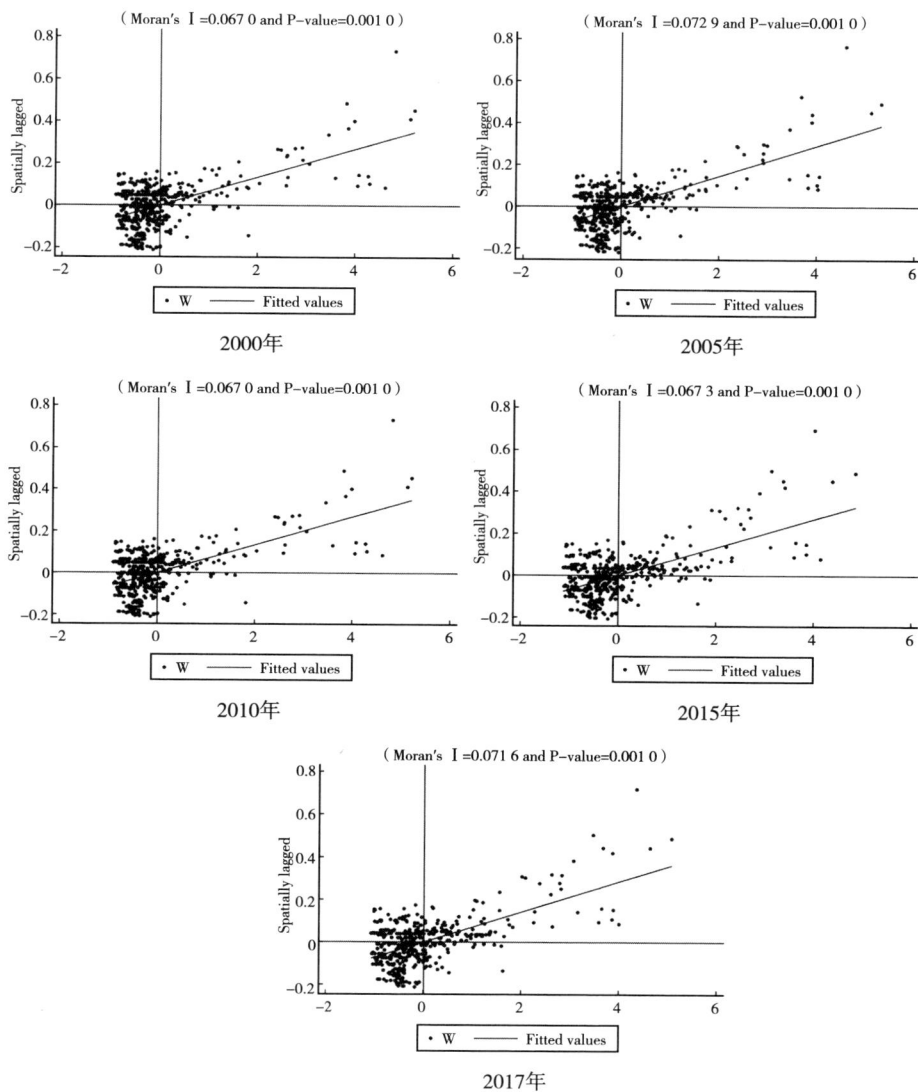

图 4-16　黄河流域碳汇 LISA 集聚图（2000—2017 年）

包头市和鄂尔多斯市交界处以及黄河中下游交界地区包括太原市、阳泉市、吕梁市、晋中市、长治市、临汾市、运城市、晋城市东部、济源市、咸阳市、铜川市、渭南市、西安市北部、焦作市、平顶山市以及下游地区除枣庄市以外地区，这些地区人口密集，经济较为发达，植被覆盖度低，碳汇较低。H-L集聚类型主要分布于L-L类型集聚的周边地区或与其相间分布，包括阿拉善盟、鄂尔多斯市西部、延安市南部、西安市南部、阳泉市、长治市、临汾市、晋城市交界地区、三门峡市、洛阳市南部以及枣庄市等地区。

2005年相比于2000年，碳汇分析结果仍以H-H和L-L类型集聚为主，且伴随H-L聚类，各个集聚类型的分布地区与2000年相比分布范围基本相似，除了L-L类型集聚在呼和浩特市、鄂尔多斯市、包头市三市交界地区分布范围有所扩大且在该地区南部新增了H-L聚类。2010年的H-H集聚类型和H-L集聚类型的分布地区与2005年相比基本不变，H-H类型集聚新增黄河中游地区庆阳市、榆林市、延安市三市交界地区。2015年，海南藏族自治州北部地区变为不显著，定西市、固原市、平凉市变为H-H类型集聚，在固原市南部出现极小范围的L-H类型集聚。

2017年的分析结果与2015年相比显示，L-L类型集聚在呼和浩特市、鄂尔多斯市、包头市三市交界地区分布范围变为不显著，海南藏族自治州北部地区变为H-H类型集聚，定西市H-H类型集聚变为不显著，鄂尔多斯市南部集聚类型变为H-H类型集聚。

从总体分布情况来看，黄河流域碳汇空间集聚类型以H-H、L-L、H-L类型集聚为主且具有一定的稳定性。H-H类型集聚主要分布在黄河流域上游，这些地区人口稀少，生态环境质量较好；L-L类型集聚主要分布在黄河流域中下游地区，这些地区人口稠密，经济较为发达，大部分地区为城乡建设用地，植被覆盖度低。2000—2017年间，黄河流域碳汇聚类和异常值的空间分布有小幅度的变化，表现为黄河流域中游地区的H-H类型集聚分布范围有所扩大。

4.5 黄河流域植被覆盖时空演变格局与趋势分析

4.5.1 黄河流域植被抗旱能力时空格局

（1）植被抗旱能力地域差异

流域及其各省份的植被抗旱能力如表4-13所示。从表4-13和图4-17

可以看出，从 2001 年至 2020 年，流域整体植被抗旱能力呈小幅减弱趋势。从绝对值而言，陕西省远超其他省域的水平，一直处于高位水平；其次是山东、河南、山西、甘肃；最低的省份是内蒙古。从动态来看，2020 年相对于 2001 年，四川上升幅度为 0.32%，宁夏下降幅度为 2.23%，内蒙古下降幅度为 1.26%，陕西下降幅度为 2.97%，甘肃下降幅度为 1.54%，河南下降幅度为 7.69%，青海下降幅度为 2.23%，山东下降幅度为 5.26%，山西下降幅度为 2.03%。可以看出，经过"十五"、"十一五"、"十二五"、"十三五"四个五年计划，国家实施了有力的生态环境保护举措，黄河流域各省份区域的植被抗旱能力总体趋于小幅降低态势。

表 4 - 13　流域各省份植被抗旱能力变化情况

年份	流域	陕西	山西	河南	甘肃	青海	内蒙古	宁夏	山东	四川
2001	2.755 9	3.032 4	2.852 9	2.971 4	2.709 7	2.246 0	2.185 3	2.246 0	2.933 1	2.519 0
2002	2.751 1	3.024 3	2.850 6	2.957 6	2.708 5	2.243 4	2.184 3	2.243 4	2.927 3	2.520 2
2003	2.745 0	3.015 2	2.847 8	2.938 4	2.704 2	2.240 8	2.184 2	2.240 8	2.920 8	2.521 0
2004	2.740 0	3.008 6	2.846 6	2.920 3	2.701 3	2.239 7	2.185 7	2.239 7	2.913 3	2.522 6
2005	2.734 8	3.003 4	2.843 4	2.904 7	2.699 5	2.237 4	2.184 3	2.237 4	2.903 7	2.522 7
2006	2.730 0	2.998 8	2.840 6	2.888 9	2.698 2	2.235 5	2.184 4	2.235 5	2.893 9	2.523 0
2007	2.725 0	2.992 7	2.838 1	2.873 5	2.696 7	2.233 8	2.184 3	2.233 8	2.884 2	2.523 5
2008	2.720 4	2.988 7	2.835 2	2.858 4	2.695 5	2.232 4	2.183 2	2.232 4	2.874 7	2.524 1
2009	2.716 3	2.985 1	2.833 1	2.846 0	2.694 4	2.230 8	2.181 7	2.230 8	2.865 3	2.524 2
2010	2.712 3	2.981 7	2.831 1	2.834 6	2.692 7	2.228 9	2.180 2	2.228 9	2.855 7	2.524 6
2011	2.708 5	2.978 6	2.828 5	2.825 0	2.691 2	2.227 5	2.177 9	2.227 5	2.846 9	2.524 8
2012	2.705 1	2.975 8	2.826 1	2.815 5	2.689 8	2.226 5	2.178 2	2.226 5	2.937 6	2.524 8
2013	2.700 4	2.972 1	2.824 7	2.804 4	2.687 4	2.224 1	2.176 9	2.224 1	2.824 4	2.524 9
2014	2.696 9	2.968 7	2.821 0	2.795 0	2.685 9	2.223 0	2.185 0	2.223 0	2.811 5	2.525 2
2015	2.694 3	2.966 1	2.819 0	2.789 1	2.685 2	2.223 1	2.184 1	2.223 1	2.804 5	2.525 2
2016	2.693 1	2.964 7	2.817 8	2.786 7	2.685 1	2.221 9	2.183 1	2.221 9	2.802 8	2.525 0
2017	2.683 4	2.955 9	2.811 7	2.763 9	2.680 5	2.210 9	2.172 8	2.210 9	2.794 3	2.525 3
2018	2.676 5	2.947 4	2.808 3	2.746 7	2.677 5	2.208 3	2.169 1	2.208 3	2.788 0	2.525 5
2019	2.670 2	2.943 6	2.799 5	2.745 4	2.668 2	2.200 6	2.160 2	2.200 6	2.781 3	2.526 3
2020	2.667 7	2.942 3	2.794 9	2.743 0	2.668 0	2.195 9	2.157 8	2.195 9	2.778 9	2.527 0

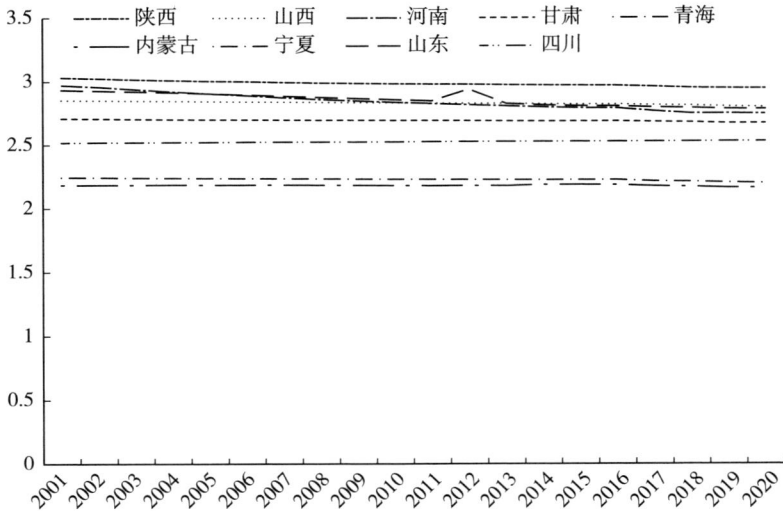

图 4-17　流域各省份植被抗旱能力变化趋势

从表 4-14 和图 4-18 可以看出，2001—2020 年，流域整体植被抗旱能力一直呈降低趋势。从绝对值而言，2001—2020 年，植被抗旱指数下游＞中游＞上游，下游远超上游。2020 年相对于 2001 年，上游下降幅度为 3.55％，中游下降幅度为 3.22％，下游下降幅度为 7.13％。可以看出，经过"十五"、"十一五"、"十二五"、"十三五"四个五年计划，国家实施了有力的生态环境保护举措，黄河流域的植被抗旱能力总体有 5％左右幅度的降低，降低幅度下游＞上游＞中游。

表 4-14　各流域植被抗旱能力变化情况

年份	流域	上游	中游	下游
2001	2.755 9	2.731 3	2.760 0	2.929 4
2002	2.751 1	2.725 1	2.755 3	2.918 4
2003	2.745 0	2.718 1	2.749 1	2.904 2
2004	2.740 0	2.712 1	2.744 1	2.889 9
2005	2.734 8	2.706 3	2.738 8	2.876 0
2006	2.730 0	2.701 0	2.734 0	2.862 0
2007	2.725 0	2.695 4	2.729 0	2.848 1

（续）

年份	流域	上游	中游	下游
2008	2.720 4	2.690 3	2.724 2	2.834 5
2009	2.716 3	2.685 7	2.720 1	2.822 6
2010	2.712 3	2.681 2	2.716 1	2.811 3
2011	2.708 5	2.677 0	2.712 2	2.801 6
2012	2.705 1	2.673 4	2.708 8	2.791 5
2013	2.700 4	2.667 9	2.704 1	2.778 8
2014	2.696 9	2.664 4	2.700 5	2.767 3
2015	2.694 3	2.661 6	2.697 9	2.760 6
2016	2.693 1	2.660 4	2.696 7	2.757 9
2017	2.683 4	2.649 8	2.687 0	2.740 2
2018	2.676 5	2.642 0	2.680 0	2.726 7
2019	2.670 2	2.636 2	2.673 6	2.722 9
2020	2.667 7	2.634 4	2.671 1	2.720 6

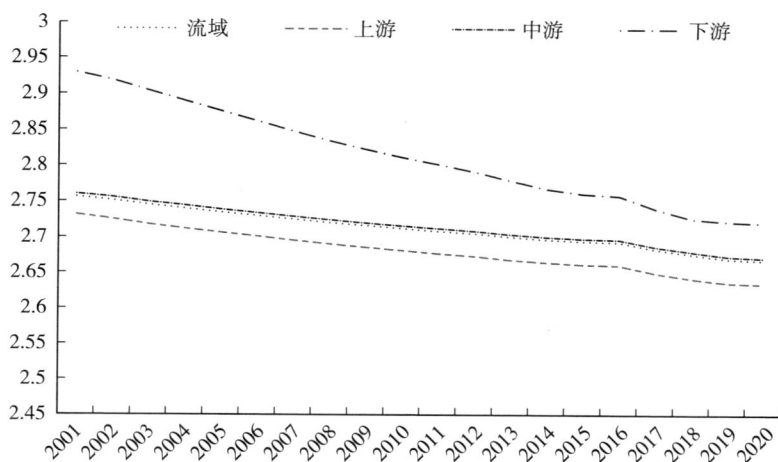

图 4-18 各流域植被抗旱能力变化趋势

借助 ArcGIS 软件对黄河流域植被的抗旱能力和其在不同年份的变化进行可视化表达。总体来看，2000—2020 年植被抗旱的能力在空间上呈现显著下降的趋势，从空间变化上看，如图 4-19 所示，2000 年以后，黄河流域的植被抗旱能力逐渐下降，最为明显的变化是黄河流域的中下游地区以内

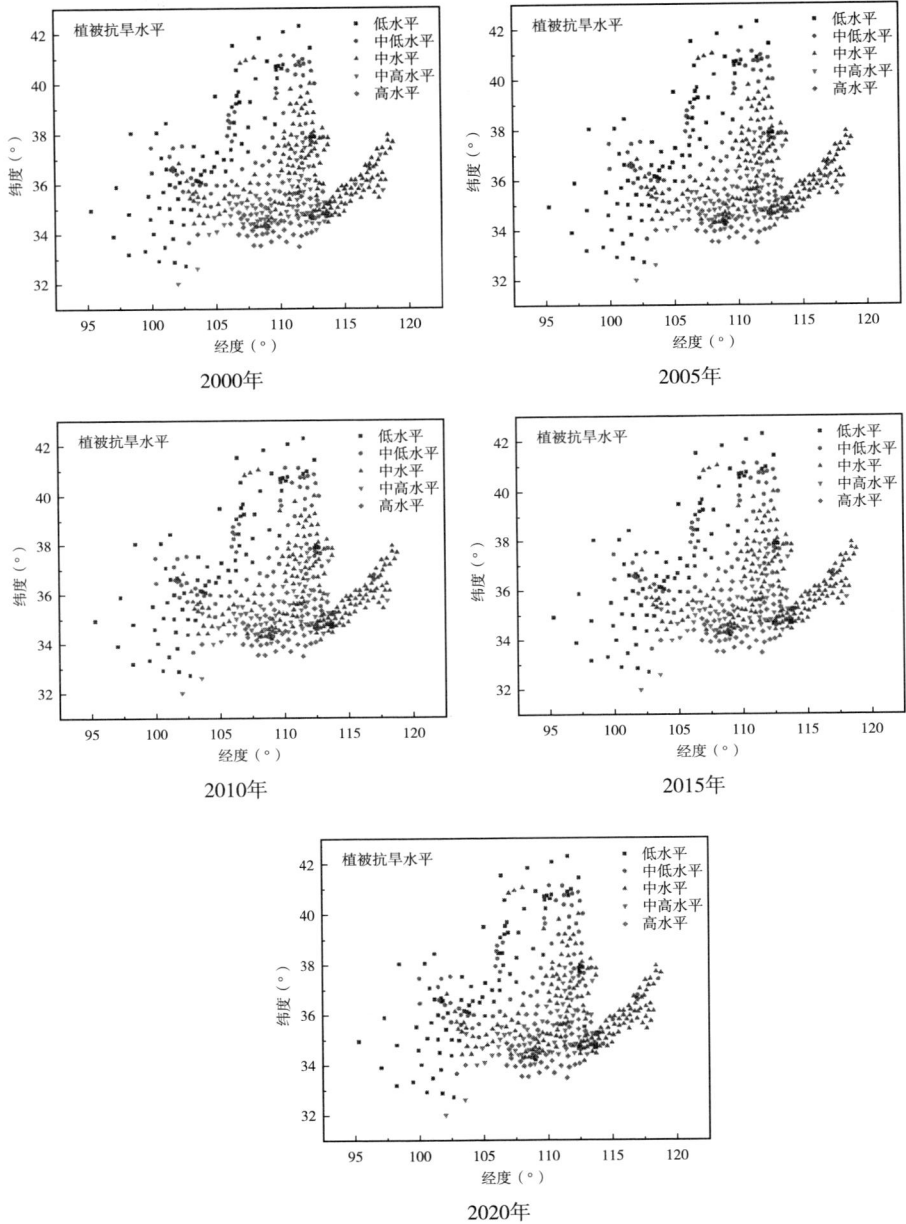

图 4-19　黄河流域植被抗旱分布图（2000—2020 年）

蒙古地区为例，植被的抗旱能力显著下降，这个区间恰好是我国干旱区与半干旱区交界处，其生态脆弱性较明显，植被破坏比较严重，导致植被抗旱能力弱。2000—2020年中上游地区的植被抗旱能力显著下降。值得关注的是，黄河流域流经的半湿润区其在2000年的植被抗旱能力处于弱势，而在2000年之后，其植被抗旱能力显著提高。2005—2020年植被抗旱能力总体呈现上升现象。

（2）植被抗旱空间集聚演变特征

基于不同年份黄河流域的植被抗旱能力，按照极差、变异系数、Moran's Ⅰ的计算方法得出总体空间关联特征的指标值（表4-15）。研究范围内，2000—2020年黄河流域的植被抗旱的Moran's Ⅰ指数在0.01置信水平下均为正，表明黄河流域的植被抗旱的高值和低值区域相互聚集。从时间变化来看，黄河流域的植被抗旱的Moran's Ⅰ指数呈现倒U形，但总体呈现抗旱能力减小的趋势，对应空间集聚作用小。而黄河流域植被抗旱的变异系数值整体上呈现上升的趋势，植被抗旱能力不平衡现象明显。由表4-15可知，2000年至2005年极大值与极小值差别分散，说明2000—2005年黄河流域的植被抗旱离散程度显著变大，但2005—2020年，数值分散范围较小，离散程度不大，但整体还是呈现弱化的趋势。

表4-15　不同年份植被抗旱总体特征

年份	2000	2005	2010	2015	2020
极差	1	9	9	9	11
变异系数	0.066 5	0.117 7	0.117 7	0.117 7	0.121 3
Moran's Ⅰ	0.413 1	0.401 6	0.393 6	0.389 9	0.392 7

植被抗旱空间聚类分布特征。绘制2000—2020年黄河流域植被抗旱及其变化幅度的聚类和异常值的空间分布图（图4-20），发现黄河流域的抗旱能力在空间上表现出显著的高低值集聚特征，具有很强的空间依赖性。黄河流域的植被抗旱能力分析结果以H-H和L-L类型集聚为主，且具有一定的稳定性。从时间变化看，2000年L-L集聚类型区均集中分布于黄河流域的北部、东北部、西部及西南部等地区，这些地区地势较高，地理和自然

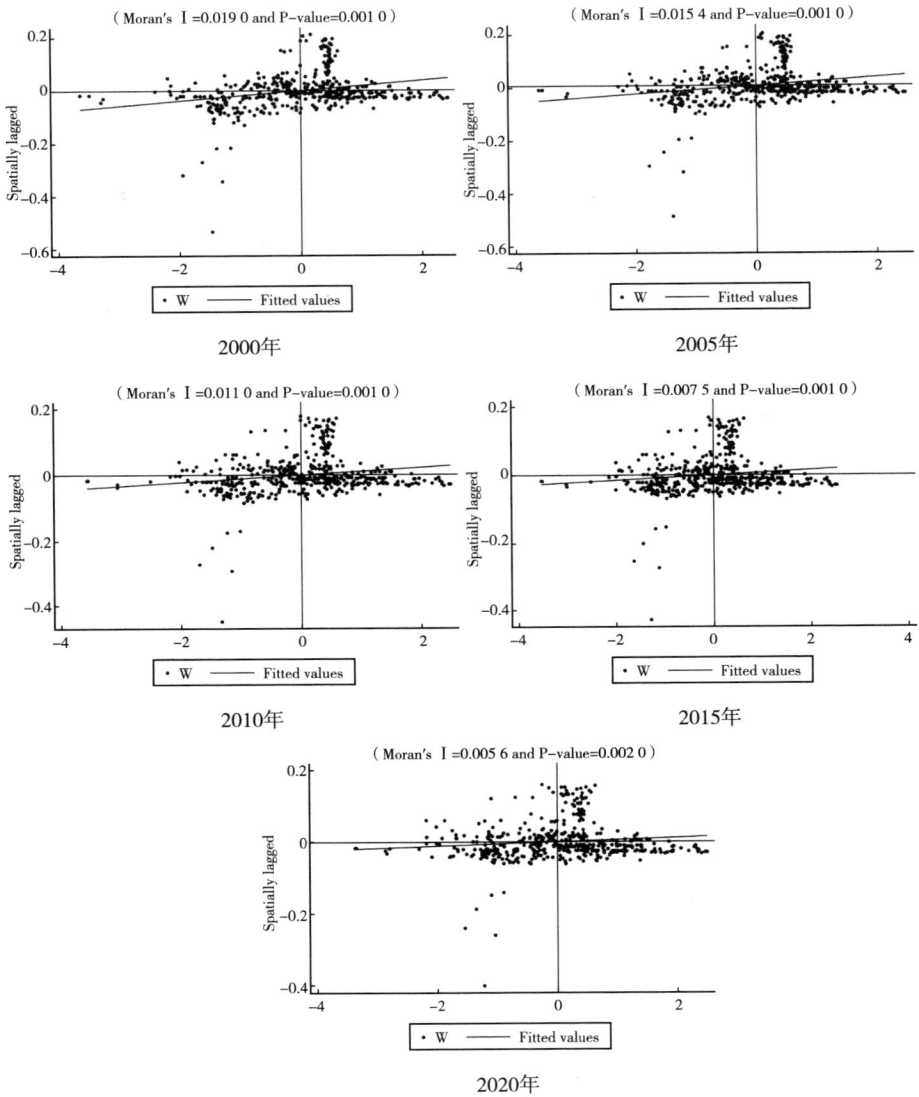

图 4 - 20　黄河流域植被抗旱 LISA 聚类图（2000—2020 年）

条件恶劣，经济发展水平较低，植被破坏严重，黄河流域的西南部主要以
H - H 集聚为主，2000 年之后，该部分地区的集聚效应逐渐弱化，呈不显
著特征的趋势越来越明显。从空间变化上看，2000—2020 年，黄河流域植
被抗旱的空间集聚特征总体从西到东，依次呈现为不显著、L - L 集聚、不

显著、L-H集聚、H-H集聚。从部分区域看，黄河流域的L-H集聚效应逐渐弱化，到2020年，H-H集聚类型范围大范围缩小，集聚效应不显著逐渐增强。2000—2020年，L-L集聚类型呈现小范围缩小的态势，其他区域变化不大。

4.5.2 黄河流域NDVI时空格局

（1）NDVI地域差异

流域及其各省份的NDVI如表4-16所示。从表4-16和图4-21可以看出，从2001年至2018年，流域整体NDVI呈小幅增加趋势。从绝对值而言，四川省小幅高于其他省域的水平，一直处于高位水平；其次是河南、山东、陕西；较低的省份是宁夏与内蒙古。从动态来看，2018年相对于2001年，NDVI宁夏增加幅度为47.24%，内蒙古增加幅度为44.22%，山西增加幅度为34.88%，甘肃增加幅度为34.26%，陕西增加幅度为20.41%，青海增加幅度为19.72%，四川增加幅度为8.68%，山东增加幅度为1.07%，河南增加幅度为−0.89%。可以看出，经过"十五"、"十一五"、"十二五"、"十三五"四个五年计划，国家实施了有力的生态环境保护举措，黄河流域各省份的NDVI总体趋于增加态势。

表4-16　流域各省份NDVI变化情况

年份	流域	陕西	山西	河南	甘肃	青海	内蒙古	宁夏	山东	四川
2001	0.558 1	0.586 9	0.546 4	0.700 2	0.504 6	0.550 7	0.326 8	0.355 2	0.703 8	0.736 0
2002	0.572 2	0.593 5	0.583 5	0.673 8	0.543 9	0.548 1	0.412 5	0.414 9	0.629 6	0.713 5
2003	0.598 4	0.623 2	0.624 1	0.716 5	0.535 1	0.556 0	0.425 6	0.399 1	0.696 4	0.720 4
2004	0.609 8	0.632 6	0.653 1	0.733 5	0.531 0	0.555 6	0.424 5	0.401 5	0.714 6	0.724 9
2005	0.597 8	0.620 5	0.618 6	0.711 9	0.551 8	0.585 7	0.376 3	0.368 3	0.724 4	0.750 8
2006	0.600 2	0.637 9	0.634 9	0.704 2	0.525 9	0.575 3	0.397 2	0.385 0	0.703 4	0.763 2
2007	0.622 3	0.668 8	0.645 1	0.732 3	0.573 7	0.579 0	0.401 0	0.433 1	0.721 7	0.728 5
2008	0.631 5	0.677 8	0.668 3	0.728 4	0.571 4	0.571 0	0.432 6	0.410 3	0.745 9	0.722 6
2009	0.616 9	0.657 3	0.651 3	0.713 0	0.560 1	0.591 0	0.400 2	0.402 8	0.726 7	0.733 4
2010	0.622 4	0.656 0	0.664 6	0.723 8	0.568 0	0.616 4	0.392 3	0.440 5	0.689 4	0.762 3
2011	0.600 2	0.641 0	0.649 1	0.661 2	0.562 4	0.577 1	0.363 3	0.424 7	0.692 0	0.745 5

（续）

年份	流域	陕西	山西	河南	甘肃	青海	内蒙古	宁夏	山东	四川
2012	0.653 4	0.683 2	0.705 1	0.716 6	0.616 1	0.606 0	0.466 5	0.493 6	0.726 5	0.744 2
2013	0.666 4	0.703 9	0.724 8	0.726 6	0.648 8	0.608 7	0.452 0	0.490 8	0.727 1	0.779 4
2014	0.649 7	0.703 4	0.726 1	0.671 3	0.632 7	0.611 9	0.420 9	0.469 6	0.688 0	0.787 6
2015	0.629 0	0.678 5	0.679 5	0.680 1	0.611 4	0.603 2	0.383 5	0.432 7	0.700 0	0.789 1
2016	0.653 9	0.684 1	0.723 3	0.711 7	0.601 0	0.610 8	0.455 3	0.462 4	0.736 5	0.795 0
2017	0.655 8	0.700 5	0.725 4	0.696 4	0.619 8	0.620 8	0.428 8	0.472 3	0.724 7	0.795 7
2018	0.675 1	0.706 7	0.736 7	0.694 0	0.677 5	0.659 3	0.471 3	0.523 0	0.711 3	0.799 9

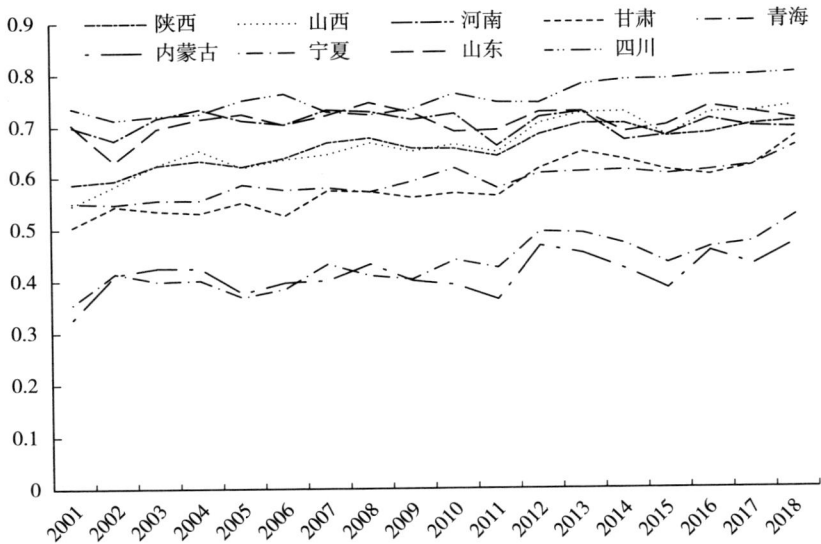

图 4-21　流域各省份 NDVI 变化趋势

从表 4-17 和图 4-22 可以看出，2001—2020 年，流域整体 NDVI 一直呈增加趋势。从绝对值而言，2001—2018 年，NDVI 下游＞中游＞上游，下游远超上游。2018 年相对于 2001 年，上游提升幅度为 17.41％，中游提升幅度为 20.75％，下游下降幅度为 1.49％。可以看出，经过"十五"、"十一五"、"十二五"、"十三五"四个五年计划，国家实施了有力的生态环境保护举措，黄河流域的 NDVI 总体呈 21％左右幅度提升的态势，提升幅度中游＞上游＞下游。

表 4-17　各流域 NDVI 变化情况

年份	流域	上游	中游	下游
2001	0.558 1	0.561 2	0.560 4	0.706 4
2002	0.572 2	0.569 3	0.574 2	0.658 6
2003	0.598 4	0.591 6	0.600 6	0.708 0
2004	0.609 8	0.598 4	0.612 4	0.726 6
2005	0.597 8	0.592 3	0.600 6	0.718 0
2006	0.600 2	0.591 1	0.602 9	0.703 7
2007	0.622 3	0.616 4	0.624 7	0.728 1
2008	0.631 5	0.621 9	0.634 4	0.735 5
2009	0.616 9	0.607 9	0.619 5	0.719 0
2010	0.622 4	0.611 4	0.624 7	0.706 5
2011	0.600 2	0.587 4	0.602 2	0.672 8
2012	0.653 4	0.639 8	0.655 3	0.718 1
2013	0.666 4	0.651 1	0.668 2	0.723 6
2014	0.649 7	0.629 7	0.651 6	0.672 8
2015	0.629 0	0.615 7	0.631 3	0.683 2
2016	0.653 9	0.635 8	0.656 3	0.719 0
2017	0.655 8	0.637 6	0.657 9	0.704 3
2018	0.675 1	0.658 9	0.676 7	0.695 9

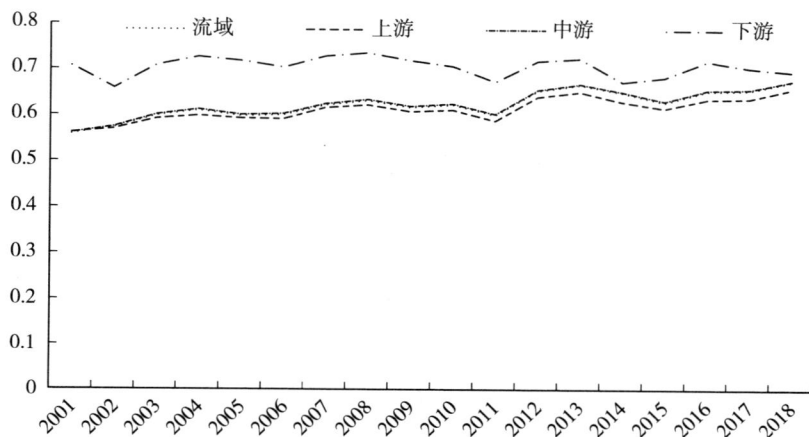

图 4-22　各流域 NDVI 变化趋势

　　借助 ArcGIS 软件对黄河流域植被的覆盖能力和其在不同年份的变化进行可视化表达，总体来看，2000—2020 年 NDVI 能力在空间上呈现显著上升的趋势，如图 4 - 23 所示，2000 年以后，黄河流域的北部地区 NDVI 能力逐渐下降，最为明显的变化是黄河流域的中下游地区以内蒙古地区为例，植被的覆盖度显著下降，这个区间恰好是我国干旱区与半干旱区交界处，其生态脆弱性较明显，植被破坏比较严重。从空间变化上看，2000—2020 年，黄河流域的 NDVI 整体呈由北向南 NDVI 度逐渐增强的趋势。从时间变化来看，黄河流域 2000—2020 年 NDVI 的变化整体不大，但区域性变化较为明显，2020 年黄河流域的东北区域 NDVI 明显有缓和的趋势，NDVI 值逐渐增强。2000—2020 年中上游地区的 NDVI 能力一直趋于稳定。这与其所处的地理位置有密切的关联，黄河流域的中上游多以高山土地为主，NDVI

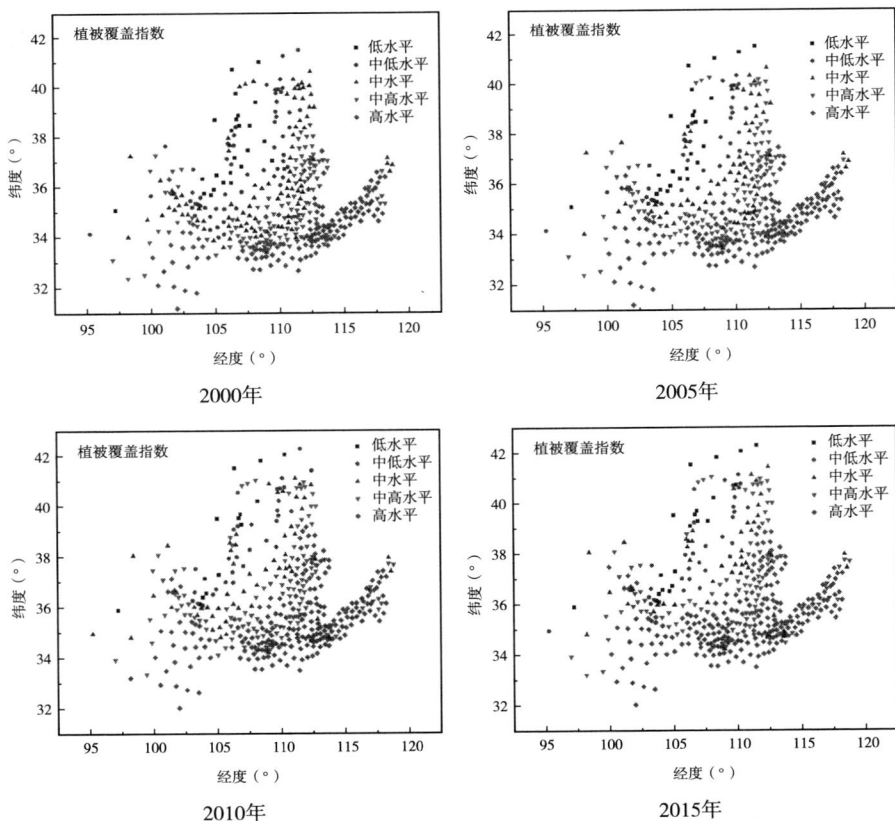

2000年

2005年

2010年

2015年

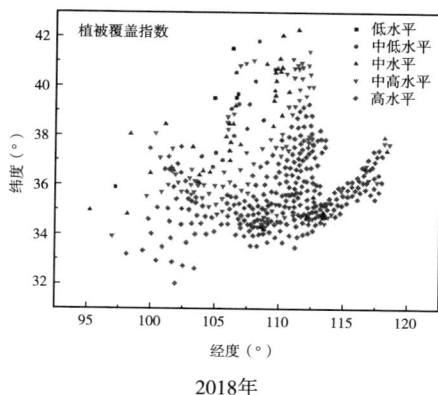

2018年

图 4-23 黄河流域 NDVI 分布图（2000—2018 年）

低。值得关注的是，黄河流域流经的陕西、山西南部等地区，其 NDVI 一直处于优势地位，NDVI 高。

（2）NDVI 空间集聚演变特征

NDVI 总体空间关联特征。基于不同年份黄河流域的植被覆盖度，按照极差、变异系数、Moran's Ⅰ 的计算方法得出总体空间关联特征的指标值（表 4-18）。研究范围内，2000—2020 年黄河流域的植被覆盖的 Moran's Ⅰ 指数在 0.01 置信水平上均为正，表明黄河流域的植被覆盖的高值和低值区域相互聚集。从时间变化看，黄河流域的植被覆盖的 Moran's Ⅰ 指数呈现下降趋势，但总体呈现植被覆盖度减小的趋势，对应空间集聚作用小。而黄河流域植被覆盖的变异系数值整体上呈现下降的趋势，植被覆盖度不平衡现象明显。由表 4-18 可知，2000 年至 2018 年极大值与极小值差别分散不大，说明 2000 年至 2018 年黄河流域的植被覆盖离散程度不明显，离散程度不大，但整体还是呈现植被覆盖度弱化的趋势。

表 4-18 不同年份植被抗旱总体特征

年份	2000	2005	2010	2015	2018
极差	0.600	0.596	0.580	0.512	0.492
变异系数	0.136 0	0.122 9	0.115 0	0.092 3	0.068 2
Moran's Ⅰ	0.446 2	0.387 9	0.367 4	0.342 3	0.315 7

NDVI 聚类分布特征。绘制 2000—2018 年黄河流域 NDVI 及其变化幅度的聚类和异常值的空间分布图（图 4 - 24），发现黄河流域的 NDVI 在空间上表现出显著的高低值集聚特征，具有很强的空间依赖性。黄河流域的 NDVI

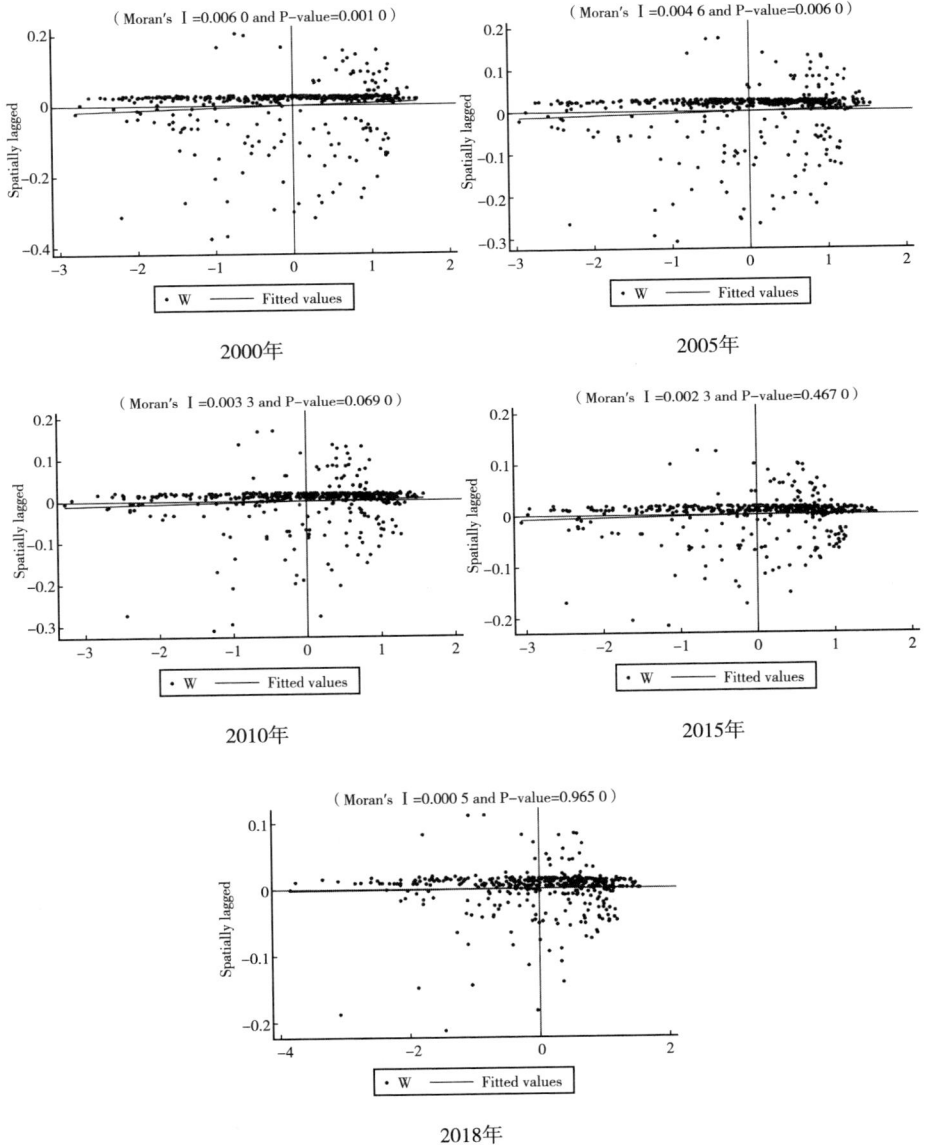

2000年

2005年

2010年

2015年

2018年

图 4 - 24　黄河流域 NDVI LISA 集聚图（2000—2018 年）

分析结果以 H-H 和 L-L 类型集聚为主,且具有一定的稳定性。从时间变化看,2000 年 L-L 集聚类型区均集中分布于黄河流域的东北部、中部等地区,这些地区地势较高,地理和自然条件恶劣,经济发展水平较低,植被破坏严重,黄河流域的西南部主要以 H-H 集聚为主。2000 年之后,该部分地区的集聚效应逐渐弱化,呈不显著特征的趋势越来越明显。从空间变化上看,2000 年至 2018 年,黄河流域 NDVI 的空间集聚特征总体由北向南,依次呈现为 L-L 集聚、不显著、H-H 集聚。从部分区域来看,黄河流域的 L-H 集聚效应逐渐强化,到 2018 年,H-H 集聚类型范围缩小,集聚效应不显著逐渐增强。2000—2018 年,L-L 集聚类型呈现总体不变的态势,部分区域在不同年份有小范围变化,如 2015 年,黄河流域的 NDVI 在河口部分地区出现不显著特征,但到 2018 年其又变化为 L-L 集聚特征。

4.6 水资源时空格局与趋势分析

4.6.1 黄河流域年径流量时空格局

(1) 年径流量地域差异

黄海流域及其各省份的年径流量如表 4-19 所示。从表 4-19 和图 4-25 可以看出,2002—2012 年,流域整体年径流量呈小幅增加趋势;从 2017—2020 年,流域整体年径流量呈大幅增加趋势。从绝对值而言,甘肃省总体 2017—2020 年高于其他省份的水平;其次是河南、宁夏。从动态来看,2020 年相对于 2002 年,年径流量四川区域增加幅度为 154.36%,宁夏增加幅度为 144.38%,河南增加幅度为 163.29%,陕西增加幅度为 159.16%,甘肃增加幅度为 131.20%,内蒙古增加幅度为 184.82%,山西增加幅度为 168.62%,青海增加幅度为 160.71%,山东增加幅度为 285.20%。可以看出,经过"十五"、"十一五"、"十二五"、"十三五"四个五年计划,国家实施了有力的生态环境保护举措,黄河流域各省份区域的年径流量总体趋于增加态势。

表4-19 流域各省份年径流量变化情况

单位：亿立方米

年份	流域	陕西	山西	河南	甘肃	青海	内蒙古	宁夏	山东	四川
2002	161.36	167.05	155.65	176.76	200.79	148.02	138.04	182.48	107.57	161.26
2003	209.98	214.81	200.40	253.71	212.73	189.69	152.77	205.96	231.21	198.94
2004	195.72	187.22	184.05	223.18	215.08	180.59	154.94	202.30	222.10	190.97
2005	226.25	213.97	202.69	240.69	263.58	259.29	180.45	242.05	233.74	255.35
2006	231.63	226.05	222.39	260.97	262.00	196.22	197.66	245.57	236.82	216.32
2007	240.77	237.00	228.01	257.03	274.01	227.60	209.98	256.69	239.46	239.97
2008	208.08	201.33	194.33	220.83	248.60	208.28	181.68	228.39	190.42	216.89
2009	216.68	205.26	194.33	216.63	269.26	266.28	188.17	243.12	180.56	258.74
2010	249.05	245.67	231.61	261.72	297.22	242.44	214.49	273.25	233.95	255.49
2011	231.58	226.74	214.24	261.93	258.88	232.86	189.64	242.26	230.69	238.78
2012	335.27	332.24	326.10	365.60	356.29	316.82	305.25	343.92	330.02	328.78
2013	277.82	279.52	269.33	310.20	300.52	242.33	236.92	287.08	282.28	261.08
2014	218.67	220.95	203.57	220.12	269.82	229.21	192.94	245.89	172.22	236.12
2015	197.06	188.51	183.44	223.92	232.13	188.35	163.65	213.21	187.83	199.29
2016	158.90	157.96	146.12	165.61	201.24	165.44	131.49	180.71	127.30	172.02
2017	177.85	178.62	160.74	181.26	223.42	202.50	147.68	201.10	137.19	203.04
2018	384.16	385.86	375.55	421.05	409.84	344.89	348.17	395.39	376.01	365.59
2019	401.22	403.40	394.61	429.44	438.05	367.75	372.05	419.90	368.14	388.23
2020	429.52	432.92	418.10	465.39	464.22	385.90	393.17	445.94	414.36	410.18

　　从表4-20和图4-26可以看出，2002—2020年，流域整体年径流量一直呈增加趋势。从绝对值而言，2002—2020年，年径流量下游＞上游＞中游，但相差幅度不是太大。2020年相对于2002年，上游提升幅度为165.58％，中游提升幅度为166.29％，下游提升幅度为203.07％。可以看出，经过"十五"、"十一五"、"十二五"、"十三五"四个五年计划，国家实施了有力的生态环境保护举措，黄河流域的年径流量总体呈166％左右幅度提升的态势，提升幅度下游＞中游＞上游，不过上游与中游基本接近。

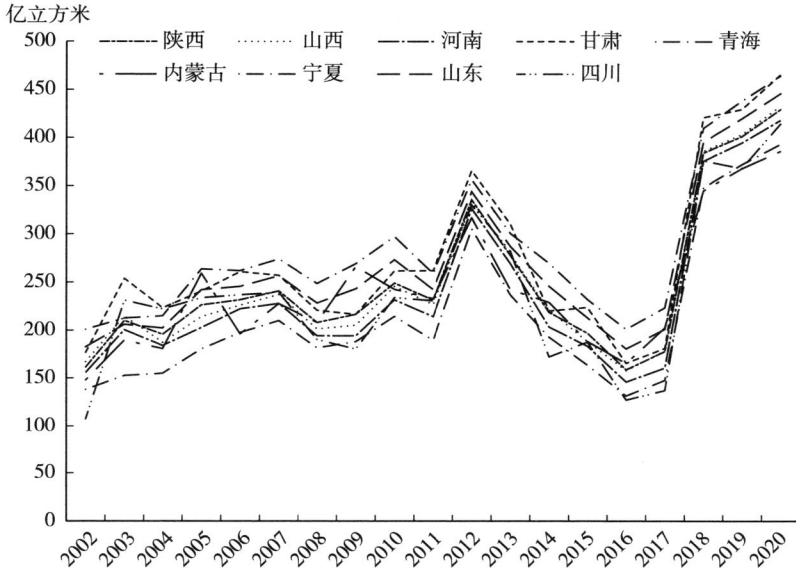

图 4-25 流域各省份年径流量变化趋势

表 4-20 各流域年径流量变化情况

单位：亿立方米

年份	流域	上游	中游	下游
2002	161.36	162.86	161.27	146.61
2003	209.98	212.50	209.98	245.34
2004	195.72	198.79	195.68	224.82
2005	226.25	232.44	226.18	239.27
2006	231.63	234.05	231.56	252.41
2007	240.77	244.13	240.70	250.46
2008	208.08	211.70	208.00	208.73
2009	216.68	222.56	216.58	201.66
2010	249.05	253.63	248.95	250.43
2011	231.58	236.13	231.52	249.95
2012	335.27	337.68	335.22	351.67
2013	277.82	280.05	277.77	299.38
2014	218.67	222.64	218.57	198.87

（续）

年份	流域	上游	中游	下游
2015	197.06	200.64	196.99	210.15
2016	158.90	162.25	158.81	149.15
2017	177.85	182.35	177.76	161.83
2018	384.16	386.41	384.10	402.85
2019	401.22	402.96	401.14	403.68
2020	429.52	432.52	429.45	444.33

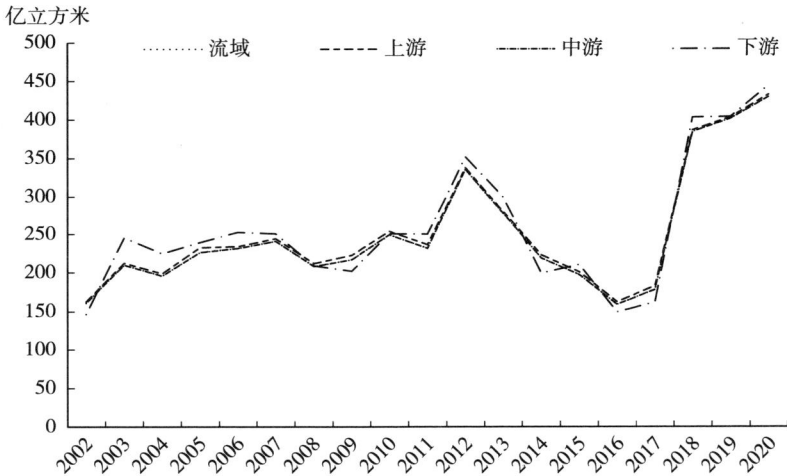

图 4-26　各流域年径流量变化趋势

借助 ArcGIS 软件对黄河流域年径流量和其在不同年份的变化进行可视化表达，总体来看，2002—2020 年年径流量在空间上呈现显著上升的趋势，从空间变化上看，如图 4-27 所示，2002 年以后，黄河流域的年径流量逐渐上升，最为明显的变化是黄河流域的中下游地区以甘肃兰州、定西等地区为例，年径流量显著上升，这个区间恰好处于黄土高原、青藏高原、内蒙古高原三大高原的交汇地带，其亚热带季风气候、温带季风气候明显，年径流量较高。值得关注的是，黄河流域流经的半湿润区其在 2002 年的年径流量较小，而在 2002 年之后，其年径流量显著提高。2005—2020 年年径流量总体呈现上升现象。

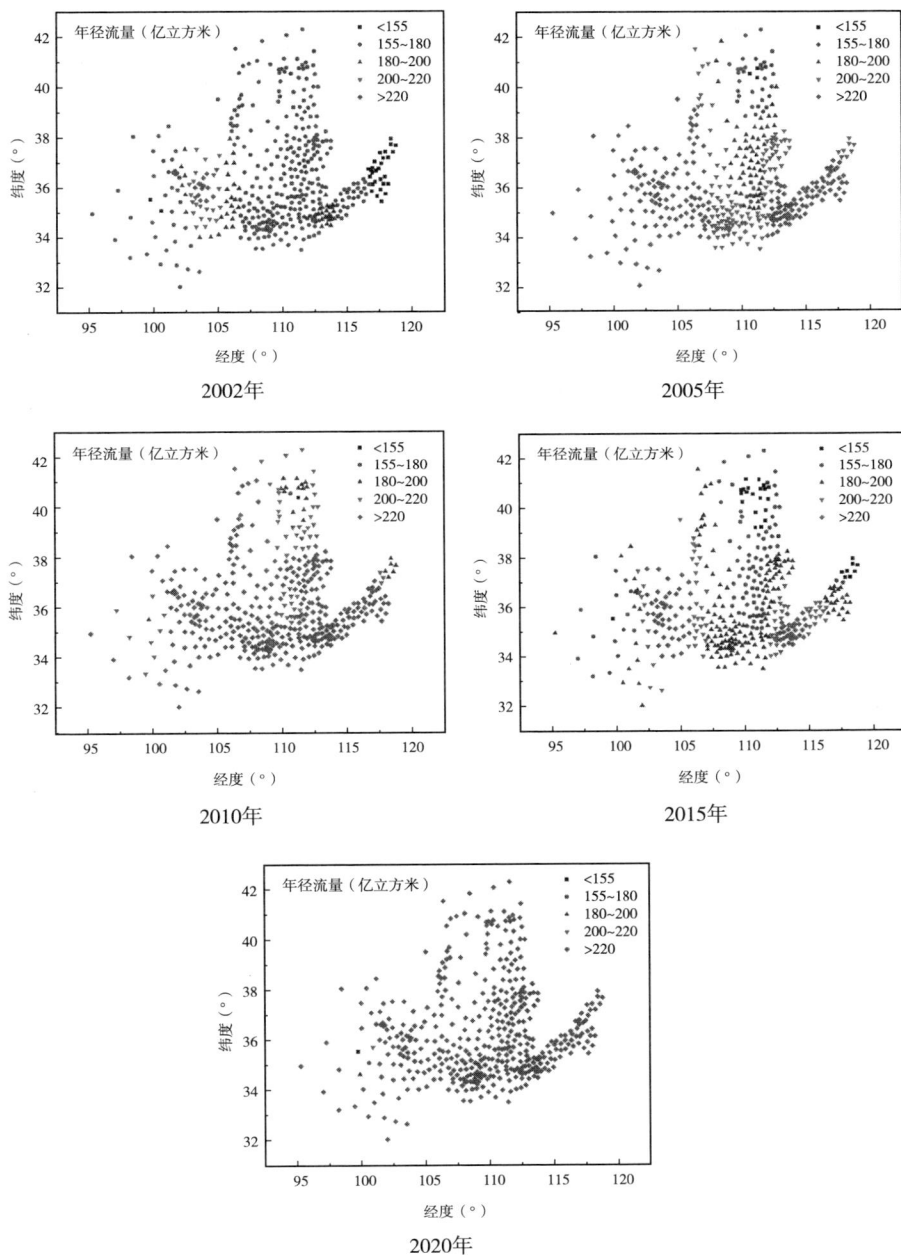

图 4 - 27　黄河流域年净流量时空分布图（2002—2020 年）

（2）年径流量空间集聚演变特征

基于不同年份黄河流域的年径流量，按照极差、变异系数、Moran's I 的计算方法得出总体空间关联特征的指标值（表 4 - 21）。研究范围内，2002—2020 年黄河流域的年径流量的 Moran's I 指数在 0.01 置信水平下均为正，表明黄河流域的年径流量的高值和低值区域相互聚集。从时间变化看，黄河流域的年径流量的 Moran's I 指数呈现先上升再下降再上升再下降的趋势，但总体呈现年径流量增加的趋势，对应空间集聚作用较大。而黄河流域年径流量的变异系数值整体上呈现下降的趋势，年径流量不平衡现象明显。由表 4 - 21 可知，2015—2020 年极大值与极小值差别分散，说明2015—2020 年黄河流域的年径流量差异显著变大，但 2002—2005 年，数值分散范围较小，离散程度不大，但整体还是呈现强化的趋势。

表 4 - 21 不同年份年径流量总体特征

年份	2002	2005	2010	2015	2020
极差	235.54	291.07	340.93	267.15	504.43
变异系数	0.190 0	0.150 0	0.130 0	0.150 0	0.090 0
Moran's I	0.580 0	0.650 0	0.570 0	0.680 0	0.430 0

年输沙量空间聚类分布特征。绘制 2002—2020 年黄河流域年径流量及其变化幅度的聚类和异常值的空间分布图（图 4 - 28），发现黄河流域的年径流量在空间上表现出显著的高低值集聚特征，具有很强的空间依赖性。黄河流域的年径流量分析结果以 H - H 和 L - L 类型集聚为主，且具有一定的稳定性。从时间变化看，2002 年 L - L 集聚类型区均集中分布于黄河流域的北部、东北部、西部及西南部等地区，这些地区地势较高，地理和自然条件恶劣，经济发展水平较低，黄河流域的中西部主要以 H - H 集聚为主，2002 年之后，该部分地区的集聚效应呈现先强化后弱化的趋势，呈不显著特征的趋势越来越明显。从空间变化上看，2002—2020 年，黄河流域年径流量的空间集聚特征总体从西到东，依次呈现为不显著、L - L 集聚、不显著、L - H 集聚、H - H 集聚。从部分区域看，黄河流域的 L - H 集聚效应逐渐弱化，到 2020 年，H - H 集聚类型范围缩小，集聚效应不显著逐渐增

强。2002—2020 年，L-L 集聚类型呈现大范围扩大的态势，其他区域变化不大。

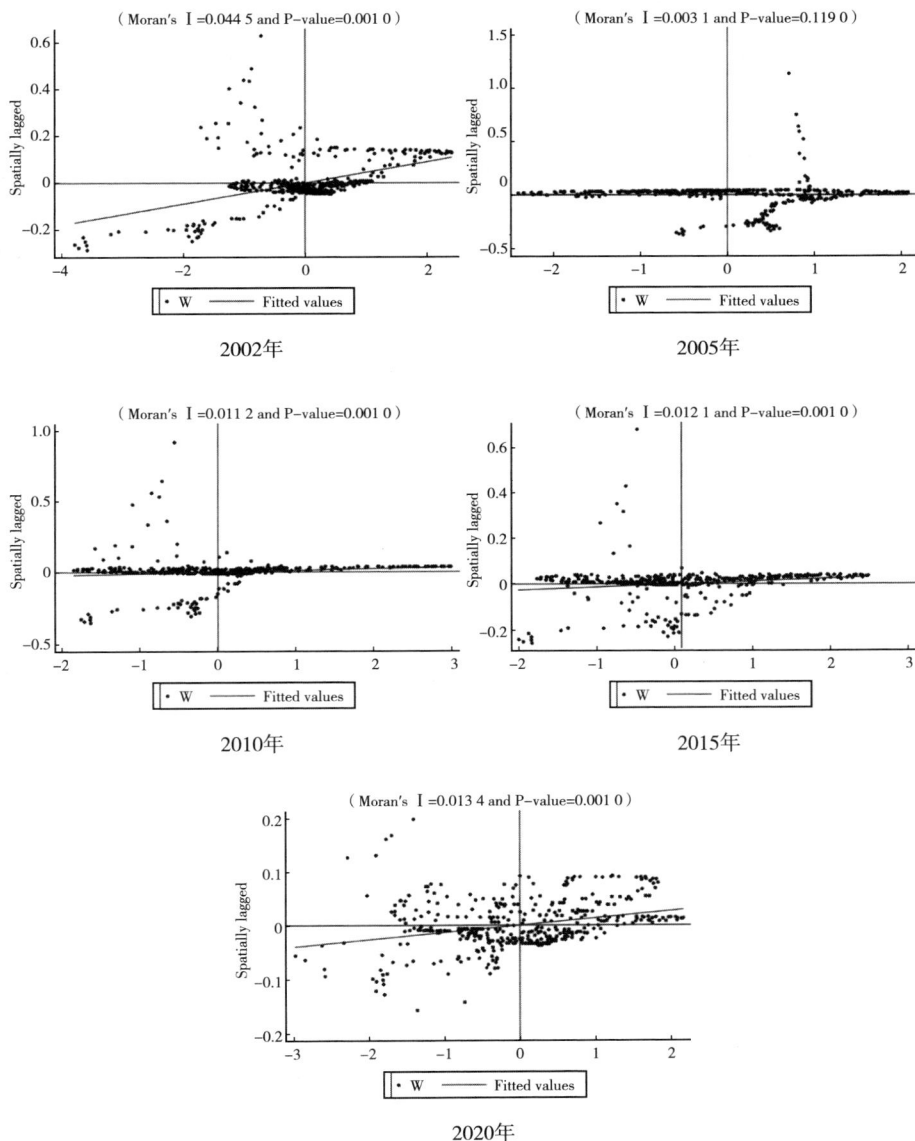

2002年

2005年

2010年

2015年

2020年

图 4-28　黄河流域年径流量 LISA 聚类图（2002—2020 年）

4.6.2 黄河流域年输沙量时空演变格局

（1）年输沙量地域差异

流域及其各省份的年输沙量如表4-22所示。从表4-22和图4-29可以看出，从2002年至2016年，流域整体年输沙量呈大幅下降趋势；从2018年至2020年，流域整体年输沙量呈大幅增加趋势。从绝对值而言，河南、山东总体2018年至2020年高于其他省域的水平；其次是山西、陕西，较低的省份是青海与四川。从动态来看，2020年相对于2002年，年输沙量四川增加幅度为13.15%，宁夏增加幅度为0.89%，河南增加幅度为78.00%，陕西降低幅度为29.87%，甘肃降低幅度为12.46%，内蒙古增加幅度为97.12%，山西增加幅度为10.38%，青海增加幅度为27.55%，山东增加幅度为257.15%。可以看出，经过"十五"、"十一五"、"十二五"、"十三五"四个五年计划，国家实施了有力的生态环境保护举措，黄河流域各省份的年输沙量总体趋于增加态势。

表4-22 流域各省份年输沙量变化情况

单位：亿吨

年份	流域	陕西	山西	河南	甘肃	青海	内蒙古	宁夏	山东	四川
2002	1.664 7	2.986 4	2.173 5	1.767 3	0.910 7	0.366 3	0.841 3	1.273 6	0.989 5	0.715 0
2003	2.216 4	3.414 6	2.396 8	2.671 9	1.132 6	0.521 0	1.053 9	1.566 3	3.323 3	0.977 2
2004	1.654 1	2.207 2	1.978 9	2.237 2	0.779 7	0.367 5	0.813 9	1.124 3	2.529 1	0.687 6
2005	1.282 1	1.914 7	1.412 6	1.484 7	0.693 5	0.339 8	0.758 3	0.939 4	1.825 2	0.593 0
2006	1.198 4	1.748 4	1.446 3	1.275 9	0.664 5	0.284 3	0.874 8	0.910 9	1.507 9	0.528 6
2007	1.147 4	1.673 1	1.337 1	1.220 8	0.667 0	0.298 4	0.900 1	0.890 2	1.413 4	0.529 9
2008	0.623 9	0.835 1	0.709 7	0.757 3	0.326 2	0.152 8	0.536 4	0.457 5	0.857 8	0.274 2
2009	0.493 3	0.718 7	0.575 0	0.487 2	0.260 5	0.163 1	0.475 8	0.373 9	0.587 1	0.243 5
2010	1.050 5	1.377 0	1.159 6	1.393 6	0.491 0	0.293 0	0.773 8	0.719 5	1.612 7	0.474 9
2011	0.621 5	0.813 3	0.682 1	0.767 6	0.306 3	0.173 0	0.483 5	0.437 8	0.991 6	0.284 5
2012	1.318 7	1.663 4	1.566 5	1.598 7	0.739 4	0.410 2	0.986 7	0.987 7	1.852 1	0.640 0
2013	1.371 4	2.023 1	1.642 8	1.594 7	0.666 4	0.324 0	0.920 8	0.977 2	1.762 1	0.586 7
2014	0.378 4	0.482 3	0.432 1	0.424 2	0.220 8	0.130 3	0.392 3	0.295 1	0.474 6	0.192 8
2015	0.310 9	0.434 1	0.375 3	0.289 7	0.185 9	0.097 2	0.249 5	0.245 8	0.421 2	0.153 8

（续）

年份	流域	陕西	山西	河南	甘肃	青海	内蒙古	宁夏	山东	四川
2016	0.454 0	0.833 5	0.617 6	0.322 8	0.319 0	0.140 9	0.290 5	0.400 9	0.176 7	0.233 1
2017	0.547 0	0.916 1	0.707 2	0.553 5	0.311 7	0.156 5	0.340 6	0.428 4	0.388 4	0.260 1
2018	2.440 2	3.014 5	2.869 0	3.333 4	1.502 6	0.758 7	1.578 8	1.873 9	3.107 5	1.211 1
2019	1.701 6	1.546 7	1.959 7	2.838 8	0.675 4	0.417 4	1.533 6	1.068 9	3.022 0	0.691 7
2020	2.033 5	2.094 5	2.399 2	3.145 8	0.797 2	0.467 2	1.658 2	1.284 9	3.534 0	0.809 0

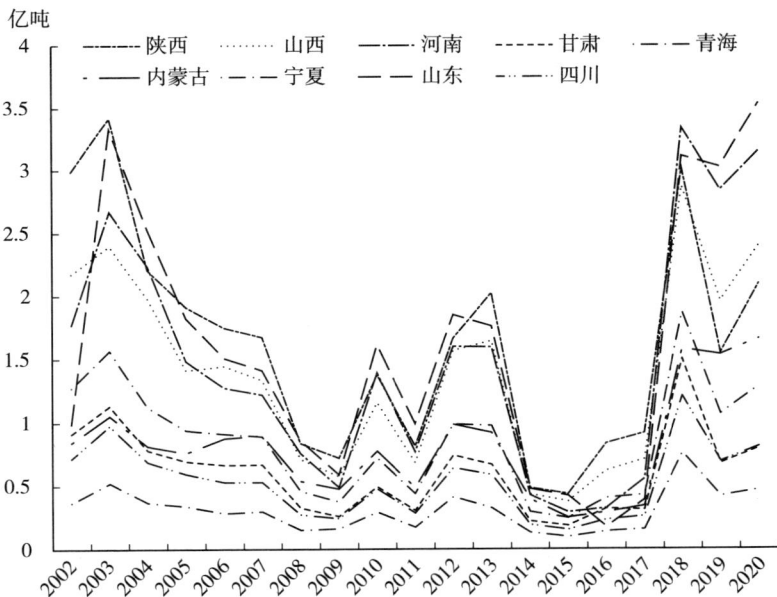

图 4-29　流域各省份年输沙量变化趋势

　　从表 4-23 和图 4-30 可以看出，从 2002 年至 2020 年，流域整体年输沙量先下降后上升。从绝对值而言，从 2002 年至 2020 年，年输沙量下游＞中游＞上游，尤其是 2018 年至 2020 年下游远超中游和上游。2020 年相对于 2002 年，上游提升幅度为 26.54%，中游提升幅度为 22.19%，下游提升幅度为 157.54%。可以看出，经过"十五"、"十一五"、"十二五"、"十三五"四个五年计划，国家实施了有力的生态环境保护举措，黄河流域的年输沙量总体呈上升趋势，提升幅度下游＞上游＞中游，下游提升幅度超过

121

了 150%。

表 4 - 23　各流域年输沙量变化情况

单位：亿吨

年份	流域	上游	中游	下游
2002	1.664 7	1.531 0	1.666 2	1.308 7
2003	2.216 4	2.169 0	2.218 6	2.865 1
2004	1.654 1	1.568 8	1.655 9	2.344 6
2005	1.282 1	1.247 8	1.283 3	1.584 7
2006	1.198 4	1.133 3	1.199 5	1.333 2
2007	1.147 4	1.097 5	1.148 3	1.261 1
2008	0.623 9	0.601 4	0.624 5	0.788 8
2009	0.493 3	0.471 8	0.493 7	0.510 5
2010	1.050 5	1.021 9	1.051 7	1.475 6
2011	0.621 5	0.605 5	0.622 1	0.855 5
2012	1.318 7	1.253 5	1.319 8	1.694 6
2013	1.371 4	1.300 1	1.372 8	1.620 1
2014	0.378 4	0.364 3	0.378 7	0.439 6
2015	0.310 9	0.294 0	0.311 2	0.336 5
2016	0.454 0	0.411 0	0.454 3	0.218 4
2017	0.547 0	0.504 9	0.547 5	0.452 2
2018	2.440 2	2.327 6	2.442 1	3.226 4
2019	1.701 6	1.633 8	1.703 6	2.991 1
2020	2.033 5	1.937 4	2.035 9	3.370 4

借助 ArcGIS 软件对黄河流域年输沙量和其在不同年份的变化进行可视化表达，总体来看，2002—2010 年黄河流域年输沙量在空间上呈现高值区域范围缩减的趋势，2015 年黄河流域年输沙量显著下降，2020 年高值区域向下游转移。从空间变化上看，如图 4 - 31 所示，2002—2010 年，黄河流域的年输沙量沿黄河自西向东流向表现为逐步增加直至黄河中下游交界处，最为明显的变化是黄河流域的中下游地区以陕西省为例，该区域输沙量达到最大，这个区间生态脆弱性较明显，植被破坏比较严重，导致黄河流域输沙量较大。2015 年，黄河流域输沙量均处于低值区；2020 年，黄河流域下游输沙

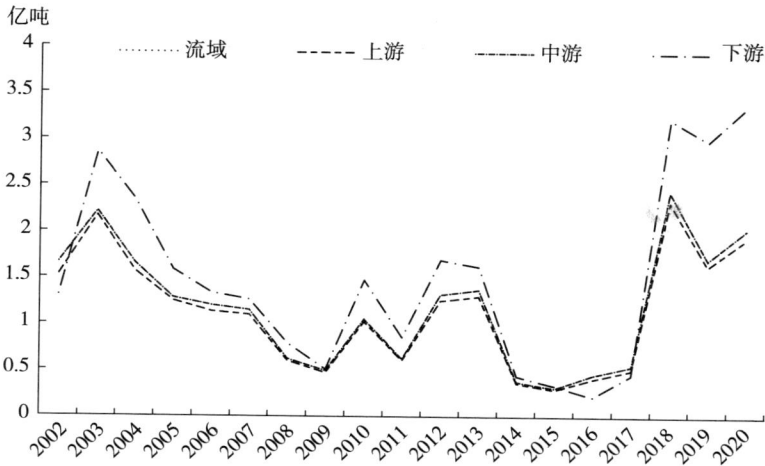

图 4-30 各流域年输沙量变化趋势

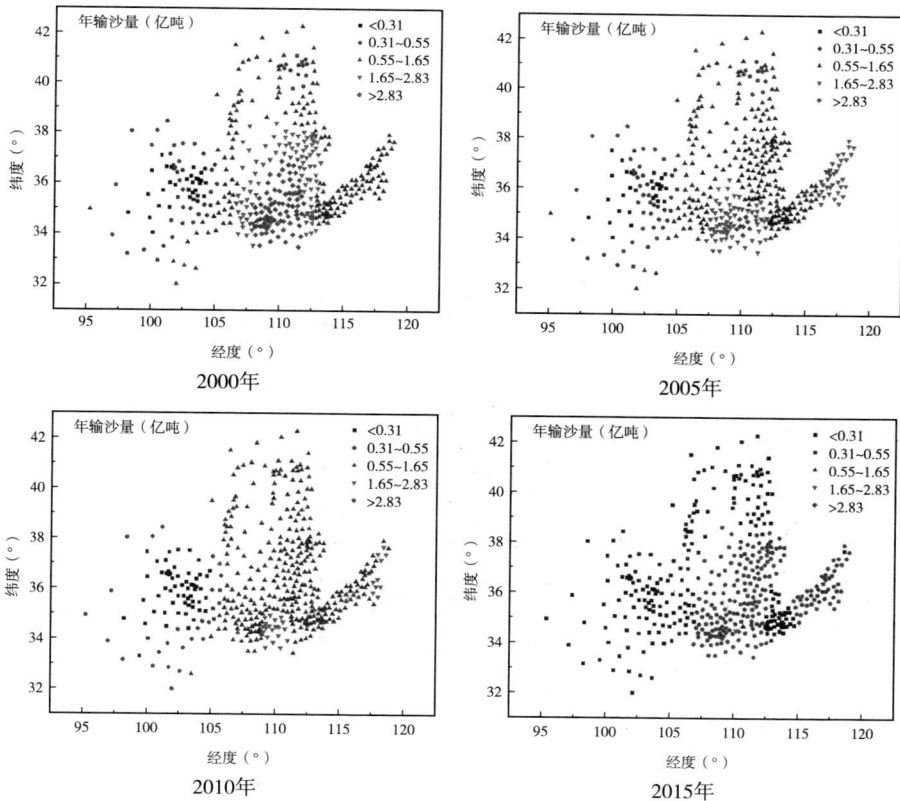

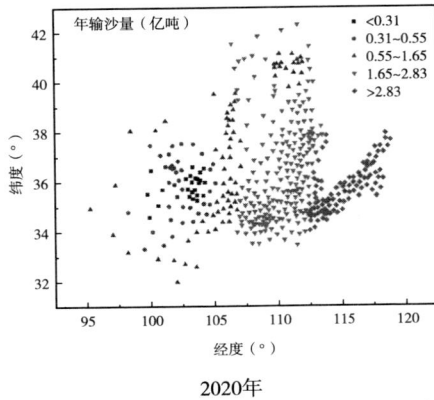

2020年

图 4－31　黄河流域年输沙量时空分布图（2000—2020 年）

量变为高值区。与 2010 年之前相比，黄河流域输沙量分布范围变化十分显著。

（2）年输沙量空间集聚演变特征

基于不同年份黄河流域的年输沙量能力，按照极差、变异系数、Moran's Ⅰ 的计算方法得出总体空间关联特征的指标值（表 4－24）。研究范围内，2002—2020 年黄河流域的年输沙量的 Moran's Ⅰ 指数在 0.01 置信水平下均为正，表明黄河流域的年输沙量的高值和低值区域相互聚集。从时间变化看，黄河流域的年输沙量的 Moran's Ⅰ 指数呈现 U 形，但总体呈现减小的趋势，对应空间集聚作用小。黄河流域年输沙量的变异系数值整体上呈现 U 形，年输沙量不平衡现象明显并呈现下降趋势。由表 4－24 可知，2002 年到 2015 年极大值与极小值差别降低，说明 2002 年至 2015 年黄河流域的年输沙量离散程度显著变小，2015 年至 2020 年，极大值与极小值差别升高，整体离散程度变化明显。

表 4－24　不同年份年输沙量总体特征

年份	2002	2005	2010	2015	2020
极差	4.349 8	3.104 3	2.120 9	0.504 8	3.814 1
变异系数	0.655 8	0.502 5	0.459 5	0.432 0	0.493 3
Moran's Ⅰ	0.933 6	0.776 0	0.733 2	0.771 4	0.795 1

年输沙量空间聚类分布特征。绘制 2002—2020 年黄河流域年输沙量及其变化幅度的聚类和异常值的空间分布图（图 4 - 32），发现黄河流域的年输沙量在空间上表现出显著的高低值集聚特征，具有很强的空间依赖性。黄

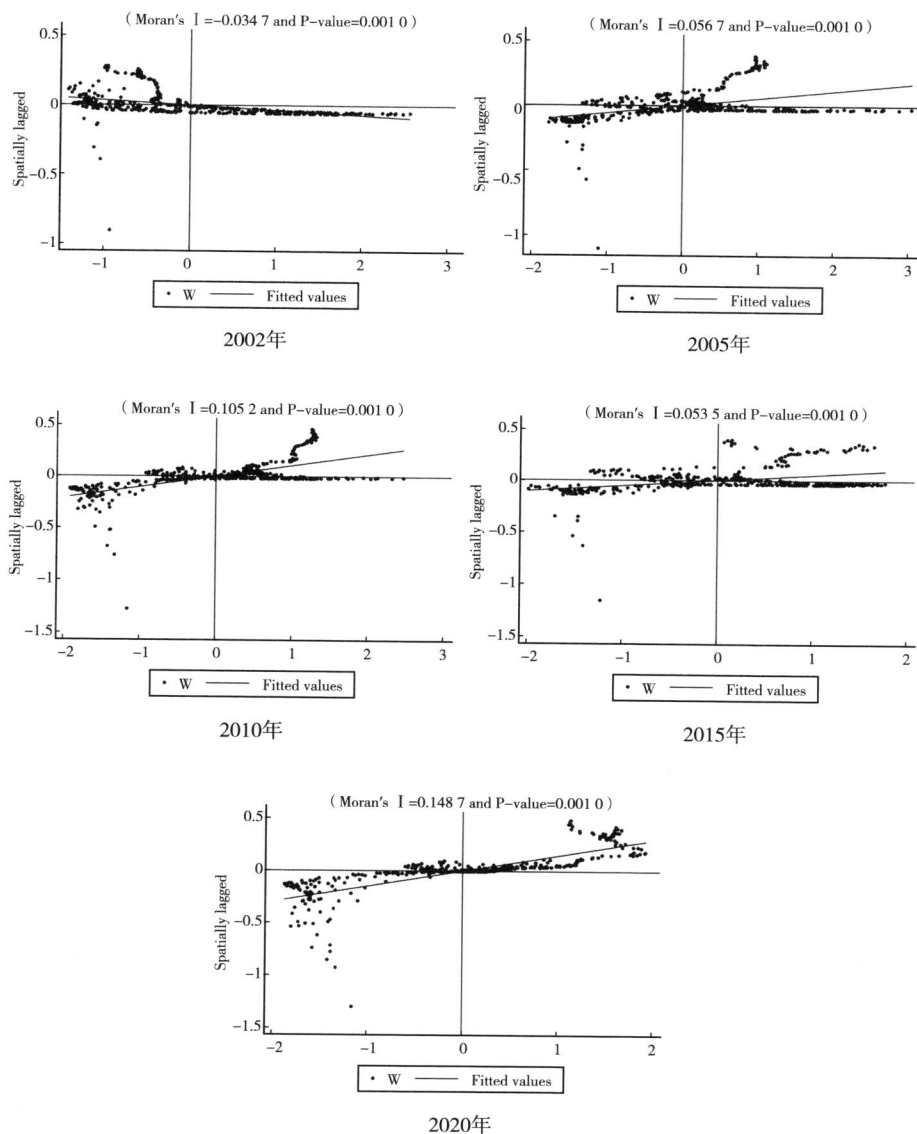

2002年

2005年

2010年

2015年

2020年

图 4 - 32　黄河流域年输沙量 LISA 聚类图（2002—2020 年）

河流域的年输沙量分析结果以 H－H 和 L－L 类型集聚为主，且具有一定的稳定性。从时间变化看，2002 年 L－L 集聚类型区均集中分布于黄河流域的西部、北部、东部等地区，这些地区黄河径流低，输沙量较低。黄河流域的中下游交界地区主要以 H－H 集聚为主，2002 年之后，该部分地区的集聚效应逐渐向下游转移。从空间变化上看，2002 年至 2020 年，黄河流域年输沙量的空间集聚特征总体从西到东，依次呈现为不显著、L－L 集聚、不显著、H－H 集聚。2002—2020 年，H－H 集聚类型范围向下游转移，L－L 集聚类型分布范围具有一定的稳定性。

4.6.3 黄河流域年含沙量时空格局

（1）年含沙量地域差异

流域及其各省份的年含沙量如表 4－25 所示。从表 4－25 和图 4－33 可以看出，从 2002 年至 2014 年，流域整体年含沙量呈大幅下降趋势；从 2015 年至 2020 年，流域整体年含沙量呈小幅增加趋势。从绝对值而言，山东、河南和山西总体 2018 年至 2020 年高于其他省域的水平；其次是陕西、内蒙古，较低的省份是青海与四川区域。从动态来看，2020 年相对于 2002 年，年含沙量陕西降低幅度为 72.82%，甘肃降低幅度为 65.92%，宁夏降低幅度为 61.35%，山西降低幅度为 58.33%，四川区域降低幅度为 57.12%，青海降低幅度为 50.98%，河南降低幅度为 34.06%，内蒙古降低幅度为 27.04%，山东降低幅度为 14.32%。可以看出，经过"十五"、"十一五"、"十二五"、"十三五"四个五年计划，国家实施了有力的生态环境保护举措，黄河流域各省份区域的年含沙量总体趋于大幅降低的趋势。

表 4－25　流域各省份年含沙量变化情况

单位：千克/立方米

年份	流域	陕西	山西	河南	甘肃	青海	内蒙古	宁夏	山东	四川
2002	10.548 1	17.954 7	13.641 5	10.311 8	5.431 7	2.389 2	5.737 7	7.873 4	9.984 2	4.511 6
2003	9.673 6	14.530 9	10.970 3	10.596 5	4.968 1	2.414 6	5.425 1	6.966 5	14.673 9	4.326 7
2004	8.422 8	11.913 9	10.553 8	10.242 3	4.028 4	1.921 2	4.609 8	5.899 7	11.434 9	3.529 3
2005	5.871 4	8.878 9	6.808 6	6.306 0	3.043 0	1.447 3	4.009 8	4.310 5	7.868 4	2.604 5

（续）

年份	流域	陕西	山西	河南	甘肃	青海	内蒙古	宁夏	山东	四川
2006	5.329 5	7.892 0	6.644 6	5.137 2	2.821 1	1.241 4	4.387 1	4.047 3	6.496 5	2.299 3
2007	4.875 9	7.082 6	5.883 6	4.845 2	2.661 2	1.219 7	4.276 4	3.739 5	5.982 1	2.175 6
2008	2.903 5	4.117 0	3.386 3	2.849 6	1.477 1	0.697 3	2.905 8	2.169 4	3.961 9	1.254 2
2009	2.551 9	3.649 6	3.038 6	2.347 9	1.241 9	0.726 0	2.652 2	1.895 3	3.369 5	1.162 2
2010	4.319 8	5.561 6	4.847 6	5.223 7	1.957 5	1.271 2	3.591 1	2.969 8	7.002 0	1.976 9
2011	2.722 1	3.505 7	3.127 1	2.959 6	1.293 4	0.760 9	2.539 5	1.940 6	4.373 2	1.226 7
2012	3.979 6	5.054 4	4.835 4	4.442 8	2.169 2	1.256 6	3.203 9	2.983 1	5.675 6	1.926 3
2013	4.916 4	7.169 3	6.052 5	5.239 5	2.358 6	1.248 2	3.746 6	3.541 1	6.319 8	2.140 3
2014	1.852 1	2.226 3	2.148 4	1.956 5	0.943 6	0.593 5	2.107 5	1.377 8	2.776 6	0.885 9
2015	1.721 9	2.426 5	2.179 6	1.425 6	0.944 6	0.518 7	1.568 4	1.339 8	2.291 2	0.817 6
2016	3.027 1	5.464 9	4.271 6	2.076 8	1.903 0	0.859 5	2.163 3	2.567 3	1.378 1	1.450 9
2017	2.769 2	5.081 4	3.861 7	1.956 1	1.612 0	0.785 3	2.056 2	2.274 7	1.262 5	1.303 2
2018	6.297 2	7.838 5	7.586 3	7.945 5	3.739 0	1.991 3	4.411 3	4.815 5	8.293 2	3.111 4
2019	4.281 4	3.860 3	4.907 0	6.568 0	1.658 0	1.107 0	4.126 4	2.700 4	8.254 3	1.770 4
2020	4.756 8	4.879 3	5.684 9	6.799 3	1.851 1	1.171 2	4.186 4	3.043 3	8.554 6	1.934 7

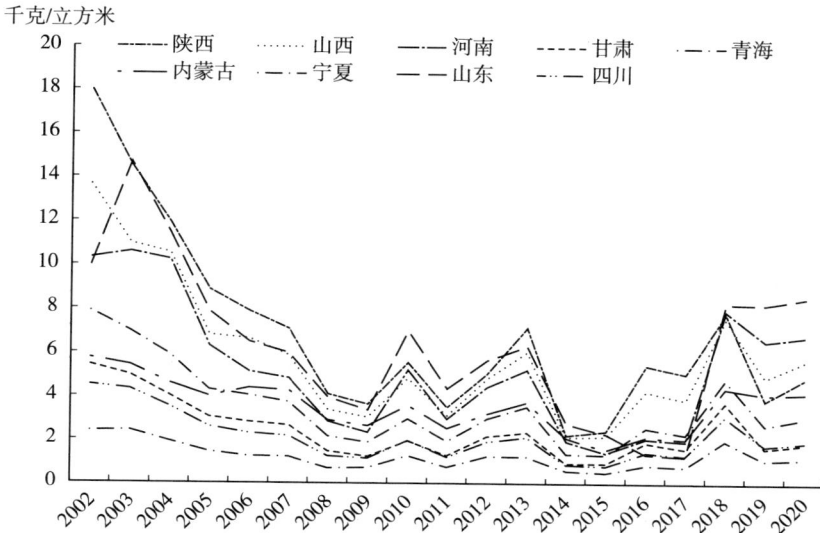

图 4-33　流域各省份年含沙量变化趋势

从表 4 - 26 和图 4 - 34 可以看出，从 2002 年至 2020 年，流域整体年含沙量先下降后上升。从绝对值而言，从 2002 年至 2020 年，年含沙量下游＞中游＞上游，尤其是 2018 年至 2020 年下游远超中游和上游。2020 年相对于 2002 年，上游下降幅度为 53.64%，中游下降幅度为 54.89%，下游下降幅度为 19.05%。可以看出，经过"十五"、"十一五"、"十二五"、"十三五"四个五年计划，国家实施了有力的生态环境保护举措，黄河流域的年含沙量总体呈下降趋势，下降幅度中游＞上游＞下游。

表 4 - 26　各流域年含沙量变化情况

单位：千克/立方米

年份	流域	上游	中游	下游
2002	10.548 1	9.735 5	10.558 4	9.480 4
2003	9.673 6	9.332 9	9.683 1	11.977 4
2004	8.422 8	7.862 9	8.431 6	10.547 7
2005	5.871 4	5.625 1	5.877 0	6.736 2
2006	5.329 5	4.984 0	5.334 4	5.500 1
2007	4.875 9	4.611 1	4.880 2	5.144 8
2008	2.903 5	2.776 7	2.906 3	3.212 1
2009	2.551 9	2.424 1	2.554 5	2.689 3
2010	4.319 8	4.181 1	4.324 5	5.933 9
2011	2.722 1	2.615 7	2.724 9	3.523 0
2012	3.979 6	3.754 8	3.983 2	4.917 9
2013	4.916 4	4.618 0	4.921 5	5.528 8
2014	1.852 1	1.774 2	1.853 8	2.291 5
2015	1.721 9	1.601 6	1.723 4	1.734 0
2016	3.027 1	2.700 1	3.029 3	1.509 4
2017	2.769 2	2.482 2	2.771 5	1.405 4
2018	6.297 2	5.958 6	6.302 3	8.045 8
2019	4.281 4	4.117 1	4.286 6	7.466 9
2020	4.756 8	4.512 9	4.762 5	7.674 3

借助 ArcGIS 软件对黄河流域的含沙量在不同年份的变化进行可视化表达，总体来看，2002—2020 年黄河流域的含沙量在空间上整体呈现显著上

千克/立方米

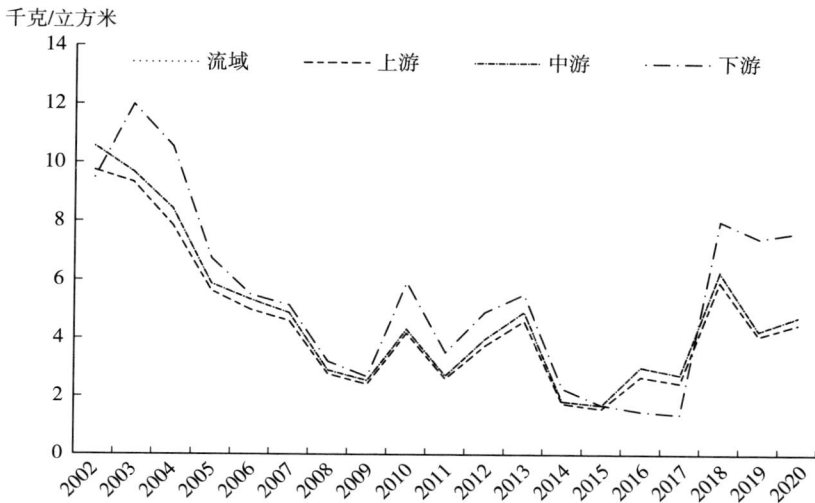

图 4 - 34　各流域年含沙量变化趋势

升的趋势。从空间变化上看，如图 4 - 35 所示，2002 年以后，黄河流域的含沙量由西向东逐渐上升，并伴有局部的向外辐射增强的趋势，最为明显的变化是黄河流域的中下游地区尤其以陕西地区为例，该区域的含沙量达到最大，这个区间其生态脆弱性较明显，并处于黄河流域的中下游，上游的含沙量携带至此区域，加之该区域植被破坏比较严重，土壤较为疏松。2015 年以后，黄河流域的整个东部地区的含沙量明显上升，相比之下，黄河流域的上游地区，其含沙量一直是处于较为稳定的趋势，变化不大，其植被涵养水源的能力良好。值得关注的是，黄河流域的含沙量在 2002—2020 年整体呈现向东部转移并逐渐增强。

（2）年含沙量空间集聚演变特征

基于不同年份黄河流域的含沙量，按照极差、变异系数、Moran's Ⅰ的计算方法得出总体空间关联特征的指标值（表 4 - 27）。研究范围内，2002—2020 年黄河流域的含沙量的 Moran's Ⅰ 指数在 0.01 置信水平下均为正，表明黄河流域的含沙量的高值和低值区域相互聚集。从时间变化看，黄河流域含沙量的 Moran's Ⅰ 指数呈现 U 形，总体呈现先降后增的趋势，对应空间集聚作用显著。而黄河流域含沙量的变异系数值整体上呈现下降的趋

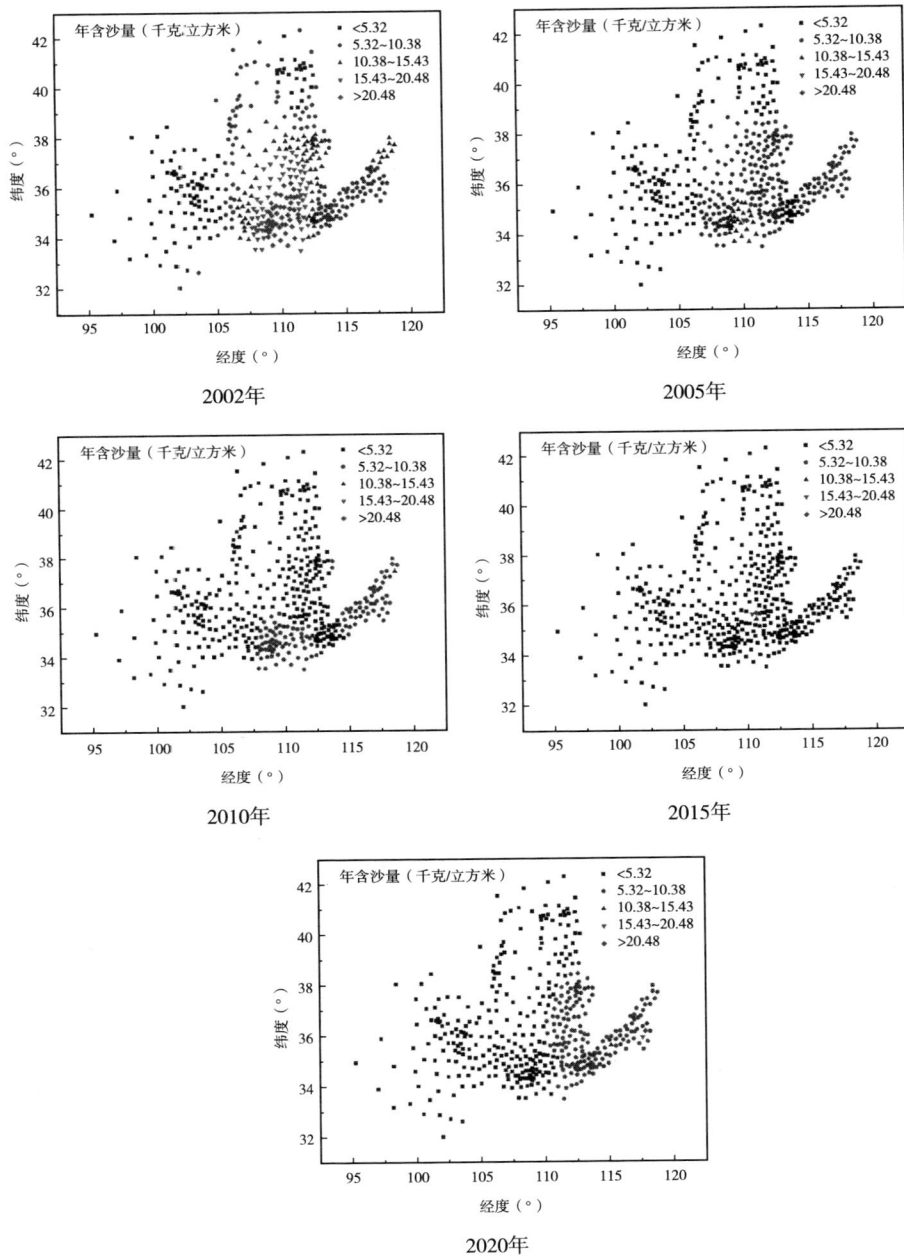

图 4-35 黄河流域含沙量时空分布图（2002—2020 年）

势，不平衡现象明显。由表 4-27 可知，2002 年到 2005 年极大值与极小值差别分散，说明 2000 年至 2005 年黄河流域含沙量的离散程度显著变大，但 2005 年至 2020 年，数值分散范围较小，离散程度不大，但整体还是呈现弱化的趋势。

表 4-27　不同年份年含沙量总体特征

年份	2002	2005	2010	2015	2020
极差	25.542 5	14.053 8	8.575 3	14.053 8	8.852 8
变异系数	0.608 1	0.500 7	0.452 8	0.500 7	0.482 0
Moran's I	0.907 3	0.798 8	0.696 5	0.802 2	0.751 0

年含沙量空间聚类分布特征。绘制 2002—2020 年黄河流域含沙量及其变化幅度的聚类和异常值的空间分布图（图 4-36），发现黄河流域的含沙量在空间上表现出显著的高低值集聚特征，具有很强的空间依赖性。黄河流域的含沙量分析结果以 H-H 和 L-L 类型集聚为主，且具有一定的稳定

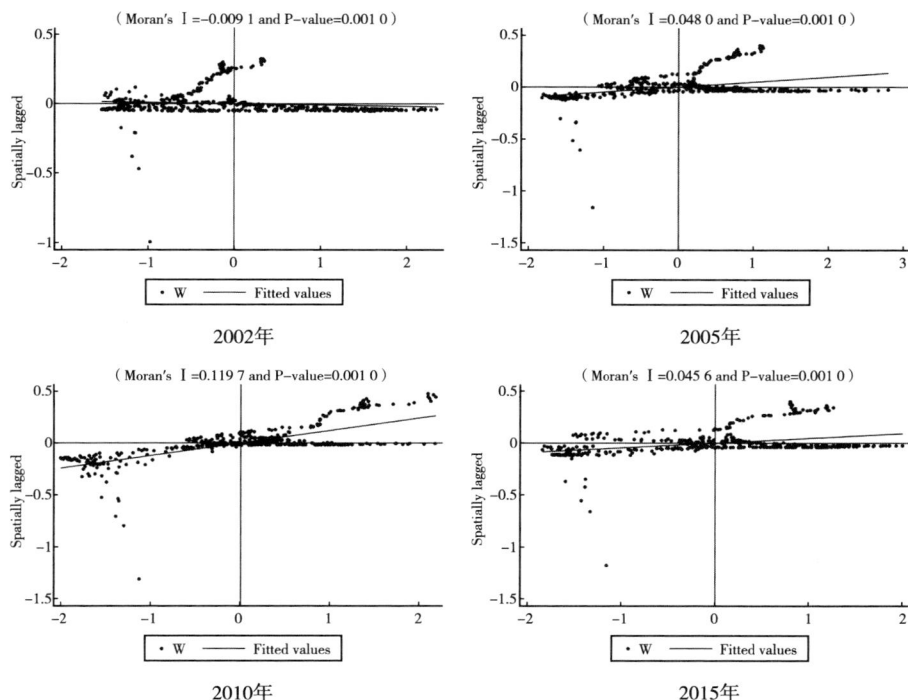

2002年

2005年

2010年

2015年

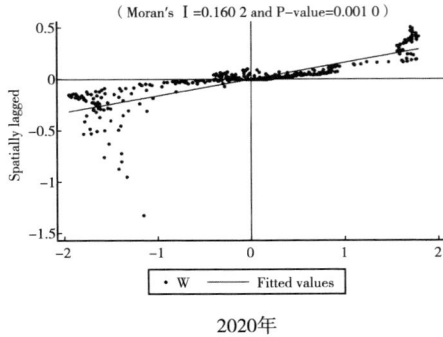

（Moran's Ⅰ =0.160 2 and P-value=0.001 0）

2020年

图 4 - 36　黄河流域年含沙量 LISA 聚类图（2002—2020 年）

性。从时间变化看，2002 年 L－L 集聚类型区均集中分布于黄河流域的北部、东北部、北至内蒙古南至河南省等地区，这些地区地势较高，地理和自然条件恶劣，经济发展水平较低，植被破坏严重，土壤的蓄水能力差，沙漠化较为严重。黄河流域的西南部主要以 H－H 集聚为主，并且自 2002—2020 年期间该部分地区的集聚效应呈现不显著特征的趋势越来越明显。从空间变化上看，2002 年至 2020 年，黄河流域含沙量的空间集聚特征总体从西到东，依次呈现为不显著、H－H 集聚、不显著、L－H 集聚、L－L 集聚。从部分区域看，黄河流域的 L－L 集聚效应逐渐弱化，到 2020 年，L－L 集聚类型范围缩小，集聚效应不显著逐渐增强。2000—2020 年，L－L 集聚类型呈现小范围缩小的态势，其他区域变化不大。

4.6.4　黄河流域工业废水时空格局

（1）工业废水地域差异

流域及其各省份的工业废水见表 4－28 所示。从表 4－28 和图 4－37 可以看出，从 2001 年至 2020 年，流域整体工业废水呈大幅下降趋势。从绝对值而言，工业废水山东、河南总体 2001 年至 2020 年一直高于其他省份的水平，其次是陕西、山西，较低的省份是甘肃、四川与青海。从动态来看，2020 年相对于 2001 年，工业废水河南降低幅度为 59.77%，宁夏降低幅度为 43.92%，山西降低幅度为 36.18%，内蒙古降低幅度为 30.74%，四川降低幅度为 28.10%，青海降低幅度为 27.96%，甘肃降低幅度为 18.24%，山东降低幅度为 17.73%，陕西降低幅度为 11.22%，表明河南工业废水降低幅度最大，陕西降低幅度最小。可以看出，经过"十五"、"十一五"、"十二五"、"十三五"四个五年计划，国家实施了有力的生态环境保护举措，黄河流域各省份区域的工业废水总体趋于大幅降低的趋势。

表 4-28　流域各省份工业废水变化情况

单位：吨

年份	流域	陕西	山西	河南	甘肃	青海	内蒙古	宁夏	山东	四川
2001	4 585.23	3 497.82	3 603.44	9 958.41	2 295.32	2 273.64	3 216.56	3 555.25	8 717.77	2 322.55
2002	4 466.85	3 846.38	3 648.47	9 846.67	2 148.40	2 116.49	2 899.08	3 100.82	7 680.18	2 227.09
2003	4 455.13	4 074.01	3 675.75	9 788.93	2 088.29	1 999.37	2 564.47	2 457.98	7 971.33	2 199.64
2004	4 550.45	4 521.15	3 769.99	9 784.19	1 965.19	1 840.48	2 294.67	1 859.71	8 799.27	2 040.64
2005	4 975.64	5 383.70	3 917.23	9 867.91	2 084.93	2 859.49	2 551.26	2 675.53	9 364.49	2 297.36
2006	5 099.23	5 114.58	4 097.14	10 584.17	2 025.16	2 827.57	2 601.40	3 268.17	9 532.33	2 305.34
2007	5 272.89	5 810.72	3 989.17	10 302.31	1 989.71	2 874.95	2 295.00	3 389.92	10 885.58	2 315.79
2008	5 297.89	5 704.05	3 846.82	10 371.44	2 061.31	2 824.95	2 702.52	3 091.34	11 275.02	2 426.65
2009	5 355.57	5 526.58	3 966.54	10 533.91	2 121.03	2 904.00	2 491.55	3 148.66	11 737.83	2 639.07
2010	5 663.44	5 474.95	4 066.90	11 787.51	1 986.92	2 735.69	3 314.79	3 611.00	12 390.11	2 422.98
2011	5 419.62	4 838.91	4 334.37	11 018.36	2 121.70	2 564.32	4 113.40	3 149.58	11 067.20	2 222.38
2012	5 258.96	4 597.64	5 012.49	9 643.92	2 359.71	2 647.81	3 237.49	2 904.41	10 917.77	2 387.01
2013	5 046.13	4 351.96	4 878.46	8 946.71	2 439.17	2 667.59	2 967.53	2 682.25	10 718.32	2 421.12
2014	5 104.71	3 994.47	5 046.15	9 846.57	2 026.95	2 362.00	3 805.52	2 410.13	10 610.03	2 081.15
2015	4 980.32	3 914.43	4 574.27	10 129.55	2 071.67	2 194.60	2 949.24	2 364.13	11 011.24	2 108.98
2016	3 690.12	3 174.58	3 635.49	5 622.15	1 681.52	1 731.81	2 432.85	1 608.70	9 376.48	1 688.70
2017	3 185.88	2 554.18	2 841.14	4 957.02	1 641.77	1 632.31	2 289.93	1 238.38	8 496.61	1 496.07
2018	3 212.26	2 610.97	2 694.53	4 719.71	1 770.29	1 700.46	2 308.65	1 875.81	8 738.15	1 563.76
2019	3 103.07	2 858.16	2 497.11	4 362.77	1 823.43	1 669.21	2 268.22	1 934.75	7 955.07	1 616.87
2020	2 993.88	3 105.36	2 299.68	4 005.83	1 876.58	1 637.96	2 227.79	1 993.69	7 171.99	1 669.97

从表 4-29 和图 4-38 可以看出，从 2001 年至 2020 年，流域整体工业废水一直处于下降趋势，尤其是 2016 年至 2020 年呈大幅下降趋势。从绝对

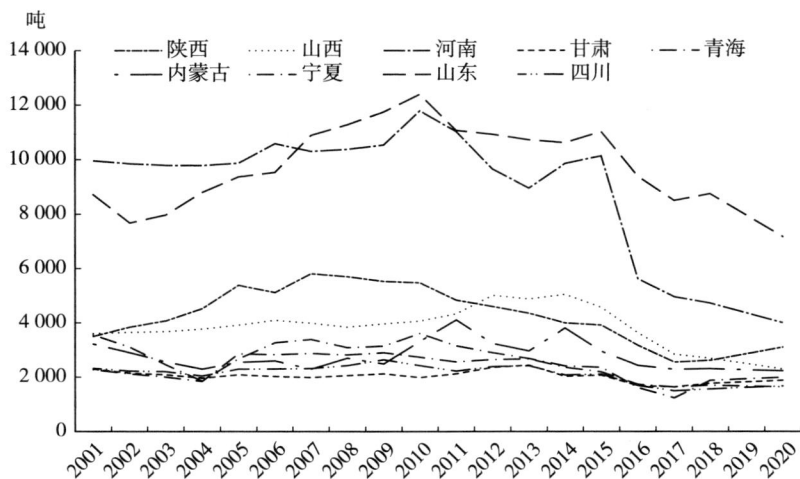

图 4-37 流域各省份工业废水变化趋势

值而言，从 2001 年至 2020 年，工业废水下游＞上游＞中游，下游一直远超中游和上游。2020 年相对于 2001 年，工业废水上游下降幅度为 34.37%，中游下降幅度为 34.59%，下游下降幅度为 44.17%。可以看出，经过"十五"、"十一五"、"十二五"、"十三五"四个五年计划，国家实施了有力的生态环境保护举措，黄河流域的工业废水一直呈下降趋势，不过虽然下游下降幅度稍微高于中游和上游的下降幅度，但下游工业废水总量一直高于中游和上游，而上游和中游水平一直比较接近。

表 4-29 各流域工业废水变化情况

单位：吨

年份	流域	上游	中游	下游
2001	4 585.23	4 838.61	4 600.52	9 799.00
2002	4 466.85	4 681.24	4 484.44	9 243.25
2003	4 455.13	4 659.30	4 476.31	9 301.19
2004	4 550.45	4 754.91	4 576.30	9 604.88
2005	4 975.64	5 252.92	5 002.10	9 876.55
2006	5 099.23	5 361.75	5 123.70	10 407.65
2007	5 272.89	5 609.18	5 299.22	10 890.60

（续）

年份	流域	上游	中游	下游
2008	5 297.89	5 678.02	5 325.25	11 099.79
2009	5 355.57	5 719.46	5 328.46	11 416.82
2010	5 663.44	6 081.69	5 691.91	12 408.59
2011	5 419.62	5 703.93	5 448.95	11 342.85
2012	5 258.96	5 323.53	5 286.82	10 385.35
2013	5 046.13	5 090.06	5 074.48	9 863.03
2014	5 104.71	5 120.05	5 136.86	10 401.00
2015	4 980.32	5 086.70	5 011.10	10 754.72
2016	3 690.12	3 704.44	3 714.24	7 340.14
2017	3 185.88	3 276.20	3 206.62	6 637.62
2018	3 212.26	3 347.89	3 230.89	6 587.98
2019	3 103.07	3 261.82	3 120.09	6 029.40
2020	2 993.88	3 175.74	3 009.30	5 470.82

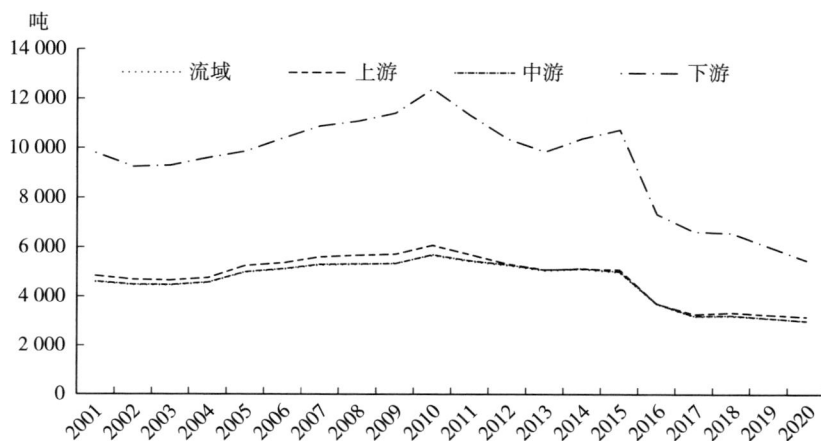

图 4-38 各流域工业废水变化趋势

　　黄河流域工业废水浓度的"区域化"特征显著。根据黄河流域2000—2020 年不同县区单元工业废水浓度状况，绘制 2000—2020 年工业废水浓度空间分布及其变化幅度分布图（图 4-39），从图中可以看出，黄河流域工业废水浓度呈现出明显的"区域化"特征。

　　黄河流域工业废水浓度空间分异差异明显，如图 4-39 所示，上游工业废水浓度整体较低，下游工业废水浓度整体较高，中游西北部、东北部工业废水浓度较高，县域工业废水浓度表现为由上游到下游逐渐上升。

　　2000 年黄河流域各县区单元工业废水浓度的均值约为 4 764.33 微克/立方米，各县区单元工业废水浓度差异较大。工业废水浓度最高的县区单元是下游的河南省新乡市，为 22 995.67 微克/立方米；工业废水浓度最低的县区单元是上游的临夏回族自治州，为 689.73 微克/立方米。2000 年黄河流域工业废水浓度低于 3 053.9 微克/立方米的县区单元有 188 个，主要分布在黄河流域中上游地区，包括甘肃省的白银市、定西市、甘南藏族自治州、临夏回族自治州、陇南市、平凉市、庆阳市、天水市、武威市、张掖市；河南省的灵宝市；内蒙古自治区的呼和浩特市、乌海市、鄂尔多斯市、巴彦淖尔市、乌兰察布市；宁夏回族自治区的银川市、固原市、中卫市；青海省的西宁市、海东市、海北藏族自治州、黄南藏族自治州、海南藏族自治州、果洛藏族自治州、玉树藏族自治州、海西蒙古族藏族自治州等；山西省的阳泉市、晋中市、忻州市等；陕西省的铜川市、延安市等、四川省的阿坝藏族羌族自治州等。工业废水浓度介于 3 053.9～5 571.37 微克/立方米的县区单元有 130 个，主要分布在黄河流域中上游，包括上游的 35 个县区，主要位于内蒙古自治区、宁夏回族自治区、鄂尔多斯市、巴彦淖尔市、白银市等；中游的 91 个县区，主要位于太原市、大同市、朔州市、运城市、忻州市、临汾市、吕梁市、西安市等；下游包括 4 个县区，包括东营市、滨州市、鹤壁市等。工业废水浓度介于 5 571.37～9 347.59 微克/立方米的县区单元有 87 个，主要分布在黄河流域中下游，包括上游的 16 个县区，主要位于包头市、兰州市、银川市、吴忠市等；中游的 36 个县区，主要位于太原市、长治市、晋城市、洛阳市、西安市大部分、宝鸡市、咸阳市等；以及下游的 35 个县区，包括济南市、淄博市、东营市、泰安市、临沂市、德州市、聊城市、濮阳市等。工业废水浓度高于 9 347.59 微克/立方米的县区单元有 43 个，主要分布在黄河流域中下游地区，包括中游的 12 个县区，主要包括晋城市、郑州市、洛阳市、焦作市等；下游的 30 个县区，主要包括济宁市、泰安市、菏泽市、郑州市、开封市、新乡市、濮阳市等，并且下游大部分地区工业废

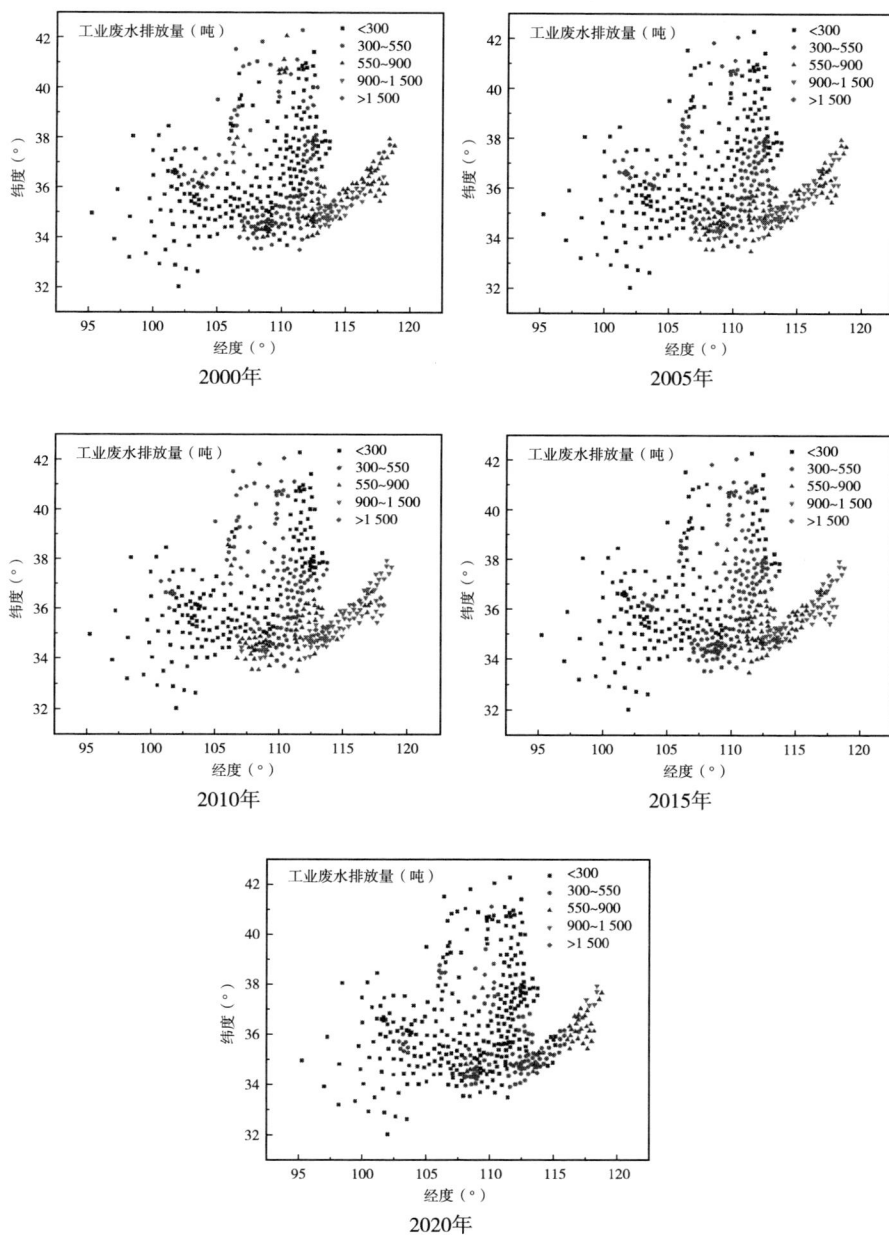

图 4 - 39　黄河流域工业废水时空变化图（2000—2020 年）

水浓度超过了 9 347.59 微克/立方米。

2005 年黄河流域工业废水浓度的空间分布情况较 2000 年有轻微变化。整体来看，包头市、中卫市等中游区域工业废水浓度较 2000 年有明显下降。黄河流域各县区单元工业废水浓度的均值上升至 4 975.64 微克/立方米，最大值为山东省菏泽市 17 216.44 微克/立方米，最小值为甘肃省临夏回族自治州 780.467 08 微克/立方米。全县工业废水浓度低于 3 053.9 微克/立方米的县区单元增加至 190 个，新增县区为太原市、大同市等。工业废水浓度介于 3 053.9～5 571.37 微克/立方米的县区单元减少到 117 个；工业废水浓度介于 5 571.37～9 347.59 微克/立方米的县区单元有 69 个，减少了 18 个；工业废水浓度大于 9 347.59 微克/立方米的县区单元 72 个，较 2000 年增加了 29 个。

2010 年，整体来看，黄河流域工业废水浓度小于 3 053.9 微克/立方米的分布范围较 2005 年和 2000 年明显缩小，污染加剧，中游西北部工业废水浓度较 2005 年有所增加，黄河流域各县区单元工业废水浓度的均值上升至 5 663.44 微克/立方米，最大值为河南省焦作市 19 605.98 微克/立方米，最小值为宁夏回族自治区固原市 883.94 微克/立方米。全县工业废水浓度低于 3 053.9 微克/立方米的县区单元下降至 168 个；工业废水浓度介于 3 053.9～5 571.37 微克/立方米的县区单元增加到 120 个，较 2005 年增加了 3 个；工业废水浓度介于 5 571.37～9 347.59 微克/立方米的县区单元有 61 个，较 2005 年减少了 8 个；工业废水浓度大于 9 347.59 微克/立方米的县区单元 99 个，较 2005 年增加了 27 个。

2015 年，黄河流域工业废水浓度分布相较于 2000 年、2005 年和 2010 年有明显变化。黄河流域各县区单元工业废水浓度的均值上升至 4 980.32 微克/立方米，最大值为山东省滨州市 19 778.61 微克/立方米，最小值为甘肃省庆阳市 764.08 微克/立方米。全县工业废水浓度低于 3 053.9 微克/立方米的县区单元减少至 167 个，仅减少 1 个；工业废水浓度介于 3 053.9～5 571.37 微克/立方米的县区单元增加到 155 个，较 2010 年增加了 35 个；工业废水浓度介于 5 571.37～9 347.59 微克/立方米的县区单元有 64 个，较 2010 年增加了 3 个；工业废水浓度大于 9 347.59 微克/立方米的县区单元

62 个，较 2010 年减少了 37 个。

2020 年，黄河流域工业废水浓度空间分布变化显著，黄河流域各县区单元工业废水浓度的均值减小至 2 993.88 微克/立方米，最大值仍为山东省滨州市，工业废水浓度为 14 801.21 微克/立方米，最小值为宁夏回族自治区固原市 445.26 微克/立方米。全县工业废水浓度低于 3 053.9 微克/立方米的县区单元增加至 294 个，较 2015 年增加了 127 个；工业废水浓度介于 3 053.9～5 571.37 微克/立方米的县区单元减少到 112 个，较 2015 年减少了 43 个；工业废水浓度介于 5 571.37～9 347.59 微克/立方米的县区单元有 36 个，较 2015 年减少了 28 个；工业废水浓度大于 9 347.59 微克/立方米的县区单元 6 个，较 2015 年减少了 56 个。

从总体分布情况来看，黄河流域工业废水浓度表现为自西向东递增，低值区稳定分布在人口稀少且生态环境较好的内蒙古中部和西南部高原地区，高值区一方面分布在自然条件较差的西北内陆地区；另一方面分布在人口稠密、能源需求量大、经济较发达的地带（较为典型的是山东省和河南省）。2000 年至 2020 年间，黄河流域工业废水浓度分布变化明显，各个县区单元整体上看表现为降低的趋势，尤其在 2015 年和 2020 年的分布图上表现较为明显。

（2）工业废水浓度空间集聚演变特征

工业废水浓度总体空间关联特征。基于不同年份黄河流域各县区单元工业废水浓度，按照极差、变异系数、Moran's I 的计算方法得出总体空间关联特征的指标值（表 4-30）。

表 4-30　不同年份黄河流域县域工业废水浓度总体特征

年份	2000	2005	2010	2015	2020
极差	73.554 4	38.237 2	37.930 5	37.131 8	89.083 0
变异系数	2.083 2	1.248 1	1.303 2	1.560 1	2.547 2
Moran's I	0.860 0	0.877 6	0.882 5	0.891 6	0.524 0

研究范围内，黄河流域工业废水浓度的 Moran's I 指数在 0.01 置信水平下均为正，表明黄河流域各县区单元工业废水浓度的高值和低值区域相互

聚集。从时间变化看，黄河流域工业废水浓度的 Moran's Ⅰ 指数呈现先上升后下降变化，对应空间集聚作用增大。而黄河流域工业废水浓度的变异系数呈现 V 形变化，在 2000 年至 2005 年呈现下降趋势，在 2005 年至 2020 年呈现上升趋势，且总体处于上升趋势，表明工业废水浓度区域差异现象明显，黄河流域各县区单元工业废水浓度的极大值与极小值更加集中，离散程度变大，这和某个地区自身的高原地区环境或地区的工业发展程度相关。黄河流域工业废水浓度两极差总体先减小后增大，即工业废水浓度最高与最低区域的差距先缩小后增加，县域工业废水浓度呈现空间集聚效应先增加后减小的动态趋势。

工业废水浓度空间聚类分布特征。绘制 2000—2020 年黄河流域县域工业废水浓度的聚类和异常值的空间分布图（图 4 - 40），发现黄河流域县域工业废水浓度空间上表现出显著的高低值集聚特征，工业废水浓度具有很强的空间依赖性。

黄河流域工业废水浓度分析结果以 H - H、L - L 和 L - H 类型集聚为主，且具有一定的稳定性。从时间变化看，2000 年 H - H 集聚类型区均集中分布于黄河中游地区包括晋城市、洛阳市、开封市、平顶山市和黄河下游全部地区（除东营、滨州市），这些地区人口密集，经济较为发达，能源需求量大，工业废水浓度较高，环境污染严重。L - H 集聚类型主要分布在 H - H 集聚类型周边，包括濮阳市、安阳市。L - L 集聚类型主要位于黄河流域上游北部和中游的西南部与东北部，除去渭南、铜川、咸阳、运城、晋中以及榆林、庆阳、大同以北这些不显著的地区外的地区均为 L - L 集聚区。这些地区人口稀少，且为煤炭能源的后备基地，工业污水浓度在逐渐上升。

2005 年相比于 2000 年，工业废水浓度分析结果仍以 H - H、L - L 和 L - H 类型集聚为主且分布范围变化不明显，与 2000 年的分析结果相比，L - L 聚类的范围扩大，涵盖了晋阳、宁夏回族自治区、兰州市、定西市、白银市、固原市以及榆林以北部分地区。2010 年的 H - H 集聚类型和 L - H 集聚类型的分布地区与 2000 年和 2005 年基本相似，但 L - L 集聚类型区有所缩小，榆林、庆阳一带变得不显著。2015 年相比于 2010 年，L - L 集聚区向西宁、海东方向扩散，延安、太原、吕梁一带变为不显著。H - H 集聚区分布较之前几乎无变化，银川、石嘴山市由不显著转变为 L - L 聚类区。2020 年的分析结果显示宁夏回族自治区以西以南由 L - L 集聚转变为不显著，庆阳、延安以东到朔州、呼和浩特以西全部不显著。

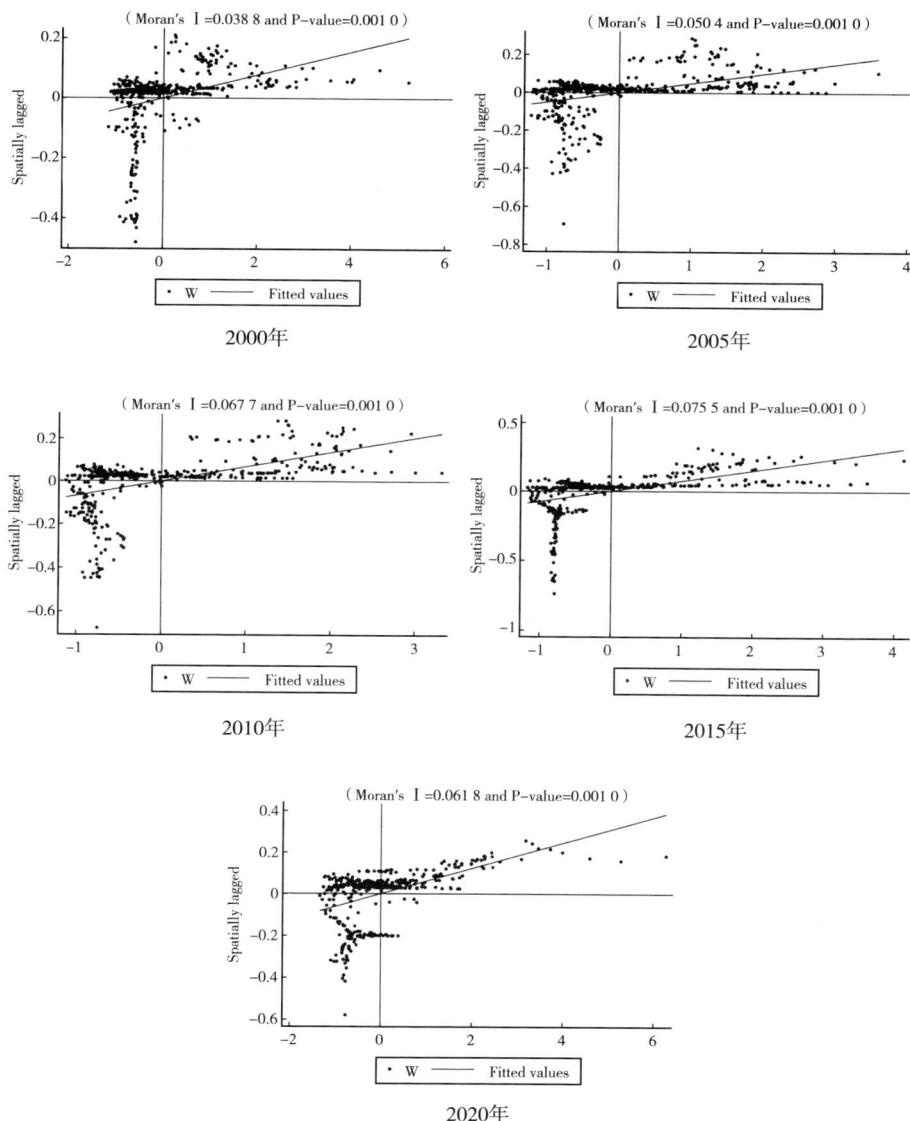

2000年

2005年

2010年

2015年

2020年

图 4 - 40　黄河流域工业废水 LISA 聚类图（2000—2020 年）

▶4.6.5 黄河流域水体质量

黄河发源于青海省巴颜喀拉山，流经青海、甘肃、陕西、山西、河南等省份，全长 5 464 千米。由于经过诸多省、市、县、乡级的行政区域，黄河流域所受到的污染也大多来源于这些地区。表 4 - 31 反映的是黄河流域总体水质情况变化。

表 4 - 31　黄河流域总体水质情况变化

	断面数（个）	Ⅰ类（%）	Ⅱ类（%）	Ⅲ类（%）	Ⅳ类（%）	Ⅴ类（%）	劣Ⅴ类（%）
2001	175	2.8	6.3	2.9	25.1	6.9	56.0
2002	185	4.9	8.1	9.7	20.0	7.6	49.7
2003	44	9.1		13.6	29.5	9.1	38.7
2004	44	9.1		27.3	25	9.1	29.5
2005	44	7		27	34	7	25
2006	44	18		32	25	0	25
2007	44	63.7			9.1	4.5	22.7
2008	44	68.2			4.5	6.8	20.5
2009	44	68.2			4.5	2.3	25.0
2010	44	68.2			4.5	6.8	20.5
2011	43	69.8			11.6		18.6
2012	61	60.7			21.3		18.0
2013	61	58.1			25.8		16.1
2014	61	1.6	33.9	24.2	19.3	8.1	12.9
2015	62	1.6	30.6	29.0	21.0	4.8	12.9
2016	137	2.2	32.1	24.8	20.4	6.6	13.9
2017	137	1.5	29.2	27.0	16.1	10.2	16.1
2018	137	2.9	45.3	18.2	17.5	3.6	12.4
2019	137	3.6	51.8	17.5	12.4	5.8	8.8
2020	137	6.6	56.2	21.9	12.4	2.9	0

2001 是新世纪承前启后的第一年，也是中国"十五"计划开局之年，2001 年 3 月 11 日，江泽民总书记发表重要讲话，指出环境保护是强国富民

安天下的大事，要求全党和全社会高度重视和积极参与，把环境保护提高到一个新水平；"七一"讲话中，把环境保护确定为全党长期奋斗的历史任务。全国人大九届四次会议审议通过的国民经济和社会发展"十五"纲要确定了"十五"期间全国环境保护的主要目标和任务；国务院批准了《国家环境保护"十五"计划》。

（1）2001年以来水质总体质量呈逐年提升趋势

从表4-31和图4-41可以看出，2001年以来Ⅰ至Ⅲ类水质呈逐年增加趋势，Ⅳ至劣Ⅴ类呈逐年减少趋势。Ⅰ至Ⅲ类水质呈逐年增加趋势，2006年以来所占比重超过了60%，尤其是2020年比重达到了84.7%，是历史上的最高水平；而Ⅳ至劣Ⅴ类水质所占比重基本降低到30%以下，尤其是2020年降低到了15.3%，是历史上的最低水平。究其原因，跟党中央多年持续抓生态环境保护工作分不开。2002年，中央连续第六次在"两会"期间召开的人口资源环境工作座谈会上，听取环保工作汇报，并就进一步加强环保工作作出重要战略部署；党的十六大报告对新世纪环保工作提出了更高要求，明确将环境保护列入全面建设小康社会的总目标，并把增强可持续发展能力、改善生态环境作为全面建设小康社会的四项重要目标之一，给环境保护带来了前所未有的大好机遇。2003年，中央连续第七次在"两会"期间召开人口资源环境工作座谈会，胡锦涛总书记指出，环境保护工作，要着

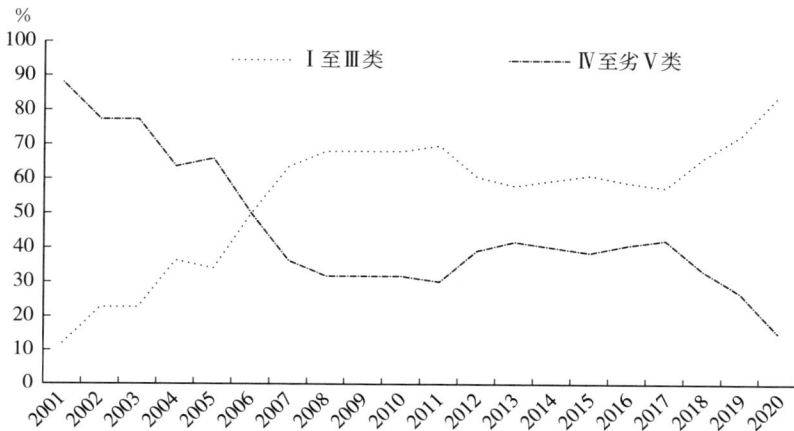

图4-41 黄河流域地表水水质变化情况（2001—2020年）

眼于让人民喝上干净的水、呼吸上清洁的空气、吃上放心的食物，在良好的环境中生产生活。党的十六届三中全会提出，要"统筹人与自然和谐发展"；"坚持以人为本，树立全面、协调、可持续的科学发展观，促进经济社会和人的全面发展"。2004年，中央连续第八次在"两会"期间召开人口资源环境工作座谈会，胡锦涛总书记指出，"环境保护工作要加强环境监管，加快重点流域、重点区域的环境治理，加强农村环境保护与生态环境保护"。为落实"中央人口资源环境工作座谈会"精神，国务院于2004年5月召开了"全国重点流域水污染防治工作现场会"，进一步推动了重点流域水污染防治工作。

（2）2018年以来Ⅰ类和Ⅱ类水质所占比重大幅上升

从表4-31和图4-41可以看出，2018年后Ⅰ类和Ⅱ类水质呈大幅逐年上升趋势，相对于2017年，2018年至2020年Ⅰ类水质比重增长93.33%、140%和340%，相对于2017年，2018年至2020年Ⅱ类水质比重增长55.14%、77.39%和92.47%。Ⅴ类和劣Ⅴ类呈大幅逐年降低趋势，相对于2017年，2018年至2020年Ⅴ类水质比重降低64.71%、43.14%和71.57%，相对于2017年，2018年至2020年劣Ⅴ类水质比重降低22.98%、45.34%和100%。究其原因在于，"十三五"时期我国生态环境保护工作更加全面，措施更加细致，任务、时间更加明确。

4.7 本章小结

（1）从2001年至2019年，总体而言黄河流域整体生态环境质量较为稳定，生态环境质量有小幅波动。黄河流域生态质量指数表现为从上游低值到中游高值再到下游低值的"倒U形"格局，2001年至2015年间，黄河流域生态质量指数分布变化不太明显，但2016—2019年生态质量指数下降明显，这与经济的高速发展不无关系。黄河流域生态质量指数的Moran's Ⅰ指数呈现先上升后趋于平稳的变化，但总体上呈现增加趋势，对应空间集聚作用逐渐增加，黄河流域生态质量极差总体变化趋势不大，比较稳定，生态质量最高与最低区域的差距缩小。

（2）从 2001 年至 2013 年，流域整体 PM2.5 浓度趋于增加趋势，2013 年至 2020 年趋于大幅下降趋势。黄河流域 PM2.5 浓度的 Moran's I 指数呈现 M 形波动变化，但总体上呈现减小趋势，对应空间集聚作用减小，PM2.5 浓度最高与最低区域的差距缩小。

（3）从 2001 年至 2017 年，流域整体碳排放一直趋于增加趋势，黄河流域碳排放的 Moran's I 指数呈现 N 形波动变化，但总体上呈现增加趋势，对应空间集聚作用增大，碳排放最高与最低区域的差距增大。

（4）从 2001 年至 2017 年，流域整体碳汇呈波动小幅增加趋势，上游西南部地区碳汇整体较高，中游和下游地区碳汇整体较低，县域碳汇表现为西部高东部低，黄河流域碳汇表现为自西向东递减，黄河流域碳汇的 Moran's I 指数呈现 M 形波动变化，但总体上呈现增加趋势，但增加幅度不大，对应空间集聚作用略微增大，县域碳汇空间上表现出显著的高低值集聚特征，碳汇具有很强的空间依赖性。

（5）从 2000 年至 2020 年，植被抗旱的能力在空间上呈现显著下降的趋势，最为明显的变化是黄河流域的中下游地区以内蒙古地区为例，植被的抗旱能力显著下降，这个区间恰好是我国干旱区与半干旱区，其生态脆弱性较明显，植被破坏比较严重，导致植被抗旱能力弱，黄河流域的植被抗旱的高值和低值区域相互聚集。从时间变化看，黄河流域的植被抗旱的 Moran's I 指数呈现倒 U 形，但总体呈现抗旱能力减小的趋势，对应空间集聚作用小。

（6）从 2001 年至 2020 年，流域整体 NDVI 呈小幅增加趋势，但黄河流域的北部地区 NDVI 逐渐下降，最为明显的变化是黄河流域的中下游地区以内蒙古地区为例，植被的覆盖度显著下降。黄河流域的植被覆盖的 Moran's I 指数呈现下降趋势，但总体呈现植被覆盖度减小的趋势，对应空间集聚作用小。黄河流域的 NDVI 在空间上表现出显著的高低值集聚特征。

（7）从 2002 年至 2012 年，流域整体年径流量呈小幅增加趋势；从 2017 年至 2020 年，流域整体年径流量呈大幅增加趋势。最为明显的变化是黄河流域的中下游地区以甘肃兰州、定西等地区为例，年径流量显著上升，这个区间恰好处于黄土高原、青藏高原、内蒙古高原三大高原的交汇地带，其亚热带季风气候、温带季风气候明显，年径流量较高。黄河流域年径流量的 Moran's Ⅰ指数呈现先上升后下降再上升再下降的趋势。

（8）从 2002 年至 2016 年，流域整体年输沙量呈大幅下降趋势；从 2018 年至 2020 年，流域整体年输沙量呈大幅增加趋势，黄河流域的年输沙量沿黄河自西向东流向表现为逐步增加直至黄河中下游交界处，最为明显的变化是黄河流域的中下游地区以陕西省为例，该区域输沙量达到最大，这个区间生态脆弱性较明显，植被破坏比较严重，导致黄河流域输沙量较大。2020 年黄河流域下游输沙量变为高值区。黄河流域年输沙量的 Moran's Ⅰ指数呈现 U 形，但总体呈现上升的趋势，对应空间集聚作用小。黄河流域的年输沙量在空间上表现出显著的高低值集聚特征，具有很强的空间依赖性。

（9）从 2002 年至 2014 年，流域整体年含沙量呈大幅下降趋势；从 2015 年至 2020 年，流域整体年含沙量呈小幅增加趋势。黄河流域的含沙量由西向东逐渐上升，并伴有局部的向外辐射增强的趋势，最为明显的变化是黄河流域的中下游地区尤其以陕西省地区为例，该区域的含沙量达到最大，这个区间其生态脆弱性较明显，并处于黄河流域的中下游，上游的含沙量携带至此区域，加之该区域植被破坏比较严重，土壤较为疏松。黄河流域含沙量 Moran's Ⅰ指数呈现 U 形，含沙量总体呈现下降的趋势，对应空间集聚作用显著。

（10）从 2001 年至 2020 年，流域整体工业废水呈大幅下降趋势，黄河流域工业废水浓度的 Moran's Ⅰ指数呈现先上升后下降变化，对应空间集聚作用增大。2001 年以来Ⅰ至Ⅲ类水质呈逐年增加趋势，Ⅳ至劣Ⅴ类呈逐年减少趋势。Ⅰ至Ⅲ类水质呈逐年增加趋势，2006 年以来所占比重超过了 60%，尤其是 2020 年比重达到了 84.7%，是历史上的最高水平；而Ⅳ至劣Ⅴ类水质所占比重基本降低到 30% 以下，尤其是 2020 年降低到了 15.3%，是历史上的最低水平。

5 黄河流域生态环境保护效果驱动因素分析

本章在第四章生态环境质量保护效果基础上，从自然、经济和社会三方面选取 15 个指标构建影响黄河流域生态环境的指标体系，对黄河流域上游、中游和下游三个区域生态环境保护效果的影响因素进行针对性分析，旨在识别出黄河流域三个区域生态环境保护效果的主要驱动因素及其相互作用机制。

5.1 影响因素指标选取及其特征

为了准确地把握黄河流域高质量发展的具体内涵和本质，对区域生态环境高质量发展有深入理解，一些学者和专家从不同角度对黄河流域的高质量发展进行了系统的定量研究。如石涛（2020）和马海涛等（2020）分别以"五大发展理念"为基础构建高质量发展评价指标体系；赵建吉（2020）分析了黄河流域城镇化与生态环境协调关系的时空特征；刘建华等（2020）从生态环境健康、经济高质量发展、人水和谐共生、人民生活幸福四个维度构建"四准则"量化方法；张合林等（2020）从经济、社会和环境三方面评价黄河流域高质量发展水平。综合来看，学者们目前对黄河流域研究较多的为水沙地理领域，侧重研究黄河流域自然资源环境，对其生态环境演变的影响因素关注较少。因此，本章从自然、经济和社会三方面选取 15 个指标构建影响黄河流域生态环境的指标体系，对各个因素进行分析，进而识别出黄河流域生态环境主要影响因素以及其作用机制（表 5 - 1）。

表 5-1　县域生态环境影响因素选取

	指标	单位	计算方法
自然	年均气温 (X1)	℃	ArcGIS 栅格统计
	年均降水 (X2)	毫米	ArcGIS 栅格统计
	湿度 (X3)	RH	ArcGIS 栅格统计
	坡度 (X4)	%	ArcGIS 坡度分析
	高程 (X5)	度	DEM
经济	人均 GDP (X6)	元/人	生产总值/总人口
	粮食产量 (X7)	吨	统计年鉴
	产业结构 (X8)	%	第二产业增加值/第三产业增加值
	农业机械总动力 (X9)	千瓦	统计年鉴
	GDP 增长率 (X10)	%	统计年鉴
	固定投资额 (X11)	万元	统计年鉴
社会	人口密度 (X12)	人/平方米	总人口/地区行政面积
	生活垃圾无害化处理 (X13)	%	统计年鉴
	污水处理率 (X14)	%	统计年鉴
	排污处理能力 (X15)	%	统计年鉴

5.2 黄河流域上游生态环境驱动因素分析

5.2.1 黄河流域上游生态环境影响因素分布特征

基于 ArcGIS 软件对各个影响因素进行空间趋势分析，总体上各个影响因素空间差异明显。总体来看，黄河流域上游地区县域生态环境分异影响因素差异明显，具有一定的空间趋势。

5.2.2 黄河流域上游生态环境格局影响因素分析

为进一步探究黄河上游地区县域生态环境质量及其变化的主导因素，本章综合运用地理探测器模型对各个影响因素进行探测，分析影响上游县域生态环境质量分异的主导因素（图 5-1）。

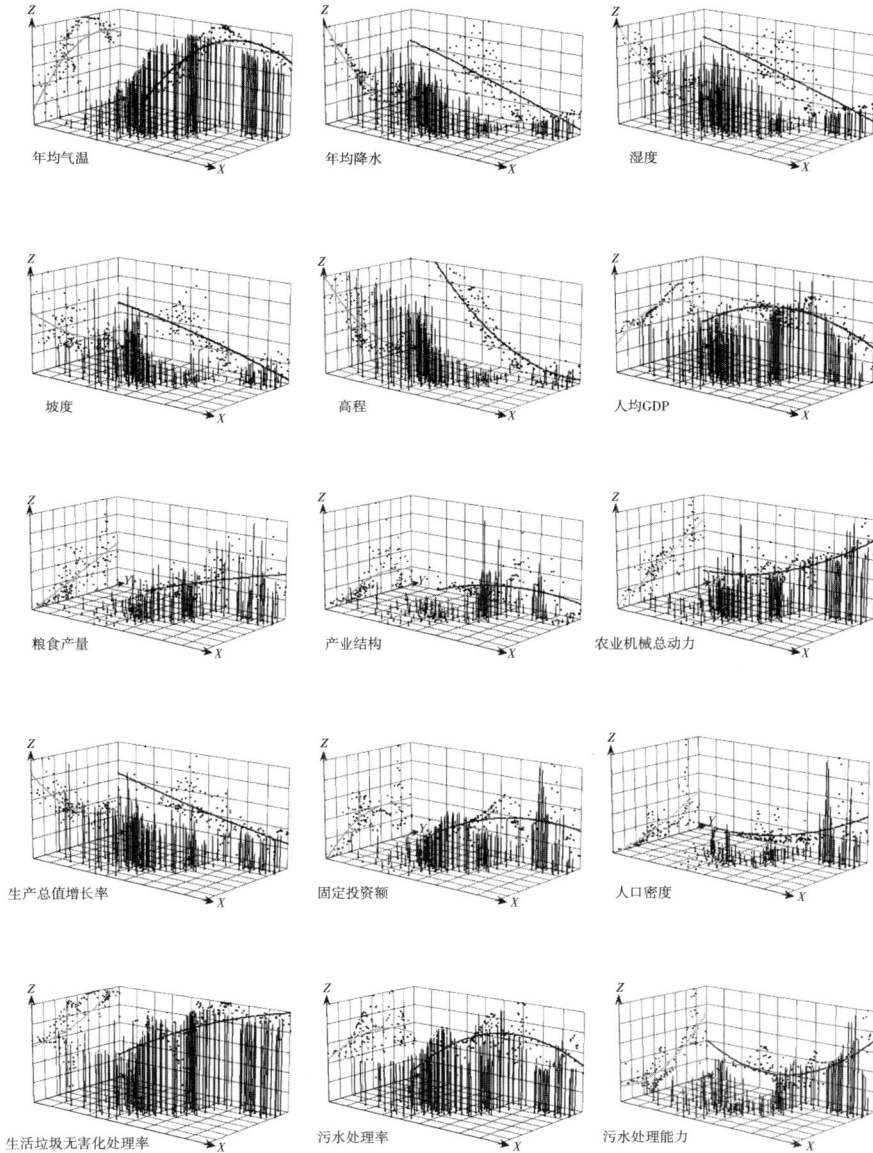

图 5-1 黄河流域上游生态环境影响因素空间趋势分布

（1）影响因子探测结果分析

基于地理探测器模型，将黄河流域上游地区年均气温（$X1$）、年均降水（$X2$）、湿度（$X3$）、坡度（$X4$）、高程（$X5$）、人均 GDP（$X6$）、粮食产量（$X7$）、产业结构（$X8$）、农业机械总动力（$X9$）、GDP 增长率（$X10$）、固定投资额（$X11$）、人口密度（$X12$）、生活垃圾无害化处理（$X13$）、污水处理率（$X14$）、排污处理能力（$X15$）采用自然断裂点进行分类，并选取 2001 年、2005 年、2010 年、2015 年和 2019 年与黄河流域上游地区各县生态环境质量进行探测，计算各因素对上游地区县域生态环境质量的影响强度（表 5-2）。

各影响因素对黄河流域上游地区县域生态环境质量分异的影响效应较为显著，但不同要素之间的影响强度及其时间变化上存在明显差异。总体上，自然因素及经济因素是黄河流域上游地区生态环境质量的主要影响因素。具体而言，①自然要素：年均降水和湿度对生态环境质量的解释作用最强，其次是高程、年均气温和坡度。从时间维度来看，坡度和高程对生态环境质量的影响强度总体呈现由低逐渐增强的趋势，其他因素对生态环境质量的影响并无明显变化，影响强度的变化幅度基本在 2% 左右。②经济要素：总体来看，黄河流域上游地区生态环境质量的主要经济驱动因素在近 20 年发生了明显的变化，由固定资产投资额逐渐转变为产业结构。人均 GDP 和固定投资额在时间维度中呈现递减的趋势，且人均 GDP 下降了 11 个百分点，固定投资额下降了 16 个百分点；粮食产量和农业机械总动力对生态环境质量的影响强度历经先下降后上升的变化趋势，但是变化幅度较小；而对于产业结构和 GDP 增长率而言，其对上游生态环境质量的影响强度明显增强，且产业结构影响强度增强了 20 个百分点，而 GDP 增长率对生态环境的作用强度也增强了 24 个百分点。③社会因素：生活垃圾无害化处理率和人口密度是生态环境质量的主要制约因素。尤其是生活垃圾无害化处理率对生态环境的影响程度增加了 17 个百分点，但人口密度基本无太大变化，这也表明了人口密度始终是影响黄河上游地区生态环境质量的社会因素。污水处理率的影响强度由低变高再变低，但对生态环境的作用强度依旧上升了 12 个百分点；但对于排污能力，影响强度先下降后上升，由 2001 年的 0.24 最后变为 2019 年的 0.13，整体下降了 9 个百分点。

表 5－2　黄河流域上游生态环境影响因素地理探测结果

指标	2001 年 q statistic	2005 年 q statistic	2010 年 q statistic	2015 年 q statistic	2019 年 q statistic
年均气温（$X1$）	0.38	0.45	0.39	0.40	0.40
年均降水（$X2$）	0.51	0.57	0.48	0.49	0.53
湿度（$X3$）	0.54	0.51	0.51	0.51	0.52
坡度（$X4$）	0.31	0.33	0.31	0.33	0.37
高程（$X5$）	0.40	0.42	0.36	0.34	0.44
人均 GDP（$X6$）	0.35	0.27	0.21	0.29	0.24
粮食产量（$X7$）	0.12	0.11	0.09	0.29	0.14
产业结构（$X8$）	0.12	0.27	0.28	0.31	0.32
农业机械总动力（$X9$）	0.24	0.25	0.22	0.21	0.25
GDP 增长率（$X10$）	0.05	0.09	0.05	0.10	0.29
固定投资额（$X11$）	0.41	0.27	0.33	0.16	0.24
人口密度（$X12$）	0.24	0.33	0.35	0.29	0.33
生活垃圾无害化处理（$X13$）	0.16	0.02	0.19	0.25	0.33
污水处理率（$X14$）	0.11	0.32	0.07	0.39	0.23
排污处理能力（$X15$）	0.24	0.17	0.06	0.07	0.13

（2）地理加权回归结果

地理探测器可以探测出影响因子及因子之间交互作用能够在多大程度上解释黄河上游地区生态环境质量的空间分异，但影响因子对生态环境质量的正负向影响需要进一步研究。

以黄河流域上游县域生态环境质量为因变量，以影响因素为自变量，利用 ArcGIS 10.2 中的 GWR 模型实现空间回归。其中，核类型采用"固定核"方法，模型带宽采用修正的 Akaike 信息准则（AICc），并对模型残差进行空间自相关检验，残差在空间上呈随机分布，说明模型效果较好（表 5－3）。

对回归系数进行均值统计，结果显示每一个因素在不同年份的影响效应呈现不均衡的特征，其中人均 GDP、年均降水、年均气温、固定投资额的绝对值处于较高水平。整体上，各影响因素每增加或减少一个单位，各因素对生态环境质量的影响力依次为：人均 GDP、年均降水、年均气温、固定产业投资额、粮食产量、高程、人口密度、污水处理率、农业机械总动力、排污处理能力、湿度、生活垃圾无害化处理率、坡度、产业结构。具体来说，①自然要素中除年均气温外，其他因子与生态环境质量之间均产生正向影响，其中年均降水的影响效应最强，接着是高程、湿度和坡度。从时间变化上来看，年均气温、降水的回归系数有所下降，而高程、湿度和坡度的影响效果系数显著增强。②经济要素中人均 GDP 和农业机械总动力与生态环境质量始终保持负向影响，但是影响程度在逐渐降低。产业结构随时间变化对生态环境质量处于正向影响，且产业结构的影响强度随时间有所提高。GDP 增长率对生态环境质量的影响效果并不明显，且作用方向也并不确定。③社会要素中除人口密度外，其他三种要素对生态环境质量表现为正向影响（排污处理能力 2015 年除外），而且大多数因素的作用效果随时间有所增强，人口密度最初对生态环境质量存在正向影响，但在 2010 年，随着人口不断增长，对生态环境质量的压力增强，对其产生一定程度的负向影响。

表 5-3　黄河上游地区生态环境与影响因素回归结果

因素	2001 年	2005 年	2010 年	2015 年	2019 年
年均气温（$X1$）	-0.80	-0.21	-0.03	0.38	0.37
年均降水（$X2$）	0.85	0.66	0.48	0.48	0.19
湿度（$X3$）	0.08	0.02	0.03	0.22	0.13
坡度（$X4$）	0.06	0.11	0.15	0.15	0.15
高程（$X5$）	0.26	0.21	0.60	0.10	0.93
人均 GDP（$X6$）	-2.32	-2.36	-1.04	-0.39	-0.68
粮食产量（$X7$）	0.28	0.29	-0.09	-0.05	-0.18
产业结构（$X8$）	0.05	0.03	0.04	0.21	0.22
农业机械总动力（$X9$）	-0.14	-0.07	-0.12	-0.07	-0.06
GDP 增长率（$X10$）	0.01	-0.01	-0.19	-0.31	-0.06
固定投资额（$X11$）	0.29	1.35	0.61	0.14	-0.02
人口密度（$X12$）	0.16	0.01	-0.29	-0.01	-0.15
生活垃圾无害化处理（$X13$）	0.06	0.21	0.06	0.04	0.28
污水处理率（$X14$）	0.18	0.40	0.27	0.69	0.37
排污处理能力（$X15$）	0.10	0.47	0.09	-0.03	0.04

5.2.3 黄河流域上游生态环境质量主要影响因素

通过综合分析得到影响黄河上游地区生态环境质量空间分异的主要自然环境特征要素为海拔高度，主要经济要素为人均 GDP，主要社会因素是污水处理率与生活垃圾无害化处理率。

（1）海拔高度作为反映地域地形地貌的重要特征，对农业农村生产方式及结构产生重要的影响

一般情况下，海拔较高的地方，土壤保水效果较差，容易发生严重的水土流失，不适宜种植农作物。而海拔较低的区域，光热条件较好，农作物生长具有比较优势。与此同时，海拔高度对农业基础设施、道路交通等设施的建设也产生重要影响，海拔较低、地势越平坦越有利于基础设施的建设。而基础设施的建设势必会对当地的生态环境带来难以衡量的影响。从黄河流域上游地区的海拔分布趋势图可以看出，海拔总体由西南地区向东北地区逐级递增，区域差异较为明显。而从时间尺度来看，高程与生态环境之间的相关系数由 2001 年的 0.26 逐渐增加为 2019 年的 0.93，这表明了海拔高度与黄河上游地区生态环境质量之间的相关性随时间逐渐加强。这很有可能是由于近 20 年人类活动较为剧烈，且随着城市化的扩张以及技术水平的提升，人类逐渐开始尝试在高地势的区域进行经济活动来满足自身发展的需求，一般情况下，高密集的经济活动势必会对当地的生态环境质量造成一定程度的影响。同时，在经济活动的影响下，海拔高度与生态环境质量之间的关系也愈发显著，表现出海拔高度与生态环境质量之间的正向关系。

（2）人均 GDP 是反映当地经济活动强度的重要指标

众多研究表明随着经济活动强度的增加会对生态环境造成一定损害，尤其是在西部地区。由于西部地区经济增长的主要因素依然是资本和劳动力投入，而且资本投入占较大比重。在黄河流域上游地区经济增长模式依然是一种以资本积累为主要经济增长源泉的资源开发型的粗放式增长模式。由于资源的过度开发伴随着较大的资源消耗，这种粗放型的增长模式影响到生态环境。从人均 GDP 的空间分布格局来看，黄河上游地区中部要高于东西部，主要分布在榆林、鄂尔多斯、呼和浩特等地区，这极有可能是由于当地的资

源相对于其他地区较为富集，且这类城市的发展主要依赖于资源的开发，同时造成生态环境的污染破坏。从时间尺度来看，黄河上游地区人均 GDP 与生态环境之间的关系始终保持负向关系，但是相关系数在逐渐下降，具体由 2001 年的－2.32 到 2019 年的－0.68。这可能是由于自 1999 年以来，西部地区的生态环境建设、改善工程已全面展开，并取得了明显成效。例如退耕还林、退耕还草等工程极大程度地促进了当地生态环境的恢复，缓解了人均 GDP 对其的压力，使得两者之间的相关性有所降低。但是，通过数据来看，这并没有从根本上改善黄河流域上游地区生态环境。水土流失加剧、地质灾害频发、干旱灾害严重、风沙危害蔓延、草场严重退化、森林生态系统失衡、生物多样性受到破坏等问题仍未能得到解决。

（3）污水处理率是确保生态平衡，奠定人类生活与产业发展的生态环境基础

人类的生产、生活都离不开水，但水资源分布不均衡是不争事实，这种现象在黄河流域尤为突出，因此水资源的保护刻不容缓。在黄河流域上游地区，由于产业高速发展前期单纯追求经济效益，忽视环保，水资源浪费污染严重，污水处理率较低。而污水的有效处理可以提升水资源利用率，缓解当前水资源分布不均衡导致的资源短缺压力，可以实现污水中重金属物质、有毒有机物质元素的提取，降低污水危害程度，减少对周围水域的污染，确保居民用水安全。而且污水有效处理可以改善当地环境问题，使得区域建设和发展更具有环保性。处理后的污水用于农田灌溉和工业生产，进而可以实现水资源价值的最大化，推动社会的持续稳定发展。对于黄河流域上游地区污水处理率呈现中部高、东西部低的空间分布格局，这可能是由于中部地区经济较为发达，相较于其他地区污水处理设施可能更加完备，进而污水处理率较高。从时间维度来看，污水处理率与生态环境之间的关系由 2001 年的 0.18 到 2019 年的 0.37，影响程度逐渐加强，这也体现了近年来污水处理的急迫性以及对当地生态环境的重要性。这也表明了黄河流域上游地区在污水处理方面可能缺乏长期规划，并没有意识到污水处理的迫切性和长远性要求，仅仅追求当前的效益，在污水处理中始终没有走向持久稳定的道路。

5.3 黄河流域中游生态环境格局影响机制

5.3.1 黄河流域中游生态环境影响因素分布特征

本小节在5.1节建立的指标体系基础上,通过ArcGIS软件对各个影响因素进行空间趋势分析,发现整体上各影响因素空间分异较为明显(图5-2)。具体而言,①从自然因素角度来看,年均气温表现为从西南向东北方向递增的分布特征;年均降水和湿度空间异质性显著,均表现为从东北向西南方向递增的空间分布特征;而黄河流域中游地区的坡度和高程也存在明显空间分布差异,西部地区的坡度和高程要高于东部地区的坡度和高程。②从经济因素方面来看,对于人均GDP而言,黄河中游中部地区向四周方向递增;粮食产量和农业机械总动力的空间布局有一定差异,但差异较小;县域固定投资额西部高于东部;而GDP增长率的空间趋势差异明显,呈现出南北方向上北高南低,东西方向上东西高,中部低,但差异较小。③从社会因素角度来看,人口密度、污水处理率以及污水处理能力空间异质性显著,均表现为东西方向上中部高、东西低,南北方向上中部低、南北高;而生活垃圾无害化处理率基本呈现出西北向东南方向递增的分布特征。总体来看,黄河流域中游地区县域生态环境影响因素差异明显,具有一定的空间分布规律。

5.3.2 黄河流域中游生态环境影响因素分析

为进一步探究黄河中游地区县域生态环境质量及其变化的主导因素,综合运用地理探测器、空间叠加分析及地理加权回归模型对各影响因素进行探究,分析影响中游县域生态环境质量差异的主导因素。

(1)影响因子探测结果分析

基于地理探测器模型,将黄河流域中游地区的年均气温($X1$)、年均降水($X2$)、湿度($X3$)、高程($X4$)、坡度($X5$)、人均GDP($X6$)、粮食产量($X7$)、产业结构($X8$)、农业机械总动力($X9$)、GDP增长率

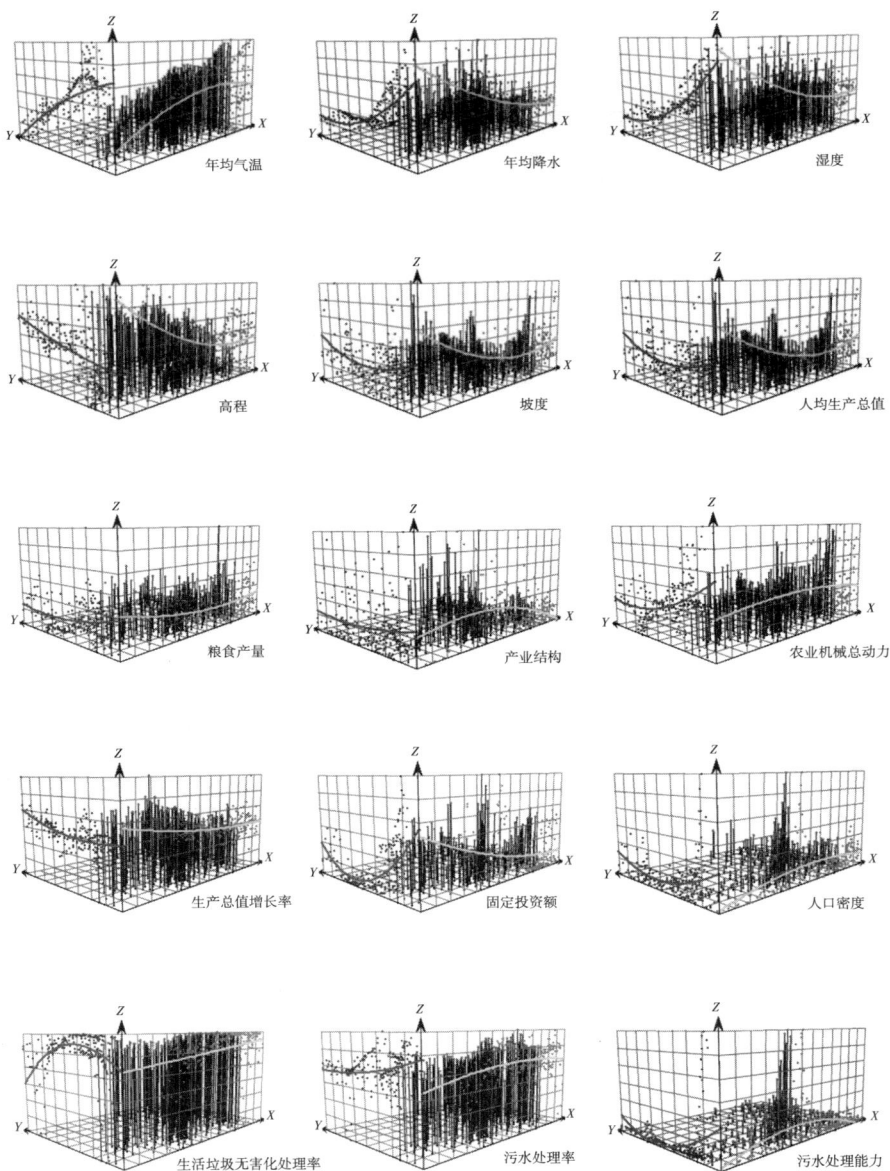

图 5-2　黄河流域中游生态环境影响因素空间趋势分布图

（X10）、固定投资额（X11）、人口密度（X12）、生活垃圾无害化处理（X13）、污水处理率（X14）、排污处理能力（X15）采用自然断裂点进行分类，并选取 2001 年、2005 年、2010 年、2015 年和 2019 年与黄河流域中游地区各县生态环境质量进行探测，计算各因素对中游地区县域生态环境质量的作用强度，结果见表 5-4。

表 5-4 黄河中游地区生态环境质量影响因素地理探测结果

指标	2001 年 q statistic	2005 年 q statistic	2010 年 q statistic	2015 年 q statistic	2019 年 q statistic
年均气温（X1）	0.186	0.170	0.222	0.213	0.131
年均降水（X2）	0.094	0.223	0.352	0.208	0.152
湿度（X3）	0.292	0.201	0.276	0.315	0.186
高程（X4）	0.279	0.255	0.326	0.307	0.316
坡度（X5）	0.528	0.396	0.508	0.524	0.533
人均 GDP（X6）	0.050	0.054	0.019	0.036	0.035
粮食产量（X7）	0.044	0.054	0.079	0.063	0.059
产业结构（X8）	0.102	0.060	0.048	0.068	0.078
农业机械总动力（X9）	0.052	0.056	0.067	0.108	0.037
GDP 增长率（X10）	0.069	0.014	0.069	0.005	0.003
固定投资额（X11）	0.065	0.055	0.056	0.047	0.031
人口密度（X12）	0.063	0.111	0.128	0.117	0.114
生活垃圾无害化处理（X13）	0.020	0.025	0.009	0.006	0.046
污水处理率（X14）	0.020	0.006	0.054	0.006	0.023
排污处理能力（X15）	0.039	0.054	0.048	0.055	0.088

各影响因素对黄河流域中游地区县域生态环境质量分异的作用较为显著，但不同要素的作用强度及其时间变化上存在明显差异。总体上，自然因素及经济因素是黄河流域中游地区生态环境质量的主要影响因素。具体而言，①自然要素：湿度、坡度和高程对生态环境质量的解释作用较强。从时间维度来看，年均降水和高程对生态环境质量的影响强度呈现波动中上升的趋势，其他因素对生态环境质量的影响则表现出波动中下降的规律。②经济要素：总体来看，黄河流域中游地区生态环境质量的主要经济驱动因素未发

生较为明显的变化。人均 GDP 在时间维度中呈现波动下降的趋势，下降了
1.5 个百分点；粮食产量对生态环境质量的影响强度呈现增强趋势，增长了
1.5 个百分点；对于产业结构而言，其对中游生态环境质量的影响强度先减
少后上升，影响强度总体减少了 2.4 个百分点；农业机械总动力影响强度总
体呈增强趋势；GDP 增长率对生态环境质量的作用强度减弱了 6.6 个百分
点；固定投资额对生态环境质量的影响强度在逐渐减弱，下降了 3.4 个百分
点。③社会因素：人口密度是生态环境质量的主要制约因素，对生态环境质
量的影响程度增加了 5.1 个百分点；生活垃圾无害化处理率对生态环境质量
的影响呈增强趋势，上升了 2.6 个百分点；污水处理率的影响强度处于相对
较大的波动之中，总体上无明显的增强或减弱的趋势；对于排污能力而言，
影响强度呈上升趋势，由 2001 年的 0.039 变为 2019 年的 0.088，整体上升
了 4.9 个百分点。

（2）地理加权回归结果

地理探测器可以探测影响因子及其交互作用能够在多大程度上解释黄河
流域中游地区生态环境质量的空间分异，但影响因子对生态环境质量的影响
方向需要进一步研究。

以黄河流域中游县域生态环境质量为因变量，以选定的影响因素为自变
量，利用 ArcGIS 10.2 中的 GWR 模型实现空间回归，结果见表 5-5。其
中，核类型采用"固定核"方法，模型带宽采用修正的 Akaike 信息准则
（AICc），并对模型残差进行空间自相关检验，残差在空间上呈随机分布，
说明模型效果较好。

对回归系数进行均值统计，结果显示每一个因素在不同年份的影响效应
呈现非均衡的特征，其中农业机械总动力、坡度和产业结构的绝对值处于较
高水平。整体上，各影响因素每增加（减少）一个单位对生态环境质量的影
响力依次为：农业机械总动力、坡度、产业结构、年均降水、固定投资额、
污水处理率、人均 GDP、污水处理能力、GDP 增长率、粮食产量、生活垃
圾无害化处理率、人口密度、湿度、高程、年均气温。具体来说，①自然要
素中年均降水和坡度与生态环境质量之间均产生正向影响。从时间变化上来
看，年均气温、年均降水和高程的回归系数有所下降，而湿度和坡度的影响

效果显著增强。②经济要素中产业结构随时间变化对生态环境质量处于负向影响，且产业结构的影响强度随时间有所提高。农业机械总动力与生态环境质量始终保持负向影响，但是影响程度在逐渐降低。人均 GDP、粮食产量、GDP 增长率对生态环境质量的影响效果并不明显，且作用方向也并不确定。③社会要素中人口密度对生态环境质量始终表现为负向影响，而污水处理率对生态环境质量的影响始终表现出正向。

表 5－5　黄河中游地区生态环境质量影响因素回归

因素	2001 年	2005 年	2010 年	2015 年	2019 年
年均气温（X1）	−0.864	−0.686	−0.449	−0.708	0.417
年均降水（X2）	0.789	0.562	0.653	0.346	−0.116
湿度（X3）	0.019	−0.379	−0.447	−0.220	−0.138
高程（X4）	−0.776	−0.333	−0.189	−0.316	0.372
坡度（X5）	0.689	0.700	0.676	0.694	0.727
人均 GDP（X6）	1.201	−0.170	−0.121	−0.221	−0.066
粮食产量（X7）	−0.073	0.074	0.011	−0.081	−0.012
产业结构（X8）	−0.055	−0.245	−0.426	−0.725	−0.927
农业机械总动力（X9）	−407.930	−111.002	−123.625	−197.915	−113.603
GDP 增长率（X10）	−0.019	0.197	0.033	−0.002	0.073
固定投资额（X11）	0.942	0.205	0.180	0.076	0.052
人口密度（X12）	−0.033	−0.169	−0.380	−0.163	−0.219
生活垃圾无害化处理（X13）	−0.247	−0.037	0.027	0.472	−0.405
污水处理率（X14）	0.038	0.011	0.172	0.561	0.052
排污处理能力（X15）	−0.019	0.096	0.138	0.017	0.090

5.3.3 黄河流域中游地区生态环境质量主要影响因素

通过综合分析得出，影响黄河流域中游地区生态环境质量空间分异的主要自然因素为年均降水、湿度和坡度，主要经济因素为产业结构、农业机械总动力（两极分化）和人均 GDP，主要社会因素为人口密度。

降水、湿度和坡度作为重要的自然环境特征，对生态环境质量有重要的影响。2019 年年均降水对黄河流域中游生态环境有负向影响，主要原因可能与中游较为严重的水土流失问题相关，降水增多非但不能改善生态环境，反而可能带来更为严重的水土流失，导致生态环境质量的总体下降。2001年湿度对生态环境质量呈现显著的正向影响，西北地区较为干旱，空气中水分含量越高，环境质量越好，越适宜居住。

产业结构对生态环境质量具有显著负向影响。由于黄河流域中游地区特殊的历史及区位原因，现阶段仍是以资源消耗量大的传统产业为主导，资源型产业较为发达，重型化工业占据主体地位，资源禀赋优越，但生态脆弱。"西部大开发"和"中部崛起"战略的实施，虽然在一定程度上推动了地区的经济发展，但与之伴随的污染产业西迁、资源利用效率低下和生态环境恶化等问题，也使该区域付出了较大的资源环境代价。虽然政府在大力提倡高质量发展，但由于产业结构性矛盾较为突出，依赖于能源矿产资源消耗的粗放型经济增长方式要实现根本性转变尚需一定时间，产业结构优化升级任务艰巨。

农业机械使用负向影响生态环境。农业机械的使用为解放生产力、促进农业经济发展做出了巨大的贡献。但农业机械的大量使用和过度开发，势必造成水土流失、资源枯竭、气候恶化、洪涝灾害和旱灾频繁，致使农业生产失去依存的条件，生态环境发生恶化。不仅如此，从农业机械自身出发，其整个生命周期过程中存在着高消耗、高排放和高污染，也会导致生态环境的恶化。

人均 GDP 代表区域经济发展水平，其对生态环境质量起到负面影响作用，整体处于"环境库兹涅兹曲线"左侧，在经济发展初期，随着收入水平提高，生态环境质量在不断地恶化。黄河流域中游地区作为重要的资源能源聚集区，前期在经济发展的过程中对资源形成了较高的依赖，资源开采和使用对生态环境造成了较为严重的负面影响，大部分地区经济发展以牺牲环境为代价，而对环保的投入较为欠缺。

人口密度。人口密度大的地区人类活动强度较大，生产和生活消耗了很多资源，并排放出大量污染物。如高能耗高污染的重工业的发展、社会用电量和汽车保有量等的增加，不仅导致区域能源消耗和汽车尾气排放量持续攀升，也使得城区建筑比较密集，交通不畅，加重了环境污染，降低了生态环境质量。

5.4 黄河流域下游生态环境格局影响机制

5.4.1 黄河流域下游影响因素分布特征

基于 ArcGIS 软件对各影响因素进行空间趋势分析，总体上各影响因素空间差异明显。具体来看，产业结构呈现出南北方向上北部高、南部低，东西方向上东部高、中西部低的分布特征；高程和坡度的空间异质性显著，均呈现出东西方向上由西向东递增，南北方向上中部高、南北低的分布特征。固定投资额的分布呈现出东北和西南高，中部较低的分布特征，而粮食产量则呈现出中部较高，由中部分别向东北和西南方向递减的趋势。年均降水在空间分布上呈现出由西南向东北递增的趋势，而年均气温则与之相反，呈现出从西南向东北逐渐递减的趋势。农业机械总动力在南北和东西方向上均呈现出中间高、两端低的分布特征，而人均 GDP 的空间分布特征在南北和东西方向上则均呈现出中间低，两端高的趋势。人口密度的空间分布特征与人均 GDP 相类似，在南北上呈现中间低，两端高的特征，在东西方向上差异不大。生产总值增长率和生活垃圾无害化处理率在总体上空间分布差异较小。湿度、污水处理率和污水处理能力在空间分布上均呈现出明显的空间趋势差异，均呈现出从西南向东北逐渐递增的趋势，在南北上表现出中间高、两端低的特征。总的来看，黄河流域下游县域生态环境质量影响因素分布差异明显，具有一定的空间趋势（图 5 - 3）。

5.4.2 黄河流域下游生态环境质量影响因素

为进一步探究黄河流域下游区域影响生态环境质量的主导因素，综合运用地理探测器、空间叠加分析及地理加权回归分析对各影响因素进行探测，分析影响黄河流域下游区域生态环境质量的主导因素。

（1）影响因子探测结果分析

基于地理探测器模型，将年均气温（$X1$）、年均降水（$X2$）、湿度（$X3$）、

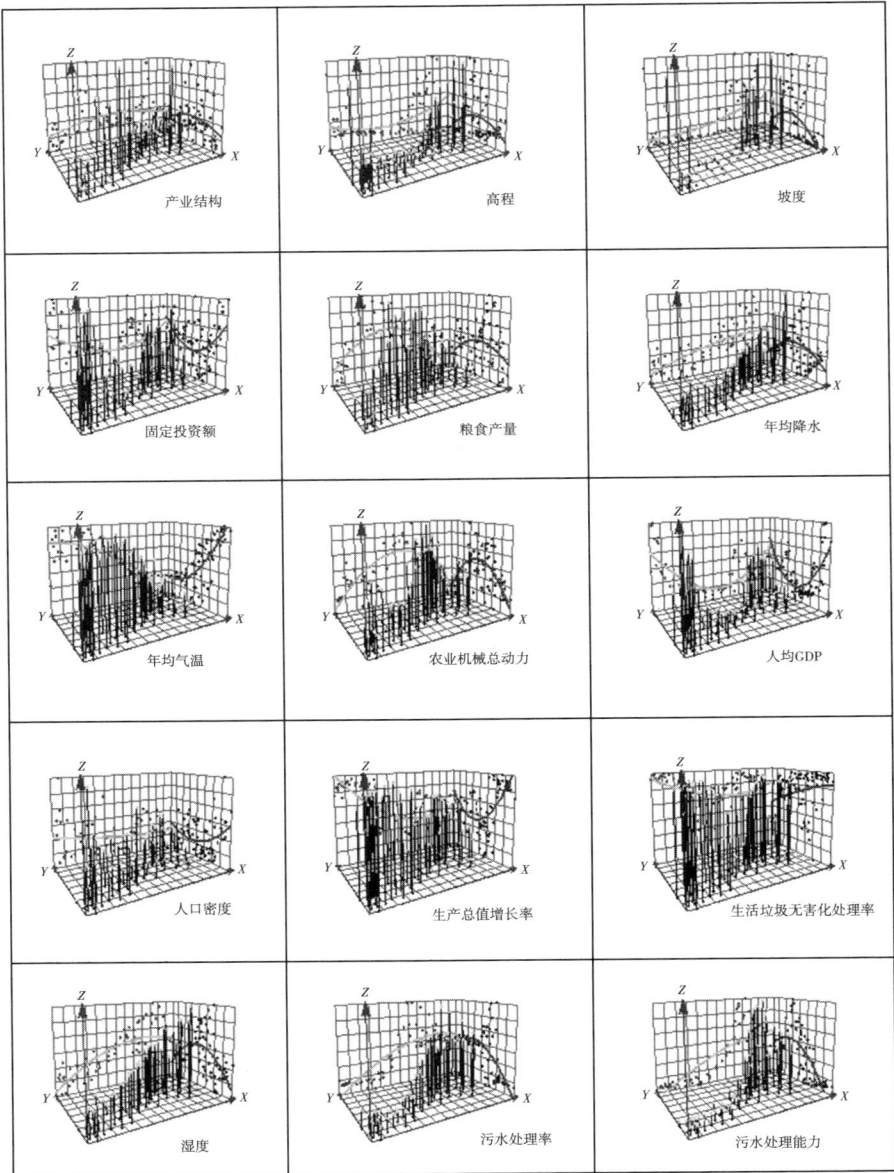

图 5-3 黄河流域下游生态环境影响因素空间趋势分布图

坡度（X4）、高程（X5）、人均 GDP（X6）、粮食产量（X7）、产业结构
（X8）、农业机械总动力（X9）、GDP 增长率（X10）、固定投资额（X11）、
人口密度（X12）、生活垃圾无害化处理（X13）、污水处理率（X14）、排污
处理能力（X15）采用自然断裂点法进行分类，并选取 2001 年、2005 年、
2010 年、2015 年和 2019 年与黄河流域下游地区各县生态环境质量进行探测，
计算各因素对下游地区县域生态环境质量的影响强度（图 5-6）。

表 5-6　黄河下游地区生态环境质量影响因素地理探测结果

指标	2001 年 q statistic	2005 年 q statistic	2010 年 q statistic	2015 年 q statistic	2019 年 q statistic
年均气温（X1）	0.012	0.039	0.018	0.011	0.068
年均降水（X2）	0.073	0.096	0.148	0.050	0.056
湿度（X3）	0.058	0.076	0.200	0.086	0.097
坡度（X4）	0.151	0.137	0.110	0.111	0.116
高程（X5）	0.163	0.133	0.126	0.158	0.161
人均 GDP（X6）	0.009	0.064	0.060	0.148	0.095
粮食产量（X7）	0.067	0.096	0.044	0.246	0.138
产业结构（X8）	0.011	0.054	0.161	0.169	0.083
农业机械总动力（X9）	0.033	0.019	0.054	0.065	0.265
GDP 增长率（X10）	0.058	0.044	0.056	0.053	0.024
固定投资额（X11）	0.032	0.046	0.101	0.127	0.102
人口密度（X12）	0.099	0.016	0.075	0.128	0.099
生活垃圾无害化处理（X13）	0.163	0.066	0.121	0.023	0.066
污水处理率（X14）	0.019	0.057	0.026	0.017	0.059
排污处理能力（X15）	0.144	0.056	0.058	0.036	0.079

各影响因素对黄河流域下游区域生态环境质量的影响效应较为显著，但
不同要素之间的影响强度及其时间变化上存在明显差异。总体上，经济因素
和自然因素是影响黄河流域下游区域生态环境质量的主要因素。具体而言，
①经济因素：从时间变化上看，粮食产量对黄河流域下游生态环境质量的影
响程度逐渐增大，在 2015 年其影响强度达到 0.246；固定投资额对黄河流
域下游生态环境质量的影响程度自 2010 年起开始保持在较高水平，影响强

度在 0.1 左右；GDP 增长率的影响强度也几乎保持在稳定水平，在 0.05 左右；农业机械总动力对黄河流域下游区域生态环境质量的影响强度呈现逐年增长的趋势，其影响强度在 2019 年达到 0.265；产业结构和人均 GDP 对黄河流域下游区域生态环境质量的影响程度均呈现出先增长后下降的态势，在 2015 年达到顶峰，后在 2019 年又出现下降现象。总体来看，在经济因素中，影响强度较高的因素是粮食产量和固定投资额。②社会因素：人口密度对黄河流域下游区域生态环境质量的影响强度呈现出先降低后增加的趋势；生活垃圾无害化处理率对黄河流域下游区域生态环境质量的影响强度在时间变化上呈现波动式变化，2001—2005 年下降，2005—2010 年上升，2010—2015 年再次下降，2015—2019 年又出现小幅上升；污水处理率在时间变化上也呈现出升降交替的变化，但总体影响强度不大，均在 0.1 以下水平；而污水处理能力对黄河流域下游区域生态环境质量的影响强度比污水处理率更大，其在时间变化上呈现出先降低后增加的态势，且在 2001 年时影响强度最大，为 0.144。③自然因素：在自然因素中，各影响因素对黄河流域下游区域生态环境质量的影响强度由大到小依次为高程、坡度、降水、气温。从时间变化上看，高程对生态环境质量的影响强度呈现先减弱后增强的趋势，整体而言，其影响程度表现为小幅减弱，而坡度的影响强度表现为逐年减弱；气温和降水的影响强度相对较小，降水对黄河流域下游区域生态环境质量的影响强度呈现出先增强后减弱的趋势，气温的影响强度则表现为先升后降再升的态势，具有一定的波动性。

（2）地理加权回归结果

地理探测器可以探测出影响因子及因子之间交互作用能够在多大程度上解释黄河下游地区生态环境质量的空间分异，但影响因子对生态环境质量的正负向影响需要进一步研究（表 5-7）。

表 5-7　黄河下游地区生态环境质量影响因素回归

因子	2001 年	2005 年	2010 年	2015 年	2019 年
年均气温（X1）	−0.001 4	−0.001 8	−0.012 3	0.000 7	−0.004 4
年均降水（X2）	−0.007 8	0.001 5	0.001 5	0.002 5	−0.003 8
湿度（X3）	0.007 9	−0.007 0	−0.009 2	−0.002 3	−0.003 1

（续）

因子	2001 年	2005 年	2010 年	2015 年	2019 年
坡度（$X4$）	0.018 5	0.045 9	0.020 9	0.032 1	0.031 3
高程（$X5$）	−0.021 8	−0.038 9	−0.015 3	−0.029 5	−0.034 2
人均 GDP（$X6$）	0.000 9	−0.000 2	−0.000 8	0.012 8	−0.007 1
粮食产量（$X7$）	−0.007 2	−0.001 5	−0.001 2	0.000 0	−0.003 3
产业结构（$X8$）	0.006 4	−0.002 8	−0.011 8	−0.005 2	−0.002 0
农业机械总动力（$X9$）	−0.001 8	−0.023 2	−0.008 4	0.000 0	−0.008 7
GDP 增长率（$X10$）	0.006 9	0.013 1	0.001 4	0.002 2	−0.000 6
固定投资额（$X11$）	0.005 6	−0.006 8	0.005 2	0.012 7	0.007 6
人口密度（$X12$）	0.004 9	0.006 5	−0.007 8	−0.004 8	−0.000 5
生活垃圾无害化处理（$X13$）	0.019 1	0.023 2	0.002 8	0.006 0	0.004 2
污水处理率（$X14$）	0.019 7	0.039 2	0.008 7	0.007 4	0.007 4
排污处理能力（$X15$）	0.009 9	0.014 0	0.016 7	0.012 1	0.004 2

以黄河流域下游县域生态环境质量为因变量，以影响因素为自变量，利用 ArcGIS 10.2 中的 GWR 模型实现空间回归。其中，核类型采用"固定核"方法，模型带宽采用修正的 Akaike 信息准则（AICc），并对模型残差进行空间自相关检验，残差在空间上呈随机分布，说明模型效果较好。

对回归系数进行均值统计，结果显示每一个因素在不同年份的影响效应呈现不均衡的特征，其中高程、坡度、固定投资额、排污处理能力、农业机械总动力的绝对值处于较高水平。整体上，各影响因素每增加或减少一个单位，对生态环境质量的影响力依次为：高程、坡度、农业机械总动力、固定投资额、污水处理率、人均 GDP、年均气温、生活垃圾无害化处理率、排污处理能力、湿度、粮食产量、产业结构、GDP 增长率、人口密度。具体来说，①自然要素中年均气温和湿度、高程的回归系数为负，坡度和降水的回归系数为正。从时间变化上来看，年均气温、降水、湿度的回归系数有所下降，而高程和坡度的影响效果系数显著增强。②经济要素中粮食产量和农业机械总动力与生态环境质量始终保持负向影响，且农业机械总动力的影响程度逐渐提高，反而粮食产量对生态环境质量的影响程度不断减弱。产业结构随时间变化对生态环境质量的影响效应处于波动状态，2001 年的影响系数为正，其后几年的回归系数均转为负向，且影响程度呈现先增强后减弱的趋势。人均GDP和GDP增长率对生态环境质量的影响效果并不明显，且作用方向也并不确定。③社会要素中除人口密度外，其他三种要素对生态环境质量表现为正向影响，而且大多数因素的作用效果随时间有所增强，人口密度最初对生态环境质量存在正向影响，但在2010年，随着人口不断增长，对生态环境质量的压力增强，人口密度对黄河流域下游生态环境质量的负向影响开始表现出来。

5.4.3 黄河流域下游生态环境质量分异机制

通过综合分析得到影响黄河下游区域生态环境质量空间分异的主要自然环境特征要素为高程和坡度，主要经济要素为农业机械总动力和粮食产量，主要社会因素是污水处理率与生活垃圾无害化处理率。

高程作为反映地域地形地貌的重要特征，对黄河流域下游区域生态环境质量产生重要的影响。一般情况下，海拔较高的地方，土壤保水效果较差，容易发生严重的水土流失，不适宜种植农作物。而海拔较低的区域，光热条件较好，农作物生长具有比较优势。与此同时，海拔高度对农业基础设施、道路交通等设施的建设也产生重要影响，海拔较低、地势越平坦越有利于基础设施的建设。而基础设施的建设势必会对当地的生态环境造成无可估量的影响。从黄河流域下游地区的海拔分布趋势可以看出，海拔总体表现出中部高、两端低，区域差异较为明显。黄河流域下游区域大部分为平原，地势平坦，但中部海拔较高、地形较陡的泰山地区的农业生产以及生态治理难度较大。而从时间尺度来看，高程与生态环境之间的相关系数绝对值由2001年的0.021 8逐渐增加到2019年的0.034 2，坡度与生态环境质量之间的相关系数也由2001年的0.018 5逐渐增加到2019年的0.031 3，这表明高程、坡度与黄河下游地区生态环境质量之间的相关性随时间逐渐加强。这很有可能是由于近20年人类活动较为剧烈，且随着城市化的扩张以及技术水平的提升，人类逐渐开始尝试在高地势的区域进行经济活动来满足自身发展的需求，一般情况下，高密集的经济活动势必会对当地的生态环境质量造成一定程度的影响。同时，在经济活动的影响下，海拔高度与生态环境质量之间的关系也愈发显著，表现出海拔高度与生态环境质量之间的正向关系。

粮食产量和农业机械总动力是反映当地经济活动强度的重要指标。黄河下游河道是黄河流域内人与自然相互作用最强烈的区域，在该区域内自然、经济、社会各种因素交织影响、错综复杂。作为粮食主产区，其粮食产量和农业现代化水平很大程度上影响着下游区域经济发展和生态环境质量。黄河下游地区是中国最重要的粮食主产区和生产核心区之一，耕地是研究区内十分重要的土地利用类型，经济和城市化快速发展，农业生产质量对生态系统构成严重威胁。粮食产量以及农业机械总动力与黄河流域下游区域生态环境质量之间呈现显著负向影响，且影响程度逐渐增强。黄河下游农业生态环境本身是比较脆弱的，加之人口压力与经济压力剧增，其生态环境容易遭到来自经济活动强度的巨大冲击。下游生态流量偏低，一些地方河口湿地萎缩，水资源利用较为粗放，水资源开发利用率过高也会对农业生产造成一定威胁，进而破坏本就脆弱的农业生态环境。

污水处理率是确保生态平衡，奠定人类生活与产业发展的生态环境基础。人类的生产、生活都离不开水，但水资源分布不均衡是不争事实，这种现象在黄河流域尤为突出，因此水资源的保护刻不容缓。黄河下游与渤海区域交叠地区，水陆交接带生态脆弱区，土地盐碱量高，生态本底条件较差。由于在产业高速发展前期追求经济效益，容易忽视环保，水资源浪费污染严重，污水处理率较低。农业生产离不开水资源，但水资源利用较为粗放。而污水的有效处理可以提升水资源利用率，缓解当前水资源分布不均衡导致的资源短缺压力，可以实现污水中重金属物质、有毒有机物质元素的提取，降低污水危害程度，减少对周围水域的污染，确保居民用水安全。而且污水有效处理可以改善当地环境问题，使得区域建设和发展更具有环保性。处理后的污水用于农田灌溉和工业生产，进而可以实现水资源价值的最大化，推动社会的持续稳定发展。对于黄河流域下游地区污水处理率呈现中部高、两端低的空间分布格局，这可能是由于下游东北部黄河入海口水资源含沙量大，污水处理难度大。此外，农业结构不合理，化肥、农药使用量偏多，农业面源污染突出，也为污水处理增加了难度。从时间维度来看，污水处理率与生态环境之间的影响强度最大达到 0.039 2，这也体现了近年来污水处理的急迫性以及对当地生态环境的重要性。这也表明了黄河流域下游地区在污水处理方面还有很长的路要走，应充分意识到污水处理的迫切性和区域协调性，注重长远政策制度的前瞻性、当下措施办法的可行性，以求经济发展与生态环境保护实现双赢。

5.5 本章小结

（1）黄河流域上游生态环境驱动因素

在自然因素方面，年均气温呈现西南方向到东北方向先递增后递减的分布特征，但东北方向依旧显著高于西南方向；年均降水和湿度空间异质性显著，均表现为由西南向东北方向递减的空间分布趋势；而黄河流域上游地区的坡度和高程也存在明显空间分布差异，西部地区的坡度和高程要明显高于东部地区的高程。在经济因素方面，黄河上游中部地区的人均 GDP 要显著高于西南和西北部地区，整体上与上游地区的产业结构分布一致，也说明了产业结构对 GDP 产生了极大影响；粮食产量和农业机械总动力的空间布局空间异质性显著，均表现为由西南向东北方向递增的空间分布趋势；虽然县域固定投资额在地理上也表现为由西南向东北的递增趋势，但是越接近东北，这种趋势并不明显，即对于黄河上游地区的中部和东部固定投资额本质上差异较小；而 GDP 增长率的分布布局与其他经济因素存在较大地理分布差异，表现为由西南向东北递减的趋势，这也说明了黄河流域上游地区存在较大经济发展潜力。在社会因素方面，人口密度、生活垃圾无害化处理率以及排污处理能力空间异质性显著，均表现为西南向东北递增的分布趋势；而污水处理率表现为中部地区要高于东部和西部地区的分布格局。

地理探测器结果表明：自然要素中的年均降水和湿度对生态环境质量的解释作用最强，其次是高程、年均气温和坡度；主要经济驱动因素在近 20 年发生了明显的变化，由固定投资额逐渐转变为产业结构；社会因素中生活垃圾无害化处理率和人口密度是生态环境质量的主要制约因素。通过综合分析得到影响黄河上游地区生态环境质量空间分异的主要自然环境特征要素为海拔高度，主要经济要素为人均 GDP，主要社会因素是污水处理率与生活垃圾无害化处理率。

（2）黄河流域中游生态环境驱动因素

从自然因素角度来看，年均气温表现为从西南向东北方向递增的分布特征；年均降水和湿度空间异质性显著，均表现为从东北向西南方向递增的空间分布特征；而黄河流域中游地区的坡度和高程也存在明显空间分布差异，西部地区的坡度和高程要高于东部地区的坡度和高程；从经济因素方面来看，黄河中游中部地区人均 GDP 向四周方向递增；粮食产量和农业机械总动力的空间布局有一定差异，但差异较小；县域固定投资额西部高于东部；而 GDP 增长率的空间趋势差异明显，呈现出南北方向上北高南低，东西方向上东西高，中部低，但差异较小；从社会因素角度来看，人口密度、污水处理率以及污水处理能力空间异质性显著，均表现为东西方向上中部高、东西低，南北方向上中部低、南北高；而生活垃圾无害化处理率基本呈现出西北向东南方向递增的分布特征。

自然要素中湿度、坡度和高程对生态环境质量的解释作用较强。经济要素中人均 GDP 在时间维度中呈现波动减少的趋势，下降了 1.5 个百分点；粮食产量对生态环境质量的影响强度呈现增强趋势，增长了 1.5 个百分点；对于产业结构而言，其对中游生态环境质量的影响强度先减少后上升，影响强度总体减少了 2.4 个百分点；农业机械总动力影响强度总体呈增强趋势；GDP 增长率对生态环境质量的作用强度减弱了 6.6 个百分点；固定投资额对生态环境质量的影响强度在逐渐减弱，下降了 3.4 个百分点。社会因素中人口密度是生态环境质量的主要制约因素，对生态环境质量的影响程度增加了 5.1 个百分点；生活垃圾无害化处理率对正态环境质量的影响呈增强趋势，上升了 2.6 个百分点；污水处理率的影响强度处于相对较大的波动之中，总体上无明显的增强或减弱的趋势；对于排污能力而言，影响强度呈上升趋势，由 2001 年的 0.039 增加到 2019 年的 0.088，整体上升了 4.9 个百分点。

通过综合分析得出，影响黄河流域中游地区生态环境质量空间分异的主要自然因素为年均降水、湿度和坡度，主要经济因素为产业结构、农业机械总动力（两极分化）和人均 GDP，主要社会因素为人口密度。

（3）黄河流域下游生态环境驱动因素

产业结构呈现出南北方向上北部高、南部低，东西方向上东部高、中西部低的分布特征；高程和坡度的空间异质性显著，均呈现出东西方向上由西向东递增，南北方向上中部高、南北低的分布特征。固定投资额的分布呈现出东北和西南高，中部较低的分布特征，而粮食产量则呈现出中部较高，由中部分别向东北和西南方向递减的趋势。年均降水在空间分布上呈现出由西南向东北递增的趋势，而年均气温则与之相反，呈现出从西南向东北逐渐递减的趋势。农业机械总动力在南北和东西方向上均呈现出中间高、两端低的分布特征，而人均 GDP 的空间分布特征在南北和东西方向上则均呈现出中间低、两端高的趋势。人口密度的空间分布特征与人均 GDP 相类似，在南北上呈现中间低、两端高的特征，在东西方向上差异不大。GDP 增长率和生活垃圾无害化处理率在总体上空间分布差异较小。湿度、污水处理率和污水处理能力在空间分布上均呈现出明显的空间趋势差异，均呈现出从西南向东北逐渐递增的趋势，在南北上表现出中间高、两端低的特征。

经济因素中粮食产量对黄河流域下游生态环境质量的影响程度逐渐增大，固定投资额对黄河流域下游生态环境质量的影响程度自 2010 年起开始保持在较高水平，GDP 增长率的影响强度也几乎保持在稳定水平，农业机械总动力对黄河流域下游区域生态环境质量的影响强度呈现逐年增长的趋势，产业结构和人均 GDP 对黄河流域下游区域生态环境质量的影响程度均呈现出先增长后下降的态势，总的来看，在经济因素中，影响强度较高的因素是粮食产量和固定投资额。社会因素中人口密度对黄河流域下游区域生态环境质量的影响强度呈现出先降低后增加的趋势，生活垃圾无害化处理率对黄河流域下游区域生态环境质量的影响强度在时间变化上呈现波动式变化，污水处理率在时间变化上也呈现出升降交替的变化，但总体影响强度不大；而污水处理能力对黄河流域下游区域生态环境质量的影响强度比污水处理率更大，其在时间变化上呈现出先降低后增加的态势。在自然因素中，各影响因素对黄河流域下游区域生态环境质量的影响强度由大到小依次为高程、坡度、降水、气温。

通过综合分析得到影响黄河下游区域生态环境质量空间分异的主要自然环境特征要素为高程和坡度，主要经济要素为农业机械总动力和粮食产量，主要社会因素是污水处理率与生活垃圾无害化处理率。

6 国外生态环境保护经验及启示

保护生态环境、应对气候变化、维护能源资源安全是全球共同的奋斗目标，我国作为国际社会的一名成员，致力于保护生态环境，要学习其他国家有益经验。基于此，本章梳理了国外生态环境保护的经济激励政策、国外生态环境保护管理体制和国外生态环境保护的主要措施，以期总结出对我国生态环境保护有益的启示。

6.1 国外生态环境保护的经济激励政策

随着环境保护工作的不断推进和深入，从 20 世纪 80 年代后期开始，许多国家，比如美国和欧洲的一些国家开始重视经济激励政策（economic incentives）在环境保护和污染控制中的作用。相对于传统的命令控制（command and control）型管理政策，基于市场的经济激励型环境保护政策有很多优点，比如减排成本低、对污染减排技术创新的激励作用更强等。目前，各国应用最广泛的环境经济激励政策主要有环境税、排污收费、环境责任保险、排污权交易、补贴、绿色信贷等。根据庇古理论和科斯理论，这些激励政策大致可分为三类：税费类、交易类和其他类。

6.1.1 税费类激励政策

（1）环境税

环境税（environmental tax）是向对环境有负面影响的实体征收的一种

172

税。环境税是将外部成本内部化的重要手段，是以"污染者付费原则"为理论基础的环境经济措施。从国外环境税的具体应用来看，大体经历了三个阶段：①20世纪70年代到80年代初：这个时期环境税主要体现为补偿成本的收费，要求排污者承担监控排污行为的成本，种类主要包括用户费、特定用途收费等，尚不属典型的环境税，只能说是环境税的雏形。②20世纪80—90年代中期：这个时期的环境税种类日益增多，如排污税、产品税、能源税、二氧化碳税和二氧化硫税等纷纷出现。在功能上综合考虑了引导和财政功能。③20世纪90年代中期至今：这个时期是环境税迅速发展的时期，为了实施可持续发展战略，各国纷纷推行利于环保的财政、税收政策，许多国家还进行了综合的环境税制改革。

通过征收环境税可以激励污染者减少排放，减少能源和资源消耗，并促进外部成本内部化。总体来说，环境税费的一体化进程也在不断加快，但由于各国国情、社会经济发展水平、面临的环境问题不同，环境保护政策以及反映环境管理思路的具体税费结构存在很大差别。欧盟开展的环境税统计包括能源、交通、污染和资源四个方面。2014年欧盟28国的环境税共约3 436亿欧元，占到GDP的2.5%及所有税收和社会捐赠的6.3%，其中，能源税（对煤炭、石油产品、天然气和电力征收的税）约占76.5%，交通税占到19.9%，污染和资源税仅占3.6%。瑞典是较早征收环境税的国家，其环境税的规模较大，种类也较多，包括一般能源税、二氧化碳税、硫税、杀虫剂税和垃圾税等。对推动瑞典能源消费转型和环境保护发挥了重大作用。自20世纪70年代初至今，英国环境税经历了由零散、个别环保税种的开征，到逐渐形成较为完善的环境税收体系，包括气候变化税、机场旅客税、车辆消费税、购房出租环保税、垃圾（填埋）税、石方税等。法国环保税的税种主要包括二氧化硫税、氮氧化物税、水污染税、水资源税、废物垃圾税、轮胎税、润滑油税、汽车税、地方设备税、伐木税以及犬税等。此外，德国的有毒废物税、荷兰的水污染税等也是环境税征收方面的成功案例。20世纪90年代以前，日本的环境税收制度主要体现在汽车燃料税等针对能源产品的税种以及污染物排放收费等措施上。20世纪90年代后，日本政府逐步加大了税收政策对环境保护的支持力度。总体而言，日本环境税收政策大致分为两大类：一是以燃料、汽车、废弃物为课税对象的税种；二是与污染防治设备和废弃物处理设备相关的税收措施。

①气候变化税。2000年，英国制订了应对气候变化计划，其核心是征收气候变化税，于次年实施。为促进企业提高能效和保护企业竞争力，英国政府在出台气候变化税的同时，制定了其他一些配套措施，形成了气候变化税一揽子方案。这些措施包括：气候变化协议、提高投资补贴方案、碳信托、鼓励可再生能源等。实施气候变化税的目的是鼓励企业减少能源消耗或者选择可再生能源。目前，根据能源类型制定的英国气候变化税税率标准见表6-1，基于碳价的气候变化税税率见表6-2。此外，英国还制定了减免气候变化税的政策，如果企业满足污染防治相关法规要求或属于能源密集型行业，则与能源和气候变化部签订气候变化协议，制定能效或减碳目标，减免部分气候变化税。持有气候变化协议的企业可以按照表6-3的比例减免气候变化税。

表6-1　英国气候变化税税率标准（根据能源类型制定）

应税商品	2016财年	2017财年	2018财年	2019财年
电力（英镑/千瓦时）	0.005 59	0.005 68	0.005 83	0.008 47
天然气（英镑/千瓦时）	0.001 95	0.001 98	0.002 03	0.003 39
液化石油气（英镑/千瓦时）	0.012 51	0.012 72	0.013 04	0.021 75
其他（英镑/千克）	0.015 26	0.015 51	0.015 91	0.026 53

表6-2　基于碳价的气候变化税税率

	天然气 （英镑/千瓦时）	液化石油气 （英镑/千克）	煤和其他固体化石燃料 （英镑/吉焦总热值）
2015财年	0.003 34	0.503 07	1.568 60
2016—2018财年	0.003 31	0.052 80	1.547 90

表6-3　减免气候变化税

应税商品	2016财年	2017财年	2018财年	2019财年
电力（英镑/千瓦时）	90%	90%	90%	93%
天然气（英镑/千瓦时）	65%	65%	65%	78%
液化石油气（英镑/千克）	65%	65%	65%	78%
其他（英镑/千克）	65%	65%	65%	78%

②垃圾（填埋）税（landfill tax）。英国于 1996 年 10 月 1 日开始征收垃圾（填埋）税。通过征收垃圾（填埋）税，可以达到《填埋指令》对可生物降解废物的要求。通过提高填埋成本，使其他成本较高的高级废物处理技术更加具有吸引力。垃圾（填埋）税根据处置废物的重量和是否为惰性废物（inactive waste）进行核定。混凝土、砖、玻璃、土壤、黏土和碎石等属于惰性废物，而木头、管道和塑料等属于活性废物（active waste）。垃圾（填埋）税的征税对象为垃圾填埋场运营者。垃圾填埋场将支付的垃圾（填埋）税转移到企业和地方理事会需要支付的垃圾填埋费中。英国的垃圾（填埋）税在逐年提高，自最初的 2～7 英镑/吨，提高到最高 80 英镑/吨以上。2017 财年，惰性和活性废物的垃圾（填埋）税税率分别为 2.7 英镑/吨和 86.1 英镑/吨。

各国的环境税有共同的特点：其一，根据"污染者付费"原则，结合环境税税种的特点来确定纳税人。其二，在征税对象的选择上针对性强，且征收范围广、种类多。各国的环境税都是对环境产生较大危害的污染物征税，主要包括能源税、交通税、废弃物处置税和水污染税 4 类，但具体到征税对象的选择上，又涉及环境保护的多个层面。其三，采取比较灵活的计税方法。对于能源税、废弃物处置税以及水污染税主要采用从量定额或从量定率的方法，而车辆税及航空旅客税则结合地区特点采取不同的计税方法。其四，税率的选择注重对污染行为的调节作用。在税率的选择上，一方面，各国依据本国国情、环境状况及经济水平来确定相应的环境税税率；另一方面，各国在制定税率时更注重税率对纳税人生产和消费行为的调节，多采取差别税率并逐步提高税率的形式来实现环境保护的目的。

（2）排污收费

排污收费是指向环境排放污染物的污染者按其排放污染物的质量和数量征收费用。排污收费被多个国家用作控制污染的经济手段。较早实施排污收费并具有代表性的国家是法国和德国。法国在全国六大流域分别建立流域委员会和流域水管局，1969 年六个流域局开始在全国范围内征收排污费。法国最早是根据悬浮物的重量和有机物的重量征收，这是因为这两种污染物相对容易监测和控制。后来排污费扩展到了盐分（1973 年）、毒性（1974 年）、氮和磷（1982 年）、卤代烃、有毒物质和其他金属（1992 年）。目前，收费覆盖的污染物范围很广，包括悬浮物、BOD、COD、有毒物质、磷、硝酸盐和几种重金属。六个流域局每年收缴的排污费达 11 亿欧元。排污费根据排放污染物的种类、排污者的活动水平进行估算。流域管理局和排污者可以请求实地测算，测算成本由提出请求一方负担。排污费被专门用于推动水管理活动，投资形式有赠款和补贴贷款。因此，收缴所得的排污费几乎全部被分配给工业企业和市政当局，用于减少污染。投资多以补贴的形式开展，可占到建设支出的 30%～50%。

法国排污费的主要作用是资金募集，主要目的是用来填补地方水管理组织机构的费用。法国排污费的征收水平以流域机构的资金需求为依据，而不是以排污应承担的环境成本为依据；排污费的再分配以投资成本为依据，而不是以污染情况为依据。研究发现，因法国排污费的收费水平低，所以对排污者的行为影响不显著。如果不能对排污者的行为产生影响，就不能发挥节约成本和激励创新的作用。

20 世纪 70 年代，为了弥补直接规制政策在实施方面的欠缺，德国引入了排污费制度。根据德国 1976 年《联邦废水收费法》（2005 年进行了最近一次修订）和联邦各州补充规定，向水体排放废水必须缴纳排污费，以激励排污者减少废水排放。

德国各州自 1981 年开始征收排污费。虽然各州负责排污费的征收，但是排污费的计算规则、征收数量和受损单元参数均由联邦制定，各州没有制定排污费标准的自由权。德国对点源征收的排污费以"单位有毒物质"计。单位有毒物质根据污染物的种类和量进行核定，以反映实际的处理成本。对于雨水和居民向污水系统的排放采用单独的评价方法。根据《联邦废水收费法》的要求，为了回收成本，环境和资源成本必须内部化，单位有毒物质的收费标准自 1981 年已上调了 9 次，目前为 35.79 欧元/单位有毒物质。废水排污费只能用于维持和改善水质。

德国的污水排污费按照各州发放的许可证进行征收，无许可证或者许可证没有设定排放限值的按照其公告的排放量征收。如果超过限值排放，要提高排污费征收水平。排污情况监测由排污者自行开展，管理部门负责随机的现场检查。尽管如此，如果排污者提前声明其至少 3 个月的排污量将低于许可证规定限值的 20％，则可按照预计的排污量降低排污费的征收水平。如果排污者采用了最佳可行技术控制危险污染物和一般商定的技术标准控制非危险污染物，则每单位的有毒物质排污费可降低 75％。

虽然荷兰的排污收费是为了募集资金，但是对促进污染物减排发挥了重要作用。荷兰的排污费制度是根据 1970 年的《地表水污染法》制定的。对于向联邦水体的排放，排污费由联邦政府负责征收；对于向区域水体和污水系统的排放，由区域水管理部门负责征收，区域水管理部门也负责污水处理设施的建设和运营。各地的收费标准随着区域的废水处理成本的变化而变化。监测由排污者负责，政府部门负责随机的检查。

荷兰的污水排污费可以涵盖污水处理厂几乎所有的建设和运营成本。收费标准也和德国类似，以单位污染物计。荷兰将排污者分为三类，包括：①对于每日污染物排放量少于 5 个排污单位的家庭和商业排污者，通常按 3 个排污单位计，这类排污者占收费总额的 65％。②对于有机污染物排放量在每日 5～1 000 个排污单位的排污者，收费水平根据工业用水量和原材料使用量计算。如果企业认为其被超额收费，可以自行采样和测定，并据此缴纳排污费。这部分排污费约占征收总额的 15％。③对于每日有机污染物排放量大于 1 000 个排污单位或重金属排放量大于 10 个排污单位的工厂和市政污水处理厂，根据实际排放量核算和征收。向区域水体排放污染物的市政污水处理厂不缴纳排污费，向联邦水体排放污染物的市政污水处理厂缴纳部分排污费。这部分排污费约占排污费总额的 20％。

在美国，排污费不作为主要的环境经济手段。美国《清洁空气法》（1990 年）要求在 VOCs 不达标地区征收 VOCs 排污费。美国对水污染物排放许可证和大气污染物排放许可证都征收许可证费（permit fee），主要是为了补贴政府的管理费用。

纽约州对排污许可证不征收申请费，纽约州环保局根据排污设施的类型、授权情况和排放量对许可证所有者征收年度环境管理项目费（annual environmental regulatory program fees）。根据纽约州《环境保护法》第七十二条，纽约州对一般许可证和个体许可证分别制定了许可证收费标准。

（3）环境责任保险

环境责任保险是以被保险人因污染环境而应当承担的环境赔偿或治理责任为标的的责任保险。环境责任保险制度主要起源于工业化国家，20世纪60—70年代，随着西方工业化进程的加快，环境责任理论随着公民的环境权理论应运而生，强制性环境责任保险制度得到了发展。迄今为止，主要发达国家的环境责任保险制度已经进入较为成熟的阶段，并成为这些国家通过社会化途径解决环境损害赔偿责任问题的主要方式之一。目前，从全球范围来看，环境责任保险模式主要分为三种，其中包括以法国为代表的任意性责任保险、以美国为代表的强制性责任保险以及以德国为代表的综合性责任保险，其中综合性责任保险即为任意性保险与强制性保险兼存的情况。

一国环境责任保险制度的发展跟该国相关法律法规的发展息息相关。从20世纪60年代起，美国就开始针对有毒物质和废弃物处理推行环境责任保险，其中《清洁水法》也明确规定了进入美国的船必须投保责任险，防止造成水域污染；1976年颁布的《资源保护和赔偿法》中规定有害物质经营许可证持有者须提供经济赔偿能力证明；1988年美国还成立了专门的环境保护保险公司，负责环境责任保险事宜。环境责任保险在美国的发展经历了三个阶段：从保险公司的保单条款设置来看，1966年以前，事故型公众责任保险单承保环境责任；1966—1973年，公众责任保险单开始承保因为持续或渐进的污染所引起的环境责任；但1973年后，公众责任保险单将故意造成的环境污染以及渐进的污染引发的环境责任排除在保险责任范围之外。

欧洲等国家也从法律层面上规定了企业需要实施环境责任保险制度，例如德国1990年通过了《环境责任法》，该法要求全部的工商企业都要购买环境责任保险，并且开始全面实施强制性的环境损害责任保险制度，采用强制责任保险与财务保险配合的模式。2002年欧盟也达成了有关环境责任保险的共识，欧盟成员国可以自由地选择财政安全措施，但尚未强制要求企业就环境责任保险进行投保。在2007年德国又推出了环境治理保险，丰富了环境保险的内容，提高了社会关于环境的保障程度。两种保险各有特色，相互补充，共存与发展。

法国环境责任保险制度则采取强制保险和资源保险相结合的方式，除了法律规定的将油污损害责任设为强制责任保险范围外，企业还可以根据自身情况自愿选择是否参加环境责任保险。此种模式的优点在于不会造成业主的经济措施与意愿相错，危害公权力的行使。

6.1.2 交易类激励政策

排污权交易（emissions trading）制度是指在污染物排放总量控制指标确定的条件下，利用市场机制，通过污染者之间交易排污权，实现低成本治理污染的制度。排污权交易是利用市场力量实现环境保护目标和优化环境容量资源配置的一种环境经济政策。比如，对一个工厂来说，减排可能需要很高的成本，而对于另外一个工厂成本可能就会很低，此时，通过在这两个工厂间开展排污权交易既可以达到减排目标又可以节约减排成本。

排污权交易制度的发源地在美国，德国、加拿大和荷兰等国家也有尝试。美国的排污权交易有两种不同的形式：一种是基于总量的排污权交易模式（cap‐and‐trade systems），另一种是基于信用的排污权交易模式（credit systems）。基于总量的排污权交易以特定的环境结果为目标，通过设定排放污染物的交易限额，降低减排成本。基于总量的排污权交易模式是，现有污染源通过购买或无偿分配的方式获得未来排放限额。基于信用的排污权交易不设定污染物排放总量上限，排污单位通过实施减排措施，将低于许可证允许的排放量作为"信用"出售。"信用"通过减少污染物排放获得。基于信用的排污权交易的优点之一就是允许开展环境保护的同时也发展经济，且可能带来排放总量的增加。总之，两种排污权交易均是在降低边际污染物控制成本的情况下进行的。两个熟知的基于总量控制的排污权交易就是美国环保局管理的酸雨交易项目和南加州的区域清洁空气激励市场。

在美国，排污权交易分别在水和大气领域开展。相对于水污染控制领域的排污权交易，大气领域的排污权交易在污染控制和环境管理中发挥了更突出的作用。由于实施了排污权交易，1995—1999 年，美国的酸雨项目的减排效果超出了最初的预期，实际减排成本不到预期成本的 1/2。

自 20 世纪 80 年代开始，美国的空气质量管理者开始探索采用基于市场的手段控制污染。当时，从命令控制型政策转向基于市场的污染控制手段，主要是因为基于市场的控制手段可以降低减排的边际成本，起到激励创新的作用。

20 世纪 80 年代实施的减排信用项目（emission‐reduction credit program）是美国第一个排污交易项目。该项目有四个特点：①补偿（offsets），未达到《国家环境空气质量标准》地区的新建污染源必须从现有的污染源购买"信用"，通常现有污染源的减排量是新建污染源的 1.3 倍或者更多；②气泡（bubbles），即某一地区几个设施的平均排放率，该政策在 1977 年《清洁空气法》修正案中获得法律认可，允许同一地区内的多个污染源被视为一个气泡，只要在总量上不超过政策限制，就可以自由分配气泡内各设施的污染物排放量；③净得（netting），现有污染源可以用减排信用抵消扩建所产生的污染物排放增量；④储存（banking），指跨期交易，存储的减排信用随着工厂的关闭而消失。第一代减排信用项目节约了 100 亿美元的成本。减排信用项目存在交易成本高的问题；州的管理者也动摇了实施项目的承诺；相关方参与减排的积极性也逐渐减弱。最终，减排信用项目促进了环境质量的改善。

1973 年，美国环保局发布了一项研究成果，证实汽车尾气排放中的铅对公众健康有直接的威胁。同年底，美国环保局公布了逐渐降低汽油中铅的最终规定。为推动无铅汽油相关标准的落实，1983—1986 年，在炼油厂之间实施了以季度为基础的"炼油厂平均项目"（inter refinery averaging program）。存储的季度减排信用可以作为平均允许铅含量。与淘汰铅相关的约一半的炼油厂参与了该项目，节约了约 20％的项目成本，同时促进了技术的升级和进步。数据显示，1970—1996 年，全美铅年排放量减少了 21.7万吨，下降了约 98.25％；来自交通运输领域的铅年排放量减少了 18.1 万吨，下降了约 99.69％。1996 年，美国环保局完成了 25 年从汽油中去除铅的工作目标。从 1996 年 1 月 1 日起，禁止向汽油中加入铅。目前，铅污染主要来自点源排放。

为了推动《蒙特利尔协定》的执行，1986—1991 年，美国 34 家厂商参与了含氯氟烃生产和消费许可证交易市场，共开展了 80 次交易。

20 世纪 70 年代后期，酸雨逐渐成为美国重要的环境问题。在受酸雨影响严重的东北部地区和加拿大政府的推动下，酸雨影响方面的相关科学研究成果开始出现。1990 年颁布的《清洁空气法修正案》中 Title Ⅳ 规定了针对发电机组的 SO 和 NO 排放总量的要求，这一要求是世界历史上第一个大规模的总量控制和排放交易制度。1990 年《清洁空气法修正案》酸雨项目设定：自 2000 年开始，全美电厂的 SO 排放量不能超过 890 万吨/年。国会授权美国环保局向相关电厂分配年度排放限值，对于每个设施的排放限值按照其历史能源消耗量进行估算。为了方便管理，污染源需要安装连续排放检测设备，并每季度向美国环保局报告排放情况。美国环保局负责管理排放限值跟踪系统并保证按照项目要求执行。如果违反规定，将处以 2 000 美元/吨的罚款，并要求下一年度进行相应的额外减排。SO 排放交易项目有力地推动了固定源 SO 的减排，相较于基于技术的控制战略节约了大量减排成本。

2004 年，美国环保局确认东部 28 个州和哥伦比亚特区对下风向各州 PM 不达标有显著贡献。2005 年，美国环保局颁布了《州际清洁空气条例》（以下简称 CAIR），该条例主要解决电厂跨区域的污染问题。条例要求上风向各州控制 NO（臭氧和 PM 的前体）和 SO（PM 的前体）的排放，并提出这两种污染物减少 70% 的目标。CAIR 的实施主要利用限量和依靠基于市场的排放权交易实现目标污染物（NO 和 SO）的减排。因此，美国环保局建立了以市场为基础的总量控制与排放交易 CAIR 计划，以实现州际大型固定污染源的 NO 和 SO 的减排目标。

2011 年 7 月，美国环保局完成了《跨州空气污染条例》（以下简称 CSAPR）的制定，用以代替 CAIR。CASPR 要求东部 27 个州减少电厂 SO 和 NO 的排放量，帮助下风向各州降低 PM 污染水平。2015 年，CSAPR 的 NO、臭氧季交易计划和 SO、NO 年度交易计划开始实施。

美国在空气污染控制领域还实施了其他多个交易项目，包括加州南海岸空气质量管理区实施的以 NO 交易为主的区域清洁空气管理项目（Regional Clean Air Management Program）、东北部臭氧传输区域 NO 预算交易项目等。此外，根据《清洁水法》，美国环保局还推动了水质交易（Water Quality Trading）。

2001 年，美国环保局对美国环境保护相关的经济激励政策经验进行了梳理和分析。报告认为，排污权交易系统正常运行必须满足以下条件：一是必须有几个潜在的参与者（限额的卖家和买家，或污染减排信用），从而使市场可以运行；具体需要多少个潜在参与者可以使市场运行很难确定，但是模拟实验建议 8～10 个参与者。二是如果污染源的地理位置很分散，需要确保特别地区的环境质量不恶化。三是污染控制部门必须有非常好的监测污染物排放的能力。用于交易的商品需要在交易区域内有一致或接近一致的影响。四是用于交易的商品必须可定量。建立排放基准，对信用或限额进行定量的过程需要高质量的历史数据。交易成本（transaction costs）无论是对选择公司内部交易还是选择对公司间交易的影响都很大。研究发现，公司倾向于内部交易，即使外部交易可以节约更多的成本。

2009 年，世界资源研究所对全球 57 个水污染物排污权交易项目进行了分析研究，其中包括 26 个正在实施的项目、21 个计划中的项目以及 10 个被终止或完成试点后无后续计划的项目。通过分析，识别出水污染物排污权项目成功实施的五个关键因素，包括：有力的监管以及（或）非监管驱动力可以帮助形成对水质信用的需求；通过交易方式可以最大限度地减少被监管主体在实现监管目标过程中的潜在责任风险；制定合理、一致和标准化的非点源估算方法；标准化的工具、公开透明的流程和网上注册可以最大限度地降低交易成本；地方和州利益相关方的理解和支持也很重要。

在德国，排污权交易采取"总量控制与交易"模式，这是一种在政府主导下的排放许可证交易，环保部门根据减少污染物控制计划的需要，确定某个地区或行业的污染物排放总量，以排污许可证的形式发给各个污染源。这些排污许可证可用于交易，环保部门不再对各个污染源确定排放标准，是否用于交易由污染源自行决定，只要它保证能在排污检查时，其所持有的排放许可证的数量不低于该污染源本期所排放的污染量即可。

6.1.3 其他经济激励政策

补贴类经济激励政策可以起到环境保护的作用，也能起到损害环境的作用。比如，对于农产品的补贴可能导致农药和化肥的过量使用，能源价格的降低可能导致化石燃料消费量的增加和空气污染。本章仅讨论支持环境保护和污染减排对环境产生的正外部性补贴。支持污染减排的补贴政策有很多种，各级政府常用的补贴政策包括赠款、低息贷款、税收优惠和低环境风险产品优惠采购政策等。美国在环境管理中运用了多种补贴政策，各类补贴政策多用来支持私营部门开展污染预防和控制活动、工业污染场地的清理、农业用地保护、废弃物管理、替代汽车燃料、清洁汽车和市政污水处理等。

在水污染领域曾主要通过联邦无偿赠款的形式支持地方污水处理厂的建设，鉴于赠款对市政当局激励不足和存在资金浪费等弊端，1987年的《清洁水法》规定从1991年开始联邦不再通过赠款形式支持地方污水处理厂的建设，而是通过设立清洁水州周转基金和提供低息贷款的方式支持污水处理厂建设、非点源污染控制和河口保护项目。自设立以来，清洁水州周转基金一直保持良好的运营状况。

为了推动农业领域的环境保护，美国农业部设立了环境质量激励项目。该项目是一个自愿参与的项目，通过合同形式为农产品生产者提供财政和技术援助，最长可达10年。援助包括帮助规划和实施与自然资源保护相关的实践项目，以改善、保护农业用地以及非工业私人森林上的土壤、水、作物、动物、空气和相关资源。环境质量激励项目也帮助农产品生产者履行联邦、州、部落和地方的环境规章。2009—2014年，环境质量激励项目的补贴资金均在10亿美元/年以上。该项目下的三种补贴方式包括：①技术援助是指美国农业部自然保护局的工作人员向农产品生产者、土地所有者和社区提供的科学建议、自然资源数据、工具和技术，帮助制订保护计划和实施保护实践，以解决农田、运营、较大景观的自然资源问题；②财政援助是指通过合同形式向项目参与者支付资金，帮助实施保护实践；③补助金是指来自自然资源保护局以外的资金或其他联邦机构的转移支付，可用于提供技术或财政援助。

日本的绿色消费与采购促进政策主要通过对消费端进行补贴，促进绿色转型和污染减排，包括绿色汽车购买补贴制度、太阳能发电剩余电力收购制度、绿色住宅生态返点制度和政府绿色采购制度等。2015年，为了方便评估补贴政策对环境保护的作用，欧盟统计局发布了《环境补贴和转移支付指南》。

6.2 国外生态环境保护管理体制

生态环境保护管理体制是指国家有关环境管理机构设置、行政隶属关系和管理权限划分等方面的组织体系和制度，具体规定了中央、地方、部门、企业在环境保护方面的管理范围、权限职责、利益及相互关系，核心部分是关于管理机构的设置、各管理机构的职权分配以及各机构之间的相互协调等问题。环境管理体制直接影响管理的效率和效能，在整个环境管理中起着决定性的作用。

不论是环境保护政策还是环境保护管理体制都受国家政治经济体制、市场机制和社会文化背景等的影响，而且总是为国家政权服务。各国的政治、经济、文化各异，所以环境保护政策、环境保护管理体制的机构结构和运作机制也不尽相同，但是通过分析可以发现，发达国家的环境保护机构建设和运行机构具有相同的发展趋势。

6.2.1 生态环境保护管理机制

国外对环境保护机构的设置遵循综合决策的原则，即实施综合管理的环境保护管理体制。可行的环境与发展综合决策实施机制是实现可持续发展的"具体落实途径"。国外环境保护机构落实这种环境与发展综合决策的具体表现是提高环境保护机构的地位，增强其职能以及建立各种环境保护协调机制等。

（1）生态环境保护管理体制的分类

20 世纪 70 年代以来，发达国家为了有效地控制和解决环境问题，努力探索环境管理方面的最佳模式。生态环境保护管理体制与各国的社会发展状况、政治经济制度和历史文化传统等具有相当密切的关系，为此各国在环境保护管理体制的设置上也有所不同。目前在世界范围内主要形成了以下几种体制。

①大部门制的管理体制。国家设立专门的生态环境管理机构，独立行使生态环境管理职能，实行"大部门制"。采用这种管理体制的国家包括俄罗

斯、法国、巴西等。俄罗斯经过几次部门调整，对所有自然资源与环境保护一并实行集中管理，2008 年以来更名为自然资源与生态部，在其内部分别设地质矿产、水资源、狩猎与动物等政策调节机构以及自然资源利用监督局等。法国将保护各种自然资源的职能集中在环境部（目前的名称为"生态、可持续发展、交通和住房部"），而将能源及其他矿产、地产、耕地等资源利用管理分别放在经济-财产与工业部、地方平等和住房部、农业-食品-渔业-农村事务及土地整理部。巴西环境部负责制定国家环境和水资源政策，生态系统、生物多样性和森林保护、保育以及可持续利用的政策，提出改善环境质量与自然资源可持续利用的战略、机制及经济和社会手段；制定环境和生产一体化的政策、亚马孙河流域法制化管理的环境政策和计划、生态和经济国土开发区划等。

②分散的管理体制。分散的管理体制是指其他几个部门和生态环境保护部门一同对生态环境保护方面的事务进行分散管理。

一是将自然资源保护与环境管理分部门管理。如美国环境保护局仅负责与环境管理相关的职责，其他相关部门同时分工负责其行政范围内的环保工作，这些部门包括商业部，商业部拥有濒危物种管理方面的行政管理权；内政部拥有控制露天采矿活动的环境影响行政管理权，对其管辖的国有土地拥有管理权，还在濒危物种保护方面拥有一部分行政管理权；劳工部拥有监督管理劳动场地环境的执行权；运输部有权对危险废物的运输进行管理；核管理委员会兼顾放射性物质污染的防治。在日本中央一级的环境保护管理体制中，除了主管部门环境省以外，厚生省、农林水产省、通商产业省等省厅也同时分工负责其行政范围内的环保工作。总理府负责组织召开国际环境保护会议；总理府下设的公害调整委员会负责根据《公害纠纷处理法》和《矿产行业法》处理公害纠纷。

二是将可再生资源管理职能纳入环境主管部门。可再生资源具有经济与生态双重价值，需要得到优先保护。大部分国家，包括一些自然资源丰富的国家，都将可再生自然资源保护纳入环境主管部门统筹管理，从源头控制资源开发中的环境和生态安全问题。例如，加拿大环境部主要负责包括动物、植物、水资源在内的可再生资源保护；德国联邦环境、自然保护和核安全部通过水管理、废物管理、土壤管理总司下设的水管理司、自然保护和自然资源可持续利用总司负责水、森林、自然文化和景观等旅游资源、森林、农业、渔业等可再生资源的管理。

（2）地方生态环境保护部门

地方生态环境保护部门是确保生态环境保护决策落到实处的重要一环。各国的行政体制不同，决定了环境保护机构在中央和地方的关系上有很大的不同，但是各国均倾向于发挥地方在生态环境保护工作中的积极主动作用。世界各国通过中央与地方的纵向权责配置确保生态环保政策的渗透和实施。国际经验表明，中央与地方的纵向权责配置主要包括以下三种。

①财政"集权"与人事"分权"的管理模式。具体特点是以合作为基础，由环境保护部向地方提供资金，并通过调整资金额度，对地方政府的环境保护工作进行控制。通过立法，明确规定环境保护部对地方环境保护部门具有监督权（而非人事管理权），如美国环境保护局。美国的环境管理体系在纵向上可分成以下层次：美国联邦环保局→联邦环保局区域办公室→州环保机构→州环保机构派出机构→地方（县市）环保机构。联邦与州之间的工作内容在双方协商后由法律协议规定下来。美国各州都设有自己的环境管理机构。美国各州的环保局不隶属于联邦环保局，而是依照州的法律独立履行职责，除非联邦法律有明文规定，州环保局才与联邦环保局合作。各个州的环境管理机构向州政府负责，但是接受美国环保局区域办公室的监督检查。各个州的环境管理机构人员由各个州自行决定，负责人、预算与联邦的机制相似，由州长提名、州议会审核批准生效。各个州的环境管理机构在执行环境保护政策过程中出现的冲突，由地方法院裁决。但是美国环保局和州政府并不是完全脱节，而是具有一定的"环境保护中央集权"，该权力是指联邦层面的美国环保局在与州、地方环境保护部门充分合作的同时，还保留了监督权和约束权，通过资金控制，最大限度地促使各级环境保护部门切实为各级环境保护工作负责。

②完全分权的环境管理体制。中央层面建立环境保护部门，地方政府也设立了环境保护机构，但只对当地政府负责。中央和地方环保机构相对独立，但地方政府接受中央环境保护部门的监督，如日本环境省。日本地方政

府下设的环保部门的名称不甚统一，一般与生活保健业务合并为生活环境部，也有单设为环境部或局的。在部（局）之下，根据各地的业务需要设若干课，如环境保护政策课、自然保护课、大气保全课等。地方环境主管部门只对当地政府负责，环境省与地方的业务关系往来的对象是地方政府，多数情况下不直接对地方环保部门对接。从中央政府和地方政府的责任结构来看，污染控制措施主要是由地方政府来具体实施的。《公害防止基本法》在要求建立国家环境标准的同时，考虑到地方的实际情况和经验，在地方污染防治政策的制定上给予了地方较多的权限。地方政府在解决环境污染问题上所能发挥的作用越来越明显。德国是联邦制国家，地方环境管理机构的设置属于地方自治范围内的事项。各州根据环境管理职能与能力，自行决定其环保机构的设置和管理模式。

③充分的中央集权式环境管理模式（垂直管理）。地区机关直接接受所属中央机关的领导和监督，其人员编制、领导人任免，一律由中央机关决定，而不再由它们所在的联邦各主体的政府决定。这些专门管理机关的地区机关所需的费用，统一由国家法律规定的其他渠道支出。如俄罗斯联邦自然资源与生态部，该部作为俄罗斯联邦政府的决策机关，进行自然资源领域内国家政策、法律法规的制定与宏观调控，其下设的 3 个联邦局是俄罗斯联邦政府的执行机关，是连接自然资源与生态部、地方单位的桥梁和政策实施主体，直接通过联邦局下属单位，各地区资源管理机构实现对全国自然资源的调控与管理；下设的 2 个联邦署，作为俄罗斯联邦政府的监督机关，对自然资源的利用与保护实施监督管理。法国《环境法典》131 - 3 条规定，环境和能源管理机构是国家公共部门，为了履行职能，该机构在每个区域内设置一个代表。法典没有规定地方政府的环境职能。据此推测，法国环境管理体制实行全国垂直管理。根据法国生态部官方网站，生态部下设 26 个地区环境局，是地方环境保护官方机构。另外，还设有 24 个地区产业、研究和环境委员会，具体职能由生态部安排决定。

（3）跨界生态环境保护管理机构

本章前述的生态环境保护管理机构均是以行政区划为界限而设置的机构，但是，流域水污染、酸雨污染、海洋环境污染、生物多样性等环境问题具有很强的地域空间整体性，不受行政辖区界限的限制。因此，解决这些问题的根本途径是设置相应的强有力的跨区机构。许多国家的生态环境保护主管部门非常重视这种跨区环境管理机构的设置，如将这种跨区环境管理机构作为生态环境保护主管部门的派出机构或直属机构，人员编制属于生态环境保护主管部门，或设置流域环境管理机构。

①跨区域生态环境保护机构设置模式。跨区域环保机构和流域环保机构作为跨界生态环境保护机构的两种形式，相互之间具备一定的联系，其设置模式包括以下几种。

一是以跨地区环保机构管理为主，只在重要流域设置流域管理机构，且两类机构没有行政职权交叉，但两类机构可以签订协议，履行国家有关的环保规定。如美国设立的田纳西河流域管理局、特拉华河流域管理委员会等流域机构多以水资源开发利用为主，与美国环保局区域办公室没有直接的行政职权交叉，但其可与美国环保局签署协议，履行美国环保局关于清洁水、清洁空气等相关法律规定。

二是在环境部门的统一主管下，并行设置跨地区环保、流域管理机构，这一模式主要被单一制国家采用。如韩国环境部下设 4 个地方环境厅和 4 个流域环境厅；法国生态部下设 26 个地区环境局，并在全国六大流域分别建立流域委员会和流域水管局，接受生态部监督。

三是以流域管理机构为主，没有设立跨地区环保机构。如澳大利亚的流域管理机构只有在墨累-达令流域设立的墨累河委员会，且其只是签约各州水资源分配的协调机构，此外没有其他跨地区的环保机构。

四是并行设置跨地区环保机构和流域管理机构，分别由不同部门主管。我国目前的跨地区流域管理机构大体上属于此种。如六大区域督查中心和六大区域核与辐射安全监督站由环保部门主管，对环保部负责；七大流域管理机构由水利部主管，对水利部负责。

②区域环保机构。目前，有不少发达国家联邦（中央）政府部门都在地方设立派出机构，以跨地区管理的方式，负责业务指导、区域协调、执法监督等事务，加强联邦（中央）政府对各州（省）级环境事务的监管，但不替代同级地方部门的职责权限。如美国环境局按照联邦管理与预算办公室

1969 年建议的标准区域，设立了 10 个区域办公室，代表联邦在地方执法，即执行法律规定的行动规划（项目）；日本环境省下设 7 个地方环境事务所；韩国环境部下设 4 个区域环境厅和 4 个流域环境厅；法国生态部下设 26 个地区环境局；英国环境、食品和农村事务部下设 6 个区域办事处。

美国的区域办公室在联邦环保法律法规执行方面发挥了巨大作用，各区域办公室的局长代表美国环保局局长实施相关的监管职责，保障联邦法律法规和环保项目能够得到有效的执行和落实。

1970 年 12 月 16 日，在美国环保局成立两周后，考虑到当时各州的环保水平不均、工作能力不足，在环境立法方面多受经济目标的掣肘，美国环保局首任局长拉克尔肖斯正式宣布设立区域办公室，以期"与各州和当地官员、私营机构共同努力，实现环境项目的最大参与程度"。区域办公室的管辖区域，在参考美国环保局前身联邦水质管理局（9 个区域）和环境与健康局（10 个区域）区域办公室设置的基础上，按照联邦管理与预算办公室 1969 年建议的标准区域（OMB Circular A‑105），从东到西、从南到北设立了 10 个区域。

《联邦条例》（Title 40 PART 1 §1.61）具体规定了联邦环保局区域办公室的地位和职权。区域办公室的基本职责是代表联邦在地方执法，执行法律规定的行动规划（项目）。

A. 区域办公室局长（级别低于总部办公室的助理局长）。区域办公室局长在辖区内对美国环保局局长负责，执行环保局的区域规划和其他指定的职责。区域办公室局长作为辖区内环保局局长的首要代表，与联邦、州、跨州和地方四个层面的机构、行业、科研院所、其他公立和私立组织联系。

区域办公室局长的职责包括：①在辖区内完成国家规划目标，这些目标由环保局局长、副局长、助理局长、总部行政办公室的主任设定；②制定、提出和执行批准的区域项目；③根据总部提供的导则，在辖区开展全面资源管理；④在辖区实施有效的执法和守法项目；⑤将总部相关部门制定的技术项目转化成区域层面可操作的项目，并确保此类项目有效实施；⑥对州提议的环境标准和执行方案行使审批权；⑦对区域项目进行全面和专项评价，包括环保局内部和州的活动。

B. 区域办公室的主要工作。区域办公室的工作可概括为四个方面：一是管理美国环保局对各州的拨款及拨款项目；二是监管州的环保项目，确保其符合联邦的相关法律法规及标准；三是为解决州、区域和跨界环境问题提供技术指导、评估意见和对策建议；四是代表美国环保局，协调处理与州、当地政府和公众的关系。

a. 管理对象。美国和日本的区域机构的管理对象几乎涵盖了所有的环境介质，韩国的流域厅职能相对较少。美国的大区办负责管理美国环保局的各种环境事务，包括水、气、固体废物、污染场地等的污染防治和环境管理工作。日本地方环境事务所主要负责固体废物、大气、水、土壤、放射性物质（辐射）的污染防治以及国立公园、自然保护区、世界文化遗产、生物多样性的保护。韩国地方环境厅主要负责水、气、固体废物、污染场地等环境污染，自然生态系统和其他自然环境的保护，而韩国流域厅负责水质改善、水利用等。

环境问题的复杂性、广泛性、跨领域跨地区特性，要求不同部门之间协调、不同地区之间协商。同时，日本政府非常重视中央对地方环境治理的监管指导以及中央政府与地方政府的环境治理互动，以便从综合和地区的视角针对广泛的领域做出各种决策，根据地区实际情况，灵活机动、细致地实施有关政策措施，特别是在解决废弃物与再生利用、气候变化、自然环境保护等外部性较大的环境问题中，需要"自上而下"强有力地推动地方政府落实国家政策。为此，根据《环境省组织规则》（2005 年修订）的第 27 条，日本在环境省下设立了 7 个地方环境事务所，将已有的 11 个自然保护事务所（234 人）和 9 个地方环境对策调查官事务所（107 人）合并重组，并增加 28 个编制，作为连接环境省和地方的核心，地方分支部门具有一定的法令权限及预算执行权限。

7 个地方环境事务所是环境省的司局级机构，分别是：北海道地方环境事务所、东北地方环境事务所、关东地方环境事务所、中部地方环境事务所、中国四国地方环境事务所、九州地方环境事务所、近畿地方环境事务所，各自管辖辖区内各县以及国立公园的环境事务。

具体工作内容主要包括以下几个方面：一是废物回收措施。地方环境事务所与地方公共团体采取废物回收相关措施，避免废物的非法倾倒、非法进出口，确保废物的合理处置。二是环境保护措施。地方环境事务所在地方社区推行预防气候变化的相关活动，支持并鼓励各县（省）、地方公共团体、城镇居民、企业家、私立组织等开展环境教育和环境保护活动。此外，地方环境事务所还负责加强地方社区应对环境风险的公众意识并支持志愿者活动，包括化学品物质污染等问题。三是自然环境的保护和发展。地方环境事务所致力于防护重要的自然环境，包括国立公园、自然保护区、世界自然遗产以及陆地和海洋的生态系统多样性保护与恢复。此外，还开发人类和自然互动的区域，并开展各种互动活动。四是野生生物的保护和管理。为了保护日本野生动物的多样性，确保人类与野生生物和谐共存，地区环境事务所执行相关措施维持野生生物的生活习性、预防过度采伐、保护和养育濒危物种、预防外来物种入侵。

地方环境事务所是有权委任法令权限的地方分支部局，可以从综合和地区的视角针对广泛的领域做出各种决策，是具有机动性并且能够深入市民中间开展活动的组织，具有较大的行政监管权。例如，与污染防治相比，地方事物所在国立公园管理方面具有较多的行政监管权，如具有自然环境保护地区特别地区和国立公园辖区内的开发行为许可、限制进入区的进入许可、国家公园事业相关设施审批、稀有野生动植物捕获许可等行政审批权限，以及对从事国家公园事业、特定国内物种事业者的业务等进行检查、发布停止命令、撤销有关许可等行政强制权力。

在污染防治方面的职能主要是承担信息收集、农用地土壤污染调查工作，紧急情况下具有要求有关机构提供资料信息和接受入内检查的权力，受理特定有害废弃物等进出口限制的申报、入内检查、要求进口和排放产业废弃物者采取措施，紧急情况下可以要求提交报告和入内检查，对进口产业废弃物者进行行政代执行等。此外，还负责再生利用企业的登记注册、注销管理和入内检查，对特定企业合理利用能源进行指导、建议和入内检查等。从法律授权看，地方环境事务所协助环境省在地方执行相关环境法律，主要包括受理申报权限、许可权限、监督权限、审查权限、检查权限等。

根据《组织规则》，各地方环境事务所各配备一名所长，北海道地方环境事务所、东北地方环境事务所、中部地方环境事务所、中国四国地方环境事务所以及九州地方环境事务所各设置一名环保统括官。环保统括官协助地方环境事务所所长处理地方环境事务所的事务。人员数量从 2005 年成立时的 369 人增加到 2011 年的 439 人，占到了整个环境省人员的 33.82%。

a）环境省：执法、决策和监督。1971 年，为从根本上解决上述问题，日本成立环境厅。1999 年 7 月 16 日内阁总理大臣签署依照《基本行政改革法》起草的《环境省设置法》，2001 年升格为环境省。日本《国家行政组织法》第 3 条规定，国家行政机关由省（部）、委和局组成，分别根据法律设立和取消。环境省属于内阁部门之一。《环境省设置法》对环境省的职能和机构进行了具体规定。环境省的 25 项职能，大部分属于执行法律，也有决策和监督职能。决策职能集中在第 1 项"关于规划、立案和推进有关环境保全的基本政策"上，即享有规划、立法和制定政策的权力。监督职能集中在第 22 项"从环保的角度出发，制定有关下列业务与事业的基准、指针、方针、计划及其他政策"。

b）与环境省、地方政府的关系。日本地方环境事务所作为环境省驻派地方的分支机构，是连接日本省厅和地方的核心，也是目前环境省中规模最大的一个部门，其重要作用不言而喻。根据《组织规则》中的相关规定，可以判断，日本地方环境事务所与环境省的关系可概括为"协助工作、充当纽带"，协助环境省在各地区执行环境保护相关法律法规、加强与地方各利益相关主体的联系，宣传环境省的决策、收集资料，协助做出决策。日本地方环境事务所与地方政府的关系可概括为"监督管理、指导引导、配合共进"。日本地方环境事务所不仅负责环境省在环境领域的环境执法，通过宣传培训等方式指导地方如何守法，还与地方政府共同摸索应该以何种方式建设可持续发展的地区。

b. 职能特点。各国环保机构的职能相似，但也不完全相同。美国和日本的环保机构职能比较全面。比较成熟和典型的是美国环保局的大区办。美国环保局的大区办局长在辖区内代表美国环保局局长，具有监督、管理、审批、许可和执法等权力，相当于"小的美国环保局"。

韩国环境部下设 4 个流域环境厅和 4 个地方环境厅。流域环境厅与地方环境厅在职能上有一定的异同，相同点是流域环境厅、地方环境厅都要接受韩国环境部的水环境管理局的监督指导，承担水质监测和总量管理职责；不同点是流域环境厅有关水环境管理的内容比地方环境厅更加广泛，流域环境厅的环境管理局除了负责水质问题外还发挥水生态、用水、给排水、流域管理基金的管理、项目的具体审批和监督及流域规划评估等职能。而流域管理的规划、政策制度制定权在环境部的水环境管理局，其主要制订水环境管理基本计划、各水系影响区域的水质管理对策，负责水质污染总量、水生态系修复、工厂废水、家畜粪便及非点源污染等的管理工作。

此外，还有为了解决特定环境问题而设立的跨行政区域环境管理机构。比如美国的臭氧传输委员会是为了解决区域的臭氧污染问题而设立的，欧盟根据《长距离跨界空气污染公约》设立委员会，此类区域机构的职能与流域机构类似，主要是研究、规划和协调。

综上，各国设置区域机构的主要目的是加强联邦（中央）对地方环境事务的监督管理，但是各国在设置区域机构时均充分考虑本国的行政体制和环境保护工作特点。其中，日本由于国土面积小，跨区域环境问题不突出，为此区域机构的设置在这方面的职能比较弱。韩国在发展过程中，形成了独特的模式，将区域机构和流域机构相结合，各有侧重。美国国土面积大，通过设置区域办公室可以更好地加强联邦监管，对中国来说也最具参考意义。

（4）流域管理机构

第二类跨界生态环境保护机构主要是流域环境管理机构。流域是自然的水文单元，与政治和行政的管理单元不重合。由于环境属性、社会属性和经济属性存在矛盾与冲突，设置以统筹协调为基本职能的流域管理机构，实行以流域为基础的综合管理，成为各国的发展趋势。

澳大利亚环境与遗产部充分认识到水资源和土地资源之间存在着密切的相关性及环境和自然资源管理中实现一体化的必要性，建立了全流域管理模式。在州区域内设立州流域管理协调委员会，为全州的全流域管理提供一个中央协调机制。在区域或整条河流水平上设立流域管理委员会，监督和协调该区域或整条河流的自然资源管理活动。韩国为有效进行韩国国内洛东江、荣山江、锦江三大江的环境管理，环境部设置了区域环境管理办公室，该区域环境管理办公室下还设置了亚区域环境管理办公室。同时，为加强汉江流域的环境保护，专门设立了汉江流域环境管理办公室。法国为加强流域水资源管理工作，成立了直接隶属环境部的塞纳河等 6 个流域管理办事机构——流域水管局。加拿大环境部专门成立了圣劳伦斯河管理中心，主要从事技术咨询、生态环境监测和信息交流工作，建立了由环境部牵头负责、多部门齐抓共管的管理体系，积极调动社区群众参与治理流域水污染的积极性。

①流域管理机构类型。对流域管理机构类型的划分标准主要有两种：一是按照流域管理机构的组织形式划分；二是按照流域管理机构的权利配置标准划分。

A. 以组织形式为标准。根据流域管理机构的组织形式，可以将其分为三种类型，即协调的水资源理事会、规划和管理的流域委员会以及开发、管理的流域管理局。

水资源理事会属于协调议事机构，没有法定权利和义务，根据需要召开会议，履行必要的协调、建议等职能，适用于流域跨界问题不冲突、各方容易达成一致意见的情况。一般由自然资源管理和用水部门以及计划规划机构的领导组成，理事会不定期会面。如法国"水议会"以及墨累河委员会等。

流域委员会属于政府间横向协商机构，是流域范围内各行政区域的相关部门和人员通过签署流域协议组成的流域协调组织。所签署的流域协议具有明确的法律地位。流域委员会委员由流域各利益相关方代表组成，对流域内的决策或利益冲突采取协调一致或服从多数的原则。其主要职能是对流域内的水资源开发利用进行规划和协调。由于国情及流域问题不同，主要权力配置也不同。如莱茵河保护委员会作为国际政府协商机构，职能以协调为主；特拉华河流域管理委员会是权力机构，而不只是协调机构。科罗拉多河上游委员会（UCRC）、特拉华河流域管理委员会（DRBC）和莱茵河保护国际委员会（ICPR）都是基于政府间横向协商的流域委员会，都以协议为设立依据，具有明确的法律地位。但是，由于所要解决的流域问题不同，机构性质和职能权限存在明显差别。

1950 年 7 月 11 日，莱茵河沿河的瑞士、德国、法国、卢森堡和荷兰共同成立了"莱茵河保护国际委员会"，共同处理莱茵河污染问题。欧盟也于

1976 年加入该组织。瑞士、法国、德国、卢森堡和荷兰是 ICPR 成员，其他沿岸国家是观察员。

a. 设立目的。设立公约的目的在公约序言中有详细表述，包括：以综合方式可持续开发莱茵生态系统，在生态系统保护和改善方面建立合作关系，实施《跨界水道和湖泊国际公约》，改善莱茵河水质，恢复莱茵河生态以便于保护和改善北海生态系统，建立莱茵河水欧洲重要水道。根据公约第 3 款，签约方应通过实施公约实现以下目标：莱茵河生态系统的可持续发展；莱茵河水域饮用水的生产；改善沉积物质量，以使沉积物的堆积不会对环境产生负面影响；全面的洪水预防和保护，要考虑生态需求；恢复北海。

莱茵河生态系统可持续发展包括：维持和改善莱茵河流域水质，包括悬浮物、沉积物和地下水；保护生物体和物种的多样性，降低生物体中的有毒物质的浓度；维持、改善和恢复水域的自然功能，确保流量管理，考虑自然流量，促进河流、地下水和冲击地区的相互作用；尽可能地保护、改善和恢复野生动植物的自然生境；从环境角度出发，确保健全和合理的水资源管理；在实施开发水域的技术措施时，考虑生态需求。

b. 组织机构。ICPR 是一个各国环境部长自愿参加的跨国民间协调管理组织，是无制定法律的权力、无惩罚机制、无行政级别的民间组织。委员会实行缔约国轮值主席制，但委员会的秘书长总是荷兰人。ICPR 由全会、秘书处以及工作小组组成，采用部长会议决策制，由缔约国部长参加的部长级全体会议是委员会的最高决策机构。

c. 管理范围。公约应用于：莱茵河；与莱茵河相互作用的地下水；与莱茵河相关或可能相关的水生和陆生生态系统；莱茵河流域区域，覆盖对莱茵河产生负面影响的有毒有害物质污染影响区域；莱茵河流域区域，覆盖对洪水预防和莱茵河保护有重要影响的区域。

d. 职能范围。根据公约，ICPR 主要有四项职能：根据条款 3，完成以下任务。第一，根据预定的目标准备国家间的对策计划和组织莱茵河生态系统研究；第二，对每个对策或计划提出建议；第三，协调各签约方的预警计划；第四，评估各签约方的行动效果等；根据条款 10 和条款 11 做出决策；每年向各签约方提出年度报告；向公众通报莱茵河的水质状况和治理成果。

流域管理局属于政府机构，直接对中央政府负责，法律赋予其高度的自治权，在流域内经济、社会发展方面具有广泛的权力。以美国田纳西河流域管理局和澳大利亚墨累-达令流域管理局为代表，其共同特点为：一是属于政府机构，直接对总统或中央政府负责；二是在流域范围内具有广泛的法律授权；三是具有高度的自治权和独立性；四是有专门的经费配置，资金充足。田纳西河流域管理局（TVA）和墨累-达令流域管理局（MDBA）都属于联邦机构，都具有执法权，体现了国家层面统一管理流域的水环境，以及流域的综合管理。例如，TVA 对流域内的水土资源进行统一管理；MDBA 关注水量、水质、环境水、盐度管理等。

田纳西河位于美国东南部，是密西西比河的二级支流，干流长 1 050 千米，流域面积 10.6 万千米，发源于弗吉尼亚州，向西流经北卡罗来纳、佐治亚、亚拉巴马、田纳西、肯塔基和密西西比等共 7 个州。为解决田纳西河流域的通航和防洪、植被恢复和土地开垦等问题，辅助工农业发展和发电，改善当地环境和提高人民生活水平，1933 年，美国国会通过了《田纳西河流域管理局法》，依据该法成立了联邦政府的特殊机构——田纳西河流域管理局（TVA），进行流域综合开发管理。

a. 设立目的。根据 TVA 法案，为了马斯尔肖尔斯、阿拉巴马附近的美国国有财产的保值和增值，为了国家国防、农业和工业开发的利益，为了改善田纳西河航运，控制田纳西河和密西西比河洪水，设立公司机构，命名为"田纳西河流域管理局"。

b. 组织机构。TVA 是一个相对独立的"既具有政府职能又具有私营企业灵活性和创造性"的联邦政府机构，只接受总统的领导和国会的监督，代表联邦政府对流域水土资源实施统一管理。作为具有联邦政府机构权力的经营实体，TVA 按公司形式设置，成立董事会。TVA 董事会管理 TVA，行使 TVA 一切权力。董事会成员由总统提名、经国会通过后任命，直接向总统、国会负责，不对流域内各州负责。

c. 职能权限。TVA 有三个核心任务：能源、环境和经济发展。在流域开发管理中拥有广泛的自主权，如具有独立行使的人事权、对土地具有征用权和建设项目开发权、行使流域内经济发展及综合治理和管理职能、促进地方经济向多领域投资与开发等。

d. 财政机制。TVA 通过三方面的筹资渠道建立了自身良好的循环发展机制，一是联邦政府扶持，在其早期发展中政府拨款发挥了重要的作用；二是大力开发电力等盈利项目，为发展积累资金；三是发行债券，面向社会筹借资金。目前，资金来源只有电力收入。

e. 与联邦水管理政府机构的关系。TVA 法案要求国家任何行政部门或独立机构及其所属官员、职员和雇员应协助并提供建议，以便 TVA 能有效、顺利地行使职责。

TVA 不能取代垦务局、工程兵团等的水项目。在改善区域环境方面，TVA 与 EPA 及其他机构通过签订协议的方式来履行职责。如 2011 年与 EPA 签订协议，于 2017 年将现有的 59 座燃煤机组淘汰掉 18 套。自 1977 年以来，TVA 已经在清洁空气技术上投资 590 多亿美元，减少 91% 的氮氧化物排放，以及 95% 以上的二氧化硫排放。

f. 与州政府的关系。TVA 为商业消费者和当地电力分配商提供电力，服务于 7 个州共计约 900 万人。除了电力系统的运营和投资外，TVA 还为田纳西河流域系统提供洪水控制、航运和土地管理，并协助当地电力公司以及州和地方政府的经济发展，提供工作机会。

B. 以权力配置为标准。根据国家或法律授予流域管理机构权力的大小和是否集中，可以将流域管理机构分为权力集中型和权力分散型。

权力集中型流域管理机构有利于决策效果内部化、提高流域管理效率以及充分地进行信息交流，对流域水资源配置和水环境管理进行合理地掌握与调度。不利的是可能导致公众参与减少、地方投资和积极性下降以及对用户的需求和变动缺乏及时的调整措施。权力分散型流域管理机构可以较好地反映流域内各部门、各行政区域、各利益相关方的需求，有利于平等协商解决流域内问题。不足是议事机制效率低下、流域管理执行力不足。

权力集中型和权力分散型流域管理机构的区别主要在两方面。

一是管理范畴。权力集中型流域管理机构具有较多的流域开发、管理、保护权限，主要目的是通过对流域内资源的整合、开发以达到推动社会、经济发展。权力分散型流域管理机构偏向于流域的宏观管理，注重对流域整体进行科学、合理的规划，强调流域范围内的服务功能。例如，田纳西河流域管理局以能源、环境和经济发展为管理对象，以实现电力系统的运营和投资、洪水控制、航运和土地管理、协助经济发展、提供工作机会等目标。特拉华河流域管理委员会、莱茵河保护国际委员会和墨累-达令流域管理局的管理对象都将流域水质、水量、水生态等作为整体进行综合管理，以保证流域的可持续发展。

美国特拉华河流域覆盖特拉华州、马里兰州、新泽西州、纽约州和宾夕法尼亚州等约 13 000 平方英里*的面积。流域人口超过 820 万人。1961 年，美国总统肯尼迪与特拉华、新泽西、宾夕法尼亚和纽约四个州的州长共同签署了一个具有法律效力的《特拉华河流域管理协定》（Delaware River Basin Compact，DRBC）（以下简称《协定》），成立特拉华流域管理委员会（以下简称"委员会"），突破了对流域实行分行政区域管理的传统管理体制，建立了新流域管理体制的法律基础。

A. 设立目的。

第一，流域水资源受到地方、州、区域和国家的规划、保护、利用、开发、管理和控制，通过政府间机构合作做出适当安排，有利于实现共同目的。

第二，流域水资源属于协定各方的主权和责任，通过协定共同行使权力，符合流域内人民的共同利益。

第三，流域水资源相互影响、相互关联，一个单独的管理机构，对于联邦、州和地方政府及私人企业实施经济有效的指导、监督和合作是至关重要的。

第四，如果适当地计划和利用流域水资源，可以满足当下和将来的需要，但要考虑到经济增长、高效利用和重复利用等因素。

总之，协定的目的是促进州际礼让，消除当下和将来的争议，保障开发安全，鼓励和提供流域水资源的规划、保护、利用、开发、管理和控制；提供水资源开发规划和行动方面的合作；对流域内各用水者适用公平和统一原则。

B. 组织机构。根据《协定》，委员会的委员包括四个州的行政长官和一

---

* 1 英里＝1 609.34 米。

个由美国总统任命的代表。目前，联邦代表为美国陆军工程兵团西北大西洋部门的官员。基于五方之间的轮换原则，委员会每年选举一次主席、副主席和第二副主席。每个正式委员可以任命一个代理委员。代理委员任期与正式委员相同。联邦代理委员仍由总统任命。代理委员和正式委员同时出席会议。正式委员有表决投票权。正式委员缺席时，代理委员有表决投票权。

委员会的管辖范围仅限于签署协定的各州，确有必要在流域范围以外行使职能及权限的，需取得相应州政府的同意。委员会目前下设 6 个工作机构，包括：指挥部，行政部，对外沟通部，规划和信息技术部，水资源管理部，模拟、监测和评估部。

为促进沟通和协调，委员会下设 7 个咨询委员会，包括防洪、监测和协调、流量监管、水量调节、毒物控制、水管理和水质咨询委员会。水质咨询委员会委员来自各州（联邦）政府机构、工业企业、市民、学术界、公共健康和环境（流域）机构等。咨询委员会的会议向公众公开。

二是权力配置。权力集中型流域管理机构在流域范围内具有高度自治的权力，自主经营，财务独立，有些还被授予了地方立法的权力。如，田纳西河流域管理局具有独立的决策权、执行权和执法权。权力分散型流域管理机构重点协调流域各利益相关方的利益冲突，根据机构属性、权力大小和流域管理需求，具有不同的权力。例如，特拉华河流域管理委员会、莱茵河保护国际委员会和墨累-达令流域管理局都具有协调职能。除协调职能外，墨累-达令流域管理局是联邦政府机构，主要具有执行、监督职能；莱茵河保护国际委员会作为国家间协调机构，还具有决策、监督职能；特拉华河流域管理委员会作为联防政府间协商的权力机构，还具有决策、审批、执法职能，权限相对较大。

总体上看，权力分散型流域管理机构相对较多，权力集中型机构相对较少，主要在二战以后急于改善社会经济状况的发展中国家流行。如印度、墨西哥等建立了以促进流域经济发展为目的的流域管理机构。

②流域管理特点。

一是以流域为基础的综合管理。如，法国以流域为基础建立了国家级-流域级-子流域级管理体制，设立流域委员会和水管局管理流域资源；英国以流域为基础建立十大区域性水务局,后改为企业;美国设立流域管理局和委员会管理流域水事务;澳大利亚设立流域管理局对墨累-达令流域进行统一管理。

二是区域、部门管理服从于流域管理。DRBC 对流域管理事务具有最高否决权和决策权。在墨累-达令流域管理中,环境部负责的环境水管理,需要与流域规划相一致。

三是流域管理机构的主要职能为协调、监督,决策权因机构性质不同而不同。委员会为政府间协调机构,决策权由委员共同决定,对流域管理有协调和监督职能;流域管理局为政府联邦机构,决策权在上级指导部门,本级主要负责执行、监督。

四是从国家层面统筹流域管理是基本趋势。如,墨累-达令流域管理决策权由各州上收为国家所有。1992 年,部级理事会为最高决策机构;2008 年,联邦水管理部门为最高决策机构。此外,DRBC 委员会由各州州长和联邦官员组成,联邦官员代表国家参与流域管理。

五是社会多元共治是共同特点。无论是委员会还是管理局,都有完善的社会体系,利益相关方能有效参与。此外,流域管理机构负责信息的对外公开。

6.2.2 生态环境保护管理体制保障机制

生态环保主管部门需要有保障机制保障其正常运行,主要包括国家意志,即与中央政府部门对生态环保主管部门重要性的认识有关,涉及部门之间的意愿协调、人员投入、资金投入等多个方面。从历史维度来看,发达国家在 20 世纪 60 年代开始到 20 世纪末,由于环境问题的产生和公众环境意识的觉醒,生态环保主管部门的人员投入、资金投入不断增加。21 世纪,尤其是 21 世纪的近十年,部分发达国家,如美国开始缩减预算,减少人员投入,这与其环境问题得到一定程度的解决有关,但并不代表环境问题就不重要。为此,总的来讲,国家对环保主管部门的投入与其发展阶段的环境问题的严重程度有关。

(1)部门协调机制

由于环境问题涉及范围广泛,许多国家都没有将所有的环境要素纳入一个部门来管理，而是分散在几个部门分而治之。但是发达国家的经验表明，环境保护部门是负责环境事务的主要部门，环境部门与其他部门合理分配权责，并通过一定的机构、机制或制度进行协调统一。

①可持续发展协调机构。在全球层面，联合国环境与发展大会召开之后，成立了联合国可持续发展委员会，成为达到协商、协调和综合决策目的的组织，具有很强的权威性。这一组织形式逐步渗透到国家层面，各国建立国家可持续发展委员会，该委员会是具有咨询性质、协调性质的机构，成员不仅包括政府人员，还包括企业、学者、公众、社会各界人士。如美国的总统可持续发展委员会、德国的国家可持续发展委员会等。

②生态环境管理协调机构。环境问题的综合性和复杂性特点决定了要想高效地进行环境管理必须设置跨部门、高规格的环境管理协调机构。而且国外的许多实践也已经证明这种跨部门、高规格的环境管理协调机构的设置对环境保护事务的有效开展起着不可估量的重要作用。美国根据《国家环境政策法》，在美国总统办公室下设置了国家环境质量委员会（CEQ），该委员会原则上是总统环境保护政策方面的顾问，也是制定环境保护政策的主体，该委员会的重要作用之一就是统一协调全国各部门的环境事务。在澳大利亚，除环境与遗产部以外，在中央层次上，还有两个重要的环境管理协调部门。它们是澳大利亚和新西兰环境与自然保护委员会（ANZECC）及国家环境保护委员会。泰国国家环境委员会是全国最高环境保护机构，主席由总理担任，成员包括各部部长、各委员会秘书长和私人机构代表，主要负责审议环保计划、修订环保法规等。

③生态环境管理协调机制。在运行机制方面，日本环境管理的先进性主要表现在协调机制的完备上。为了有效行使环境管理职权，协调环境行政主管机构与其他部门间的关系，日本设立了公害对策会议，将其作为首相府的下属机构，会议由内阁总理大臣兼任会长。会议具有的职权包括处理有关都道府县制订的公害防治计划，审议有关公害防治的基本和综合的措施并促进这些措施的实行。

④生态环境管理协调制度。生态环境管理协调制度主要是指通过实施环境影响评价政策，协调各部门的环境保护目标。例如，美国其他政府机构在

环境管理中扮演重要角色，这不仅仅是因为部分部门负责某方面与环境保护相关的管理工作，而且还因为各政府部门本身也是环境管理的对象之一，其工作需要符合国家环境保护的相关规定，要充分考虑对环境的影响。美国根据《国家环境政策法》，所有的政府部门在各自管理职权范围内的决策都要考虑环境影响，实施环境影响评价，并尽力厘清各部门之间的环境管理责任。这一法定要求事实上从政策源头上扼制了可能的环境破坏，将环境保护的责任转移到每个政府机构身上。

（2）资金保障机制

发达国家的环境治理计划相继在 20 世纪 60—70 年代启动，并成立了相应的环保政府机构，制定了相应的法律法规和管理制度，设置了符合各自国情的生态环境保护管理体制，为了确保生态环境保护管理体制的正常运行，资金保障机制是非常重要的内容。

一方面，政府加大了环境治理的投资力度。在污染最严重的年代环境保护投资为 2%～3%，随后环境改善的投资逐步减少。以 1979 年为例，法国的环保费用占国内生产总值的 1.1%，而日本占 1.3%，美国占 1.8%。经过 30 年的努力，发达国家的环境已经有了明显的好转，环境保护的技术、工艺、设备研究也取得了长足的进步。自 1970 年美国环保局成立后，其规模和权力得到迅速扩大，环境保护的投入力度也大大增加。

美国环保局的财政预算从 1973 年的 5 亿美元增加到 1981 年的 14.28 亿美元。从 1970 年到 1980 年，环境保护和自然资源项目的开支从联邦总预算的 1.5%增加到 2.4%。

另一方面，政府吸引其他社会资本的投入。主要包括依靠本国的经济发展和动员自身的各种资源来解决环境问题；鼓励私人资本流动和吸收国外资金的投入，国外资金的引入途径主要包括多种金融机构、商业银行贷款和外国直接投资等，但是这些资金很难直接用于支持可持续发展；官方发展援助和国际资金。官方发展援助作为一个基本来源，只能满足 3%～5%的资金需求。为此，西方学者提出了创新机制，包括利用私人资本、征收各种环境税、减少财政资源补贴、提高官方发展援助的效益、建立环境基金等。如美国《综合环境反应、补偿与责任法案》授权环境保护署建立一个托管基金，又被称为超级基金。

（3）人员保障机制

一是在一定时期内增加人员编制。随着环境事务的不断增多，各国的环境主管部门也都加强了人力投入，相应地进行了人员扩编。日本环境厅（现日本环境省）、美国环保局自成立以来，在人员组成方面发生了很大变化。

二是加强人员能力建设。人员能力建设指一个国家在人力、科学、技术、组织、机构和资源方面的能力培养。发达国家在加强能力建设方面的经验主要是非常重视对可持续发展能力的培养，各国均大力发展科研机构、高校和研究型智库，为国家管理、产业转型、新兴技术的发展提供基础。

三是建立包括生态环保内容的干部考核机制。发达国家也有对官员政绩的考核方式，但是均不以 GDP 至上。生态环境保护的有关工作、突发事件的应急反应能力、环境事件的发生率等是考核的指标。

6.3 国外生态环境保护的主要措施

美国、欧盟、日本等主要发达国家和地区的生态环境保护已然形成较为成熟的理论体系，而其理论实践的具体措施具有更强的分析价值和借鉴意义。综合而言，其主要的措施有生态城市建设、生态农业和生态村建设、生态工业和生态工业园建设，这些措施的有机组合形成国家层面的生态环境保护措施体系。

6.3.1 生态城市建设措施

城市化是四个生物圈的全球性转变之一，而人类和人类的行动都是整个地球生态系统的组成部分。当前所言的生态城市是城市发展经历了人与自然关系分割、遭受到自然惩罚之后，人类重新审视城市发展，依据生态学原理提出的一类社会-经济-自然协调发展的城市社会形态表现，其发展理念与传统城市最大的不同是人与自然生态系统的关系——由对立到共生协同。生态城市已成为可持续发展理念下，建立理想城市景观环境、实现人与自然和谐共处的理想形态载体。生态城市建设被学界认为是基于景观生态理论的重要实践，尤其是 20 世纪 90 年代，城市真正成为生态学研究的主要对象之一以后，得到迅速发展，主要应用在城市规划、设计和管理方面。21 世纪的前十年，在全球尺度上人口由农村大规模转向城市，加速了城市生态学和生态城市建设的发展脚步，全球范围内生态城市项目已有 1/4 建成，1/2 处于建设中，另有 1/4 仍处于规划阶段。

（1）概述

生态城市理念可以追溯至中国古代"天人合一"的思想，田园城市则是现代生态城市的思想源泉，而当前所言的生态城市的概念最早于 1971 年在联合国教科文组织的人与生物圈计划（MAB）中提出。由于各国自然资源条件、政治经济体制和社会发展阶段存在差异，各国关于生态城市的实践并不完全相同，至今并未形成统一的定义。但总体来说，生态城市建设不论是改造旧城，还是建设新城，都强调不突破生态系统承载力范围，主张运用生态经济学和系统工程的方法指导城市发展，实现自然和谐、社会公平、人文特色鲜明、经济高效。生态城市中"生态"两个字实际上就包含了生态环境以及生态产业和生态文化三个方面的内容，是人类在对人与自然关系认知提升的基础上提出的关于城市发展模式的多方位思考、多元素融合的一种理想形态。国外生态城市建设秉持可持续发展理念，注重面向未来，倡导因地制宜，注重自然景观与城市景观的和谐，倡导低碳发展，注重能源节约和资源循环利用，并重视全民环境教育。与生态城市建设理念相匹配，国外当前生态城市建设所应用的各类评价指标总体上可分为生态环境指标、经济发展指标、社会进步指标三大类——生态环境指标通常包括环境污染物、生物多样性、资源能源消耗；经济发展指标包括商业、国民经济、旅游发展；社会进步指标则包括交通、绿地、公平、健康等内容。

英国的卡迪夫和爱丁堡、美国的芝加哥和纽约、巴西的库里蒂巴、德国的弗莱堡和埃尔兰根、丹麦的哥本哈根、日本的大阪和千叶新城等已成为世界范围内生态城市建设或改进的典型。英国、德国等国家生态城市建设的路径可以归纳为绿色政策、绿色经济、空间优化及公众参与，而具体的实践措施则涵盖城市森林建设、能源消费转型、绿色建筑、绿色交通、废物管理及循环利用等；日本的生态城市建设则主要关注两个方面，一是可再生资源的利用和能源循环设施的配置，二是城市绿地的配置。值得注意的是，20 世纪 70 年代，第二次世界大战后的德国以恢复经济为第一要务，也曾经历重度污染，如慕尼黑、汉堡、鲁尔等地，但在短短的几十年，德国的经济发展方式和环境质量都经历了根本性的转变，生态城市和地区建设则给人以强烈的"美"和"生态"感，生态城市建设的经验值得深入研究。

（2）政策法规建设

法律是对社会资源和社会利益分配、社会关系调整的最高依据。发达国家从 20 世纪 60 年代末起开始通过严格的立法来推进城市生态化建设并取得显著成效。

德国以规划为核心，通过立法将生态城市建设确立在首要的位置。其城市规划法以《建设法典》为主导，包括《空间规划法》、《联邦自然保护法》、《城市建设促进法》、《联邦有害物质防护法》、《文物保护法》、《田地重整法》、《循环经济法》以及《可再生能源法》等，是覆盖空间秩序规划、区域规划、环境保护、经济发展等诸多层面的综合体系。空间规划法（ROG）构建了可持续发展的任务和指导思想框架，协调地区的社会、经济发展需求与生态功能保障。《城市建设促进法》和《联邦自然保护法》则旨在对城市园林绿地和自然风景实施保护。德国林业法律法规最健全，森林在德国环境政策中被列在最优先的地位，任何未经允许的砍伐树木行为都被列为非法行为。生态环境保护政策和措施由环保活动家、大企业、学术界、地方及联邦各级有关部门共同制定，在国家综合监测体系的监督下执行，并单独设立环保警察对环境污染进行监管和及时采取补救行动。

英国政府将城市、农村、农田和森林等都置于《城乡规划法》的规范下，谋求的是土地的整体性利用。《城乡规划法》是英国生态城市建设顶层设计所依据的法律。英国是最早开展城乡规划立法的国家，自 1909 年颁布第一部规划法起，先后颁布了 20 多部规划法，逐渐奠定了现代规划体系，确立了规划法律的核心。1947 年的《城乡规划法》是英国议会通过的最长、最复杂的立法，该法案对于乡村地区的开发建设采取了严格的控制政策。而 1949 年颁布的《国家公园和享用乡村法》旨在保护乡村人文和自然景观，成为最早涉及城乡生态规划的法律。上述两部法案对英国"城乡一体"的生态城市建设做出了巨大的贡献，一是奠定了总体空间格局，二是保护了森林等生态资源。2004 年的城乡规划法（《规划与强制性购买法》）中，则纳入了区域功能、规划、可持续发展、发展控制等目标约束，新的规划体系从政策层面保障了生态化发展，明确了国家政策关注的主题，包括环境保护与改进、自然资源的明智使用、可持续的经济发展等，比如绿地的可持续发展以及城市棕地的再利用。现如今，英国的生态城市建设法律体系成为一个覆盖空间规划、资源环境保护、文物保护、循环经济发展等诸多层面的综合体系，包含《野生生物及乡村法》、《能源保护法》、《建筑物法》、《水法》、《生物多样性：英国的行动规划》和《可持续发展：英国的战略》等，以及刑法中对危害环境犯罪的制裁规定。

绿地空间是生态城市最核心的要素之一，对绿地空间的立法保护最为典型的便是英国由 *Ribbon Development Act*（1935 年）和 *London Green Belt Act*（1938 年）两部法案形成的绿带政策。该政策自大伦敦规划开始正式实施，随后在英国的苏格兰、威尔士和北爱尔兰地区相继被采用。20 世纪 50 年代以后，其影响范围扩及英国之外的欧洲和北美的一些城市，迅速成为国际规划体系的一部分。绿带政策一方面对绿带在英国城乡发展和生态城市空间建设方面的重要作用予以肯定，另一方面将其功能不断扩展，作为英国规划体系的重要组成部分，起到限制城市蔓延、保持城市独有特征、推动废弃地再利用等多种作用。至 1995 年，英格兰政府批准通过的绿带规划的绿带面积已覆盖约 1 556 000 公顷，约占总面积的 12%。整个英格兰地区有 14 个独立的大小不等的绿带，伦敦地区有 486 000 公顷，伯顿地区有 700 公顷。随着生态城市建设的发展，绿带自身也演变成为生态城市文化的一部分。德国同样重视对绿地空间进行立法保护，提供绿带宪章、公法保障、土地规划和绿带规划四个保障，以法兰克福为例，1991 年政府制定了法兰克福绿带法案。

（3）严格科学的空间规划与土地利用

空间规划在德国、英国等国家中被作为提高生态和环境保护地位、实现区域经济和社会可持续发展的核心关键手段。空间规划指导下的土地利用则是决定生态城市建设的基础框架，欧洲议会早在 1993 年的报告中便要求要以环境和生态目标来指导未来土地利用以使城市可持续发展，提出缩短居住地和工作地的距离、建立统一的城市交通物流管理系统的建议，并提出发展废物重新利用新技术等，以减少城市系统中能源、水和原材料的消耗。

德国空间规划包含欧盟、联邦、州、区域、镇、城市6个层面，层层细化；每个规划都作为法律确定下来，下一级规划要符合上一级规划的法律要求；生态环境规划是预防生态环境破坏的重要措施，属于专业规划，与实施规划和对策的所有地点融合。生态和环境保护在不同管理层具有各自的规划手段，并使规划中的专门法律和环保目标相结合。规划中对生态环境要素等进行严格的实证调查及评价，各领域专家共同参与规划编制。方案要公开征求市民意见，并报议会审议。德国的土地利用规划分为项目规划和实施计划，联邦政府制定项目规划，地方政府完成项目的实施计划。在项目中强化实行节能、节水和节约其他资源的方法，以防止对水、空气和土壤造成污染和破坏，并尽可能强调反复利用资源；每四年颁布一轮生态建设计划，对棕地转型、生态重建实行指令性管制。德国城市规划中对绿地面积与人口的统筹考虑堪称典范，柏林自2006年起实行绿地占补平衡原则，法兰克福有超过50座的大型公园，人均绿地面积达到40平方米。

英国在成熟的法律规范约束下，通过区域空间战略和地方发展框架来细化城乡一体化发展，建设生态城市空间。区域空间战略是英国区域规划机构编制的未来较长一段时期内的土地利用规划，如大伦敦地区未来10～15年的空间发展战略，以取代原有的结构规划；地方发展框架包含地方发展方案、地方发展文件以及社会参与文件，取代原有的地方规划。

（4）城市森林、绿带生态网络系统构建

城市森林是当下生态城市土地利用必不可少的方式，也是生态城市评价中生态环境指标、社会进步指标的关键因子。城市森林被认为是解决大型城市热岛效应、空气污染等的有效途径，对其内在机理可以简单理解为森林生态系统服务功能的应用，通过维持或扩张在城市及城市近郊的街道、花园、公园、墓地等公共空间的密集树林，完善城市生态系统，达到调节生态平衡、改善环境质量以及美化景观等方面的效果。在许多国家，如德国闻名的大学城图宾根、"音乐之都"维也纳、"森林之都"堪培拉、"山林首都"惠灵顿等，城市森林已经被作为城市现代化文明程度的一个重要标志。在英国、德国等国家，政府批准的每一个社区的森林规划，都作为一项长期的战略性规划来落实，不断恢复废弃的土地从而在空间上实现扩张，强化城市整体的生物多样性等自然生态系统功能。

北美大陆是城市森林的诞生地。1962 年，美国林务局提出"城市森林计划"，多部门联合制定《城市和社区林业议案》，并在之后修订了《协作森林经营法案》；1972 年，美国林业工作者协会设立城市森林组；同年，美国国会通过了《城市森林法》。加拿大则在 1965 年由多伦多大学 Eric Jorgensen 教授提出"城市林业"的理念；1979 年，加拿大建立第一个城市森林咨询处。英国是第一个接受城市森林概念的欧洲国家，于 1989 年启动第一个由政府主导的城市森林计划，旨在保护城市及近郊的森林资源和自然生境，使其成为野生动植物的"家园"并为公众提供娱乐休息的场所，实现城市森林的生态功能、经济功能和社会功能的有机结合。发展至今，城市森林的概念在各国间其实尚未完全统一，日本及欧洲一些国家将市区公园也作为城市森林的构成。综合国外城市森林建设被广泛认可的经验可以发现，城市森林重点强调其功能属性，因此至少达到如下条件：面积有保障，具备一定的生物量；群落稳定健康，生态效益明显且持久；景观格局合理，斑块大小均衡搭配，基质与廊道具备承载生物交流的功能；森林生态系统物质能量良性循环、持续稳定。同时，城市森林还应具备一定的社会和经济功能，体现在提升城市品位和竞争力、弘扬城市文化、推动区域社会经济健康发展、美化城市环境、陶冶市民情操、提高生活情趣等方面。

德国以河为轴，以环城绿带为框，构建城市生态框架。城市绿地及环城绿带规划建设因地制宜，依据气候、土壤、地形地貌等自然条件，结合当地文化风情、历史沿革等社会条件，将生态服务价值评估的结果作为城市规划与景观设计的定量化标准，实现景观规划设计与生态学的融合，注重城市森林生态服务价值评估在城市规划中的实用性；提倡近自然林模式，在树种和物种上强调原生态，遵循生长规律，采用近自然的手法，进行营造和管理。注重河流生态保护，重视林水结合，严格进行滨水区规划和亲水空间管控（柏林一滨水区规划长达 14 年），以自然河流景观带连接城内外森林，形成湿地生态廊道，建设城乡居民休闲游憩的绿道网络，将河流打造成城市的生态轴。环城绿带主要是中心城区周围，宽度大，如法兰克福绿带最宽处达15~20千米，占到法兰克福市区面积的1/3，并配有法律保护。德国城市的生态框架还起到避免城市连片发展的作用，防止拥堵、风道堵塞等城市病的出现。在德国，绿带还起到净水作用，经适当处理的污水被送到森林，进一步净化后入河或补充地下水。

澳大利亚对城市森林的管理采取的是比较粗放的近自然管理模式，极少有人为雕琢的痕迹，植物配置的近自然气息也非常浓厚。城市森林营造以乡土树种为主，人造景观和引种的外来树种仅在森林之中起点缀作用，不会为片面追求视觉效果而忽视生态效益。泰国首都曼谷于1971年建设了半径25千米、面积达700平方千米的稻田绿带，从三个方位包围城市中心，承担着分流洪水的作用。

爱丁堡从1996年开始在城市的周边实施"城市森林计划"，并将其作为该市的实践主题。计划的运行机制是由政府出资，委托私人来承担，当三年后树木成活以后，转给地方政府。自"城市森林计划"实施以来，爱丁堡市"城市森林"的面积不断扩大，人们的健康水平和城市的环境可持续水平日益提高。

弗莱堡森林办公室是城市森林的管理机构，属于城市环境、教育与体育部的一部分，该部是当地环境政策重大问题的决策机关。出于规划和组织管理的目的，城市森林办公室将森林分为七个区域，在各森林区看守人的指导下，由受过专业训练的林地工人对其中的森林、生境以及娱乐设施进行照顾和维护。自1835年设立以来，城市森林办公室管辖的范围不断扩大，已经具有森林管理机构和狩猎管理机构的双重职能。同时，为了避免城市发展与林地保护之间发生冲突，森林办公室还要保障森林所有者的利益。森林办公室还是一个教育机构，在其自有的培训中心里，平时总会有3~5名森林工人以及1~3名大学生在这里接受培训，并进行实践。

森林不仅能够提供可再生的林木资源，而且具有重要的生态意义，城市森林办公室的作用就是确保森林的生态功能和社会功能，保证林地保护与林木资源的再生产之间的平衡。

弗莱堡城市森林是一种环境友好型的森林。环境友好型森林的概念所基于的思想是森林管理办法与自然规律相协调，与非环境友好型的单一种植手段相比，这种方法所需的能源更少、风险更小，同时能保证更高的产出率。从经济利用的角度看，以生态学为基础、遵循自然规律的林地管理也是一种明智的选择，是一种低耗能的发展模式，在这种模式下，能够维持森林生态系统的自我发展机能。

（5）以绿色经济驱动城市发展

经济是城市形成与发展的驱动力，经济发展也是生态城市评价的三大参量之一，发展绿色经济自然成为生态城市建设的重中之重。日本、美国、德国、法国、荷兰等国家均通过立法推动和引导绿色生产、绿色生活、绿色消费、绿色贸易，并通过绿色税收等一系列手段完善生态城市建设的绿色经济体系。

"低碳经济"是英国绿色经济的重要实践，英国也是最早提出该概念并积极倡导低碳经济的国家。2003年，英国政府在受到国际社会广泛关注的《能源白皮书》中，首次正式提出"低碳经济"的概念。英国在主要城市的发展规划中也融入了"低碳"目标，通过新《能源法案》支持包括可再生能源、新的核能、燃气、碳捕捉和封存技术在内的多元化能源架构建设；传统金融与碳金融在英国政府的激励和市场的引领下得到融合发展。英国在许多城市开展了以低碳为主题的生态城市建设，打造了一大批先行示范城市，例如伦敦以2050年实现碳减排80%为发展目标，2020年减量34%为阶段性目标，实现路径则以精简、轻型、绿色为原则，包括发展可再生能源、用天然气发电和太阳能发电取代煤电（在大桥等建筑物铺装太阳能电池板等）、使用电动车替换化石燃料车、废品再利用、节水、在建筑中采用新技术等措施。

德国在生态城市建设过程中，果断地摒弃传统工业城市老路，注重城市产业生态体系建设。城市建设结合德国"工业4.0"战略进行，联邦政府为城市创新体系建设提供多样融资渠道与优越融资环境，为德国的生态城市重点培植和发展与传统工业城市截然不同的行业：一是教育、科研，二是光伏、可再生能源等六大产业，三是文化传媒，四是金融商务，五是节能环保科技。如此，通过城市主导产业结构和性质的转变，服务于生态城市建设。

绿色经济的发展通常需要政府采取多种财经手段支持和引导。英国政府注重为城市创新创业提供多元资金支持，提供优越的资金环境，引导产业发展和新型产业集群形成，调动和整合高校、科研机构、企业、金融机构等多方资源，引导生态城市走上不同于传统工业模式的路径。德国同样注重通过财税措施支持生态城市的发展战略。虽然无严格意义上的法律对此进行规定，但具备生态意义的建设项目，通常均可得到各级层面的资助，政府对空气治理、垃圾处理、污水处理、河流治理以及房屋节能改造等环保事项广泛提供补贴，对环保企业和环保项目实施补贴和税收优惠。各地议会也把增加绿地作为任内目标，《城市建设促进法》和1976年颁布的《自然保护及环境维护法》，从法律上保证了城市园林绿地建设和自然风景的保护，国家、州、地方政府对发展公园绿地给予财政补贴，以法兰克福为例，居民建设庭院绿地可获得90马克/平方米的补助。同时，德国按环境消费因素征收生态税，引导社会节能及开发利用可再生能源；并将水费与排水量关联，引导节约用水。国外很多城市启动了专项基金扶持生态城市相关理论和生态适用技术的研究，如怀阿拉市政府资助成立干旱区城市生态研究中心，开展对生态城市的理论和应用研究；克里夫兰市政府成立生态城市基金会，启动生态城市建设基金，将其用于生态城市的宣传、信息服务、职业培训、科学研究与推广；美国、加拿大、澳大利亚、丹麦、意大利、以色列等国则为生态农业、生态工业、生态建筑的研究和推广提供大量的资金，在不同程度上推动了这些国家生态城市的发展。

（6）生态社区建设

城市生态社区是生态城市的有机组成单元，是生态城市多项评价指标的落脚点，对保护城市生态环境、实现城市社区的可持续发展目标具有重要的意义。以欧盟为例，部分国家生态社区实践已有较长历史，其建设思路不仅仅局限于社区本身，而且与整个生态城市建设联系在一起，甚至考虑到区域层面的生态问题。生态社区往往作为生态城市主城区的卫星城进行设计，其对于生态城市整体资源消耗的作用被认为是评判是不是生态的重要标准。因此，生态社区建设强调最大限度节约能源与资源，保护环境和减少污染，与自然和谐共生。例如，英国卡迪夫以公共交通体系的优化、废物再利用和节能为亮点，最大程度地降低私家车的使用率，大力发展中水和雨水的处理再利用设施、封闭式垃圾分类处理及垃圾发电设施，注重建筑物与绿色植被的有机融合，即绿色建筑或生态建筑。巴西库里蒂巴则以公交为导向制定城市开发规划，总体规划沿着几条主要轴线向外进行走廊式开发，以城市公交线路为中心，对所有土地利用和开发密度进行了分区，鼓励混合土地开发利用。西班牙马德里与德国柏林合作，重点研究、实践城市空间和建筑物表面用绿色植被覆盖、雨水就地渗入地下、建筑节能技术材料推广、可循环材料使用等，改善了城市生态系统状况。

绿色建筑强调以人、建筑和自然环境的协调发展为目标，在利用天然条件（阳光、绿植等）和人工手段创造良好、健康的居住环境的同时，尽可能控制和减少对自然环境的利用和破坏，充分体现向大自然索取和回报之间的平衡。

低冲击开发：应用仿生原理，在城市各类建筑、各个层面收集雨水，并使城镇水体与原生水生生物共存、共生。

差别供水与节水：饮用规格的水单独供送，过滤过的雨水送往洗衣机和卫生盥洗系统，或者是用洗衣机排放的废水冲洗厕所；应用新型节水设备、免冲水马桶、节水喷头等。

节能与清洁能源利用：将可再生能源与建筑进行一体化设计、施工和运行，把太阳能、风能、地热能、电梯下降能、废弃物转化为沼气能，在一个建筑内完成协同转化利用；通过使用太阳能、热回收以及智能化能量管理等方式，减少电耗和建筑物内保温与降温的成本。

绿植：通过搭配绿植，降低建筑表层温度，以减少空调使用率，节省耗电。

智能控电：依据需求自动调控室内加热、通风等用电，降低能耗。

日本六本木大厦：供电自给自足，使用大规模燃气热电联供系统，通过热与电气的有效利用实现大厦的节能管理；日本森大厦（株）在 6 月 20 日至 7 月 7 日实施"节能省电"计划。该计划是为响应"减少 CO_2 排量、熄灯省电"活动而开展的。该公司将以六本木大厦为首，关掉六本木大厦群

North Tower 等 44 栋大楼的装饰照明灯具，以此达到节能省电效果。削减的总电量约为 3.26 万千瓦，CO_2 削减量约为 12 吨。

同时，日本政府责令房地产开发商降低能源消耗，并且每年报告实际节能效果。应用信息化智能能源管理系统，统一管理来自各个场所的数据，降低能源消耗。工作人员可以通过能源管理系统监视生产冷热水所消耗的能源量，对比显示消耗的能源量与总能耗。可以通过简洁明了的饼图或柱状图显示 MS－EXCEL 中的数据，分析数据非常方便。根据当前数据与历史数据，用户可以分析实际性能，并为能源效率和成本效率制定目标；同时可以监视通过调节外部空气引入量所取得的节能效果；还可以监视冷水传输系统的效率。

荷兰是世界上最早提出"可持续发展"理念的国家，在可持续建筑、节能建筑等领域居世界领先地位，从系统工程和长远发展角度，积极推广、开发具有多种功能的建筑。荷兰建筑业在 20 世纪 80 年代和 90 年代初期进行了一系列的试验，尤其针对可持续性建筑在建筑业的各个领域采取了更进一步的整体安排。目标是全面地开发、管理和维护已经建立起来的整体环境。重中之重是要保证生存质量与减少建筑业对环境的不利影响。

排水系统。节约使用高成本饮用水的趋势促使荷兰开发出各类雨水收集系统，并用两套分开的供水系统。一套专门输送饮用规格的水，另一套将滤过的雨水送往洗衣机和卫生盥洗系统，或者是用洗衣机排放的废水冲洗厕所。这些系统还能做到当没有雨水可用时，会自动切换到供应饮用水的位置上。

节能。与强调节约使用饮用水的新趋势一样，节能也日益成为街区大环境的议题。通过使用太阳能、热回收以及电脑化能量管理等方式，人们努力减少电耗和建筑物内保温与降温的成本。

远程读表。"舒适型电子法能量集成管理系统"是一项很有意思的革新，可以降低 40% 的能耗。按家庭分别处理各类计量表的读数与账单。户主会得到一把"电子钥匙"，他们在离家时可以将这把"电子钥匙"插进"电子锁"内，经过一段时间的红外线探测后，加热与通风就会被调到最佳水平。

建筑结构。与代尔夫特大学合作，波利诺姆公司正致力于"灵活建筑结构"课题的研究。其目标是要设计出一种将各类电线、数据线及加热管完全一体化的可移动式"预制墙"。该项目开发出来的这种灵活墙结构被称为"SMR"（现成可用的可再利用式隔墙）。

（7）公众参与生态文化建设

生态城市的建设和运转最终要依靠社区居民来实现。城市的空间景观并不完全由规划师的空间设计来决定，其最终的构成理想与否在于过程和公众参与。

英国通过各种政策措施引导、激励公众参与可持续社区建设。一方面，生态城市建设的目标及规划，由政府通过各种渠道积极宣传，让社区民众广泛了解，无论是规划方案的制订、实际的建设推进过程，还是后续的监督监控，都有具体的措施保证群众广泛参与；另一方面，通过学校、公园等多种场所的活动体验，引导社区民众积极参与生态城市建设，增强其城市认同感，使其充分认识到自身作为城市的生产者、建设者、消费者、保护者的多重身份，引导公众对能源消费模式和生活方式进行反思，提升公众自觉的环保意识。

德国则注重通过政策引导"社会-生态的觉醒"。德国的生态环境保护政策和措施由环保活动家、大企业、学术界、地方及联邦各级有关部门共同制定，实现生态环保与文化意识相融合、生态环境需求与市民精神追求相融合，从而在经济发展与生态环境发生冲突时，能够保障生态优先，议会也会遵从市民的选择。同时，政府注重强制措施与自主措施结合，而非一味地强制与惩罚，埃尔兰根成功的家庭废物管理便是政府机构良好引导下实现的奇迹。

英国布里斯托尔（Bristol）生态城市建设提出了五个等级的指标：欧洲公认指标、国家和地区总体指标、利益相关者指标、城市尺度指标和社区指标。各级指标都基本包含了环境保护、社会公平和排外情况、地方政府、地方权力、地方民主、地方关系、全球关系、地方经济、文化遗产及居住环境质量 10 个方面。

澳大利亚怀阿拉生态城市建设的成就主要在于能源和资源的 7 条战略：一是设计并实施全面的水资源循环利用计划；二是在城市开发政策上实行强

制性控制，对于新建住宅和重大城市更新项目要求安装太阳能热水器，并在设计上尽量改进能源效率；三是对安装太阳能热水器给予财政刺激；四是推进《21世纪议程》的环境规划过程；五是开展提倡优良的、可持续的建筑技术的大众运动；六是形成一体化的循环网络；七是建立替代能源研究中心。

美国的金银岛（Treasure Island）生态城市建设基于现有的城区扩展，采用了PPP（Public Private Partnership）模式，规划人口规模8 000人，建设24万平方英尺的高规格商业区和零售区，配建约300英亩的开阔空间，包含22英亩的有机农场、休闲娱乐的公园和湿地；规划建成后能够提供30%的可用居住场所，其中435所定向提供给在金银岛流浪者管理会所及商业中心工作的2 000人。城市规划建设多功能公共交通设施，鼓励骑行和步行，对机动车进行拥堵时段收费。

6.3.2 生态村和生态农业建设措施

农业生产是农村最重要的经济方式，而农村土地也是农业生产最主要的载体，二者的发展不可分割而论。生态农业吸收了传统农业的精华，借鉴现代农业的生产经营方式，以生态学原理为指导，实现与农村经济、社会、自然生态系统的同步优化，促进生态保护和农业资源的可持续利用，并在多数国家上升至国家生态安全高度。生态村所蕴含的思想已经历史久远，但生态村作为特定概念和实践对象的历史仅有短短几十年，国外的生态村建设总结为生态、社会和精神三大动力驱动，并形成日臻成熟的思想理论和实践策略体系。

（1）概述

生态村和生态农业发展理念提出的背景，是工业革命之后，尤其是进入石油时代，农业活动对水体环境、自然景观的破坏，以及引发的土壤侵蚀、病虫害暴发等，直接影响到自然生态的可持续性和人类生命健康，人们由此开始反思农业农村的发展，并基于各种社会问题的制约和平衡对其进行系统深入的研究。作为一种后工业化现象，西方的生态村和生态农业表现为一种社会反省，即发达国家对过往资源环境破坏式发展的不可持续性的认识与反省，承载着对社会现实的不满和对理想生活模式的追求。在政府意识到生态安全是影响整个国家、社会、经济稳定发展的大问题后，生态农业与生态村步入了新的发展阶段。

生态村与城市生态社区不同，生态村更多地体现自下而上的"市民社会"意识与实践，尤其在发展初期的 20 世纪 60—70 年代，政府并未发挥显著作用。生态村的概念最早于 1991 年由丹麦学者 Robert Gilman 提出，同年丹麦成立了生态村组织并给出较为详细的概念内涵。综合近年多国学者及政府和非政府组织对生态村的解读和实践，其概念应包含如下基本内容：环境资源的可持续发展，居住地人类活动不损坏自然环境，重视及恢复土壤、水、植物和空气的保护，强调农业生产的有机方式和自给自足，按照生态规律进行农业生产，运用生态科学原理和生态链接工程而建设，在生态系统承载能力的范围内和生态系统自净能力上限之下开展人类活动。而在西方国家，生态村还是宗教精神化、社会化的载体。具体到每个国家或地区，生态村发展的背景都有其独特之处：德国的特殊背景是 20 世纪 70 年代末的反战反核环境运动，丹麦是 20 世纪 60 年代中期兴起的"合作居住"运动，美国则是 20 世纪 70 年代的"返土归田"运动。

当前，以保持可持续的居住地、保护环境及人类文明为主题的全球生态村运动已经在发达国家及发展中国家蓬勃兴起，从政府部门到非政府组织、农场主、学者都在寻求可持续发展的方式并进行探索，力图扭转对石油农业的依赖，寻求与自然生态和谐的农业生产方式——生态农业。

生态农业在 20 世纪 60 年代末期作为"石油农业"的对立面而出现，是一个原则性的模式而不是严格的标准，其概念最早于 1970 年由美国的威廉姆·奥尔布雷克特（William Albrecht）正式提出。综合各国学者及政府和非政府组织对生态农业的定义，可以认为生态农业的内涵包括：强调在发展农业生产的同时保护生态环境，合理充分利用自然资源，实现可持续发展；要求改变化学农业生产方式，不为生产牺牲生态环境，利用自然规律提高农产品产量和增强抗病能力，减少外部投入，维持动植物自然景观平衡；要求遵循生态学、生态经济学规律进行生产活动，获得生产发展、能源再利用、生态环境保护、经济效益等相统一的综合性效果，实现与当地社会经济、地理气候、人文环境相融合。生态农业的具体措施包括提高太阳能的固定率和利用率、生物能的转化率、废弃物的再循环利用率，促进物质在农业生态系统内部的循环利用和多次重复利用等，与有机农业、生物农业、生物动力农业、再生农业、自然农业、持久农业、环境友好型农业等多有共通之处，其中，有机农业的概念在20世纪30年代便已被提出。

生态农业经历了探索阶段（20世纪20—60年代）、关注阶段（20世纪70—80年代）和稳步发展阶段（1990年至今）。生态农业最早于20世纪20年代在欧洲兴起，由个别生产者针对局部市场的需求而自发地生产某种产品；之后的20年间在瑞士、英国、日本等国得到关注；至20世纪60年代，欧洲的许多农场已转向生态耕作；20世纪70年代末，由污染导致的环境恶化达到了前所未有的程度，并危及人类的生命与健康，从而掀起了以保护农业生态环境为主的各种替代农业思潮，在此期间东南亚地区也开始研究生态农业；20世纪90年代以来，生态农业在规模、速度和水平上都有了质的飞跃，各国都以实际行动予以支持。发达国家陆续采用绿色贸易壁垒来限制农产品的进口，促使世界范围内各国对生态农业的重视。生态农业符合可持续发展观，这已逐渐成为世界各国农业发展的共同选择。但要注意的是，20世纪50—60年代以后正是世界范围内现代农业（也称为"工业化农业"、"石油农业"）替代传统农业的全盛时期，生态农业虽被公认为未来农业的发展方向，但仍无法在规模上与现代农业相比。各国对生态农业的具体衡量标准不一、统计精度不高等客观原因，使世界各国难以确定生态农地的精确规模，但从某些国家或国际组织的调查能够大致了解到，澳大利亚生态农地面积最大，欧洲国家生态农地比例最高，非洲面积最小和比例最低，亚洲面积和比例均呈现快速增长趋势。从消费统计来看，美国为生态农产品最大消费市场，全球整体呈现稳定增长态势。当前所谓的生态村与生态农业，与传统农耕时代相比，资源环境的保护行为更加主观，政策、技术措施等更为具体。

（2）生态村与生态农业的自组织及多元合作

不能否认生态村的出现所发挥的作用，但因为村处于社会结构中非城市区域，不同于开发商主导的城市社区建设，且为最基层组成单元，更多的发展动力来自基层民众的共识以及民众自觉开展的积极尝试和变革，也正是这些民众自觉的尝试和变革成为政府推动政策措施、规划计划最初的源泉。尤其是在 20 世纪 70 年代生态村于欧洲最初兴起之时，并未得到社会主流的支持，也没有相关政策支持。以规划建设为例，国外多数生态村至今仍鼓励自由度较高的多元化设计，一部分房屋由政府主导或开发商承建，其余的建筑用地则由私人购买并自行设计。村民的精神生活和精神空间的打造，多为自发形式，并与宗教活动及丰富的文艺活动相结合。

当然，在生态村的发展被广泛关注后，政府作为国家的管理者，制定了一系列的引导措施，与民众、非政府机构等的自组织形式共同推动了多元合作。日本中央、都道府县设置环境信息协议会，实行"环境顾问"派遣制度，设置"公害监视"制度，有效发挥了社会各界的作用，并同时注重信息公开与国民参与，通过充分的意见交换确保政策透明。瑞典通过官方推动和民间自发行动等，建立生态农业生产者协会、生态农业合作社等，促使农民与政府的政策倾斜形成良性互动，一则互通生态种养信息，二则降低灾害应对及市场风险。目前，瑞典各地的农业合作社按专业可分为近 20 个类型，总计 600 多个，覆盖 90％以上的农民；同时，瑞典市场上 75％以上的农产品由合作社提供。农业合作社制度在生态农业时期发挥着越来越重要的作用。

通过多元合作，日本、瑞典等国家均有相关举措推进生态农业教育，如在学校设置可持续发展农业中心，设立有机农业专业，聘请涉及种植业、畜牧业及环境保护等领域的众多学者，开展生态农业相关跨学科问题的综合研究，制定并提出长期规划及具体的技术方案等。同时，在全国建立技术示范推广基地，由国拨资金负担，面向所有农业从业人员提供培训及咨询也是十分成功的举措。

国际上一些科研机构、基金会、知名人物等，通过出版物、网络传播等形式对生态村案例及发展进行综合介绍、解读，组织开放的学术研讨会等，进行课程培训和经验推广，起到很好的生态村知识普及、宣传作用。比如在学术机构方面，美国康奈尔大学建筑学院协助当地开展丰富的生态村实践，并参与纽约州伊萨卡生态村设计规划，打造出全美最成功的生态村名片，起到很好的示范推广效应。1987 年，丹麦社会活动家罗斯·杰克逊与妻子创办"盖亚基金会"，鼓励将地球看作生命有机体开展研究，资助丹麦及欧洲生态村项目，并倡导全球社会活动家共同参与，成立丹麦生态村协会和全球生态村网络（GEN）。

德国东部勃兰登堡州的布罗多文小村曾是一个土地近荒废、湖泊被严重污染的村庄。建立生态村的建议，是村中的一位作家提出的，主要形式是在村里就地取材，兴办农业企业（70 名村民主动把自己的土地全部租给新成立的布罗多文生态村农业企业），按照生态自然商品生产商联合协会制定的标准经营：请专家进村讲解生态种植的门道，聘请投资者担任企业的经理，建设生态菜园和奶厂。如今企业达到中等规模，拥有 1 200 公顷土地和 53 名职工。

首先，企业根据耕地、饲料、食品、肥料大封闭式循环系统可以健全村庄机制和使土壤持久肥沃这一理论，对土地实行八段式轮种。一块地种了 6 年庄稼之后，接着种苜蓿和玉米。农田里主要种庄稼和绿色蔬菜，并为村里的数百头牛提供饲料。牛白天在草地上放养，晚上住进新盖的下排放式牛棚。奶牛所产的奶被直接送到本村的牛奶厂加工成饮用奶及黄油、凝乳和奶酪，然后放在附属农产品商店同自己菜园里长的蔬菜和水果一起出售。

其次，注重对销售渠道的改进与开发。为了赢得市场，布罗多文的村民向柏林的大约 800 户人家直接供货。布罗多文的村民把大捆绿油油的罗勒菜配上自家生产的奶酪，装箱运往柏林，另一部分则拿到本地的乡镇市场上销售。除此之外，布罗多文的村民将过去肮脏的湖泊改造一新；所有可利用地面都种上了牧草，栽上了树，他们已把旅游开发作为本村下一步的重要项目来抓。

（3）生态村与生态农业政策法规建设

即便是已进入后工业时代的国家，也不会忽视本国农业农村的发展。国家作为政策制定的主体，越来越重视本国"生态农业"与"生态村"发展政策的制定，以迎合世界农业农村未来的发展趋势。当前世界最先进和最大的工业国家，诸如瑞典、日本、美国、英国等，在生态村和生态农业发展立法方面积累了大量的实践经验，对于工农业都面临转型升级的发展中国家具有重要的借鉴意义。

日本对生态农业的主流称谓是"环境友好型农业"。日本实行的是事业计划体制，即出台政策作为指导，配套制订各类计划实现政策的实施。日本农林水产省 1988 年在《农业白皮书》中提出发展有机农业并在随后数年间制定《有机蔬菜、水果特别标志标准》（1992 年）、《有机农产品生产管理要点》（1992 年），修订《日本农林产品标准及适当标识法》（1999 年）；1992年发布《新食品、农业、农村政策的方向》，首次提出"环境友好型农业"概念，随后 1994 年发布的《环境友好型农业的基本方针》对"环境友好型农业"的推进方针进行了阐述，提出降低化学肥料和农药的使用量，适当处理家畜排泄物，建立循环利用系统，支持有机农业，确定扩充补助制度和制度资金，开发实用技术等，并将在全国推广环境友好型农业作为目标。日本政府于 1999 年出台新《食品、农业、农村基本法》，明确农业可持续发展、农业多功能性（外部经济性）发挥、食物稳定供给、农村振兴等目标和要求，同年依据该法中"实现农业自然循环机能的维持和增进"相关条款开始制定实施"农业环境三法"，即《促进可持续型农业生产方式采用的相关法律》（即《持续农业法》）、《肥料取缔法的部分修正法律》（即《修正肥料取缔法》）、《促进家畜排泄物管理的适当化及利用的相关法律》（即《家畜排泄物法》）；2001 年对《土地改良法》做出部分修订，要求农业农村整备设备事业（即基础建设）要"考虑与环境的和谐"，具体包括景观机能维持、生物多样性保护等；2002 年颁布《考虑环境和谐的农业农村整备事业登记本纲要》，并据此在 2004 年由各市町村制定《田园环境整备基本计划》，将此作为开展农村整备事业实施的执行指导。2004 年日本在"食物、农业农村政策审计会"上第一次将环保问题正式提出，随之在 2005 年由内阁会议决定的《食品、农业、农村基本计划》中明确了未来十年农业农村改革方向，提出"全面向重视环境友好型农业转变"，具体落实过往政策，全面制定引导性政策、金融激励性政策等措施，最主要的包括两点：一是制定了"农业环境规范"，明确规定遵守"良好农业规范"（Good Agricultural Practices，GAP）、"实行环境友好型农业"是享受与环境政策无直接关联的补助及金融措施等优待政策的先决条件；对于有助于大幅削减环境负荷的先进措施给予大力支援。2007 年日本又制定实施《农地·水·环境保护提高对策》，对于地区保护农田和农田用水的活动进行直接支付。

《环境友好型农业基本方针》提出三大类措施，第一类措施为建立环境友好型农业推进体制（中央、都道府县、市町村），开展各类环境友好型农业项目、计划等；第二类措施为资源综合利用及削减环境负荷，包括推行新的耕作方法、家畜粪尿循环利用、农药化肥控制等，并为具体的措施配套资金支持；第三类措施为在社会普及对环境友好型农业的认知和提升相应农产品的消费。综合分析，第一类属于保障措施，第二类和第三类则分别从供给侧和消费侧同步推进，实质上开启了日本生态农业的改革之路。

《持续农业法》推出了"环保农户"认定制度，被认定为环保农户后可获取金融优待；《修正肥料取缔法》创立了肥料品质等标识制度，以推进有机肥料的利用；《家畜排泄物法》对家畜排泄物的管理和利用进行规范，并在信息化管理、基础建设等各方面对都道府县、市町村各级管理体制构建及责任划分做出规定。

瑞典生态农业和生态食品处于世界领先地位。但历史上，瑞典曾受过于偏北的地理区位和可耕面积稀少等天然因素制约，成为贫穷的农业国。虽然已成为世界最发达工业国之一，但瑞典并未因重视工业而忽视了农业的发展。瑞典政府通过制定法律、调节税收等，对供给生产与消费需求同步约束、引导，积极削弱农业生产对环境造成的污染。瑞典在解决农业环境问题时采取倾斜政策，通过税收政策、资金补贴、加大农业科研力度等给予了环境友好型农业生产长期而稳定的优惠政策。早在 1969 年，瑞典便有了环境保护法规；20 世纪 80 年代，又相继出台了 15 个单项法规。在此基础上，瑞典政府于 1999 年颁布了一部完整的《农业环保法》，对农药、肥料、水等的使用做出规定，明确了"污染者补偿原则"、节省原材料和能源的"生态环境原则"等，并在法规中特别强调了政府的监督作用。该法律被认为是当前农业环境保护领域中最为完善的法律之一，其部分内容已被欧盟作为共同准则的样板。瑞典政府注重对政策的多途径宣传，通过适时的舆论引导和介入，把农民和消费者结合成有效的"统一战线"，促进了生态农业在瑞典的发展。

瑞典"污染者补偿原则"突出表现在对使用农药、化肥等造成环境污染的农业活动征收重税上，1998年开始把计征的氮肥和磷肥生态农业税增加1倍，每千克分别征收0.6瑞典克朗和1.2瑞典克朗，相当于市场价格的20%。例如农场主每使用1千克农药，要缴税20瑞典克朗（约合3美元），使用一袋50千克的磷肥，还要缴税60瑞典克朗（约合8.5美元）。在此重税之下，瑞典现在的农药年销售量较20年前下降了80%。

瑞典的"生态环境原则"对"污染者补偿原则"形成了双重强化。基于污染者补偿原则，农民减少农药和化肥的使用，转而使用更多的有机肥，减少了有害物质对环境的污染；同时，瑞典将税收中得来的钱用于环境治理和资源保护，包括有机农业的研究、咨询服务和实施其他项目。

美国于1983年制定了有机农业法规，对有机农业进行界定，并要求所有农药都必须在联邦农业部登记，在使用的州注册；制定了《有机食品生产法》，并依法成立了"有机标准委员会"；颁布了诸如《2002年农场安全及农村投资法》等，从商品和生态保护等十多个方面进行补贴。同时，美国在其《1990年农业法》中，制定了农药、化肥等使用标准，规定对生产、使用农药、化肥而造成环境污染者，采用投资课税的方式征收农药税和化学肥料税；而美国的一般农产品种植也必须遵循《种子法》《物种保护法》《肥料使用法》《自然资源保护法》《土地资源保护法》《植物保护法》《垃圾处理法》和《水资源管理条例》相关规定。

德国通过1936年的《帝国土地改革法》，使国家农村建设逐步走上法制化道路，并依照该法实施了农村给排水建设、土地整合等，1954年颁布的《联邦土地整理法》则对村落生活与生产空间的合理布局、保护村落内在价值及自主性提供法律保障。德国与英国在20世纪90年代初构建了"适当的农业活动准则"，并进行了一系列的法规制定和修订，如英国制定《控制公害法》，德国就施肥方法颁布了"施肥令"。英德两国规定严格控制施肥期与施肥量，严格控制河流附近家畜粪尿污染，实行严厉的"污染者负担"制，配套制定了操作性极强的奖惩办法。欧共体在德国和英国的基础上于1992年6月颁布《生态农业及相应农产品生产的规定》，提高了环保的基准水平，扩大了"污染者负担"原则在欧洲的适用范围。1993年以后，欧共体各成员国都出台了资助生态农业的政策法规，在全国范围内统一实施。德国颁布的法规有明确的规定，经营农业企业的人员，必须拥有规定年限的义务教育经历，并接受正规、系统的职业培训，取得相应的经营资质。

（4）生态村与生态农业规划计划

国外生态村和生态农业规划计划的核心思想便是土地生态分区，通常为结合居民生产生活需要和土地斑块的适宜性，确定其基本用途和生态功能（如住宅、农业生产、交通、能源再生利用、废水及垃圾处理、环境教育等），并通过多种辅助手段协调各类功能用地之间的矛盾，优化相关功能用地之间的联系和使用效果，使居民的生产生活更符合生态学原则。进行生态分区的依据可归纳为生态敏感性、资源承载力、生态服务功能三大类。生态敏感性通常包括物种丰度、生态稳定性等指标；资源承载力包括水资源承载、绿地资源承载等；生态服务功能包含水源涵养、水土保持、生物多样性保护等。当然，各国的具体实践路径并不完全一致。

日本的规划计划以详尽可操作著称，详细的实施计划是日本典型的政策落实方式。日本通过《田园环境整备基本计划》将农村地域分为"环境创造区域"和"环境考虑区域"，前者要维持和增进环境现状，后者则主要抑制农业活动造成的负面影响。基本计划和农业农村整备事业挂钩，是实现资源-环境统筹保护的重要政策措施。农业农村整备事业开展确立了以下重点方向，一是生产基础的完善，配套措施包括灌溉排水、农业道路修整、农场修整、土地改良、技术骨干培养等；二是山间地带整合，配套措施包括财政支付等；三是农村整合与振兴，配套措施包括农业集中排水、资源循环利用、居民用水优化等；四是防灾，具体措施包括蓄水、排水、引水以及水质净化；五是土地改良设施管理，进一步明晰设施归属等。

生态农业规划计划的另一个重点在于农产品的市场调配。欧盟对于市场的调配特点为源头、渠道并举。在源头方面以增加收益为目标，开展生态农业实验与科技推广；在渠道方面以避免生态农产品过剩为目标，扩大内需和出口，限制进口，鼓励生态农产品多元化生产。

美国通过 CREP 项目计划，对易发生水土流失地区的农田进行弃耕恢复保护，政府根据当地生产水平支付补贴；通过联邦与州共同出资的 CREP 项目计划，对土壤侵蚀和野生动植物自然繁殖地等有重大影响的地域，采取农业生产用地保护。

（5）生态村管理体系建设

国外生态村的管理自主性较强，公众参与和民主决策水平较高，但对于一个国家来说，村落和农业的发展绝对不会成为管理的空白，绝大多数国家都已建立了从中央到地方的适合本国的管理体系。

日本为保障有计划地推进生态村和生态农业各项政策措施落地，推行以粮食·农业·农村政策推进总部为中心的政府一体化管理体系。

而瑞典政府同样牵头构建全国生态农业发展管理体系，一是委托国家农业委员会建立有机农业理事会，由政府部门、商界和农场主代表共同组成，具体负责实施有机农业计划；二是在全国建立有机农业咨询服务网，整合原农业局下属的有机农业咨询服务站，直接为农业企业（农场）服务，通过派遣专家协助制订计划和指导田间试验、举办有机农业培训班、组织实践活动、组织群众性讲座、举办展览会、出版有机农业的书籍等支撑全国生态农业发展。

在村层面，生态村广泛采用基于协议与协商制度设计的民主自治管理模式，对于村内居民行为依靠居民协议或决策共识来约束和规范，居民以参与会议的形式践行民主自治制度。

（6）生态农业标准及认证制度

发展生态农业，构建有利于促进生物多样性、生物圈循环和土壤生物活动的生态体系。生态农场采取恢复、维持、促进生态和谐的管理措施，完全不用或基本不用人工合成的肥料、农药、生长调节剂和饲料添加剂，将对空气、土壤和水源的污染降到最低。环保农户、生态农场与环保农产品认证制度是国外较为成熟的生态农业监管辅助措施。

日本早在 1935 年即提出自然农法，1958 年从事自然农法的用户达到 1.5 万多个，这被认为是生态农户制度的萌芽。20 世纪 70 年代日本开始发展有机农业，成立一些民间组织和促进组织，如日本有机农业研究会、有机农业学协会、有机银行等，最终自然农法发展为生态环保农户制度，并依据《持续农业法》得以确立。生态环保农户由都道府县认定，依法使用堆肥改良土壤、减少化学肥料及化学农药使用的农户可享受农业改良资金延期偿还等特别措施优惠。生态环保农户要提交堆肥使用计划、机械和设施购入维修计划以及资金调配计划。生态环保农户有专属标识，可以适用于其农产品包装。GAP 是日本实现有机农业、环境友好型农业的一种手段，日本从 2005 年明确制定实施 GAP，到 2006 年发布各主要作物的 GAP，并于 2007 年制定了日本版的 JGAP，对耕种部门和畜产部门做了 128 项规范，对生产过程各环节做出细致规定，保障食品安全与环境安全。遵守 GAP 成为享受农业补贴的附加条件。

欧盟 1992 年制定《生态农业及相应农产品生产的规定》，明确提出生态农业产品的生产必须符合国际生态农业协会（FOAM）的标准，对于如何生产产品，允许使用哪些物质，不允许使用哪些物质，都有明确规定，对于所采用的附加料，都要在产品中标明其比例，只有 95％以上的附加料是生态的，才可作为纯生态产品出售。

德国实行比欧盟标准更高的德国生态农业协会标准，规定生态农业协会成员生产的产品必须 95％以上的附加料是生态的，才被称作生态产品。生态产品被认证前，申请转入生态农业生产的生产方需经过 3 年调整期，其间提供许可资料（产品生产地、生产过程记录、设备、原料、附加料记录、种子、肥料、植保剂名称、数量及出处等），由国家授权的检测中心对其进行至少一年一次的检查，以及不定期抽查，如检查不合格，则要延长调整期。德国的《生态标识法》于 2001 年 12 月 15 日正式生效。

瑞典以 KRAV 标识生态食品，即通常所谓的绿色食品，在瑞典该标识的认知度高达 70％以上。该标识是瑞典最著名的环保标识之一，在瑞典的健康食品市场上占有相当重要的位置，由瑞典生态食品认证中心颁发。瑞典生态食品检验实行全过程管理，即"从土地到餐桌"，一是在生产环节中要求农民禁止或限量使用化肥、农药、兽药、生长调节剂、饲料添加剂等一切可能有害健康的产品，要求通过使用有机肥、种植绿肥、作物轮作、生物防治等技术来改良土壤和控制病虫草害；二是要求产品原产地的环境质量有保证；三是生态食品认证严格，认证中心得到国际有机农业运动联盟认可，由瑞典生态农业联合会等 27 个组织组成，半数员工负责对申请认证的生态食品进行跟踪检查，通过各种渠道反馈信息，对生态食品的标准做出完善和更新（重审周期为三年，并要接受国际有机农业运动联盟的核查）。

美国同样制定了成体系的农产品质量安全认证标准，分为自愿性认证和强制性认证，自愿性认证有有机食品认证、公平贸易认证等，强制性认证有食品 GMP 认证、HACCP 认证、GAP 认证等。其中，有机农作物在认证前必须停止使用禁用物 3 年，依照有机计划栽培并向认证机构递交有机农作物生产计划，所有栽培过程都要被记录并保持 5 年。

（7）生态农业的财政支持与引导

加大资金投入和设置专项补贴是工业社会背景下农业和农村可持续发展见效较快的途径，也是多个国家和地区生态农业支持和保护政策最基本的内容。

欧盟设立共同生态农业基金，支持各类生态农产品组织体系的运转，保障各类生态农产品的生产、加工、仓储和销售有序进行；欧盟还设置了面向生态农产品的专项补贴和专项资助，平衡生态农产品因市场需求不高而对农户生产积极性造成的影响。在补贴政策推行初期，欧盟各国所有的资助项目都规定，农民必须按照生态农业标准耕作 5 年才能得到资助，否则必须归还所有款项，除了生态经营以外，被要求实施额外环境措施的相关费用由财政另行拨付。

瑞典一方面通过价格规制限制化肥和农药的使用，另一方面通过国家农业委员会制定法令，规定采用和扩大生态耕种可以得到财政补贴。瑞典农场主在固定的地块连续采用生态方式耕种，坚持不使用化肥和农药，严格控制有机肥的使用时间，经瑞典农业委员会认定，在前三年可以得到国家发放的补贴金；农场主申请补贴金时，需要提交由农业局批准的实施生态农业种植方式的"五年计划"；补贴金附加条件（规定用途、补偿金额等）由农场主通过与国家签订合同做出具体规定。同时，瑞典从 1989 年起开始执行新的农业政策，减少普通农产品价格补贴和收购量，鼓励发展生态清洁的农业等。英国和德国也有相关规定，生态农户严格遵守准则，由政府财政给予补贴，规定化学肥料和农家肥的正确使用方法，农户必须遵守，违反者则受到惩罚。

瑞典生态耕种补贴金用于谷类作物、油料作物、豌豆及其他豆类、马铃薯和甜菜等，第一年也可用于牧草、绿肥和青贮作物的生产，补贴金额基于普通产品与市场的价格差额，一般每年每公顷补贴 750～2 900 瑞典克朗，足以补偿耕种方式转换期内产品未被认为是清洁生态产品和在市场上还不能以更高价格出售时所造成的损失；政府对农场修建粪肥储存场的资金补贴以 2.5 万瑞典克朗为上限，约占投资的 20%。

美国一方面采用投资课税的方式征收农药税和化学肥料税，抑制"非生态农业"发展，另一方面通过加大对生态农业基础设施建设（如道路、供电、通信）、生态农业生产（如实施土地休耕、水土保持、湿地保护、草地保育、野生物栖息地保护、环境质量激励等方面的生态保护补贴计划）以及生态农业科研和营销（如启动专项基金用于生态农业的科技研究与推广、营销宣传、职业培训、信息服务）的财政补贴以支持其发展。其中，美国通过《2002 年农业安全及农村投资法》大幅度提高农业补贴，计划在十年内将联邦政府补贴提高 67%，总计达 1 900 亿美元。

德国和日本均出台相关法律法规，对能再生利用生态农业废料的农户实施奖励措施和经济补偿，对无故焚烧者给予社区服务或者罚款的处罚。

法国用于农业环境的资金，1992 年为 800 万欧元，1993 年上升到 1.5 亿欧元，增长近 18 倍，2001 年高达 3.7 亿欧元。近年，法国进一步提升了生态农业的补贴标准，并规定税收补贴与生态农业补贴可累计使用，拓宽了补贴范围，简化了补贴手续。

政府干预的制度性低息贷款等是另一种常见的生态农业财政支持措施。日本对生态农业的低息贷款以农户作为载体，主要投向农地开垦、改良和灌溉、经营设施等生态建设，同时以都道府县作为补偿主体，向服务环保型农业的农户发放无息贷款。德国政府为鼓励金融机构参与农村信贷，对生态农业、环境保护等领域实行农村信贷利息补贴，或是降低存款准备金比例。法国政府对符合国家发展战略的农村贷款项目，通过降低利率、发放贴息贷款等政策来鼓励农业投资，促进农业可持续发展。

（8）生态村与生态农业的技术支撑

通过对多国生态村和生态农业的分析总结发现，生态村和生态农业发展的技术支撑体系主要由生态恢复、再生能源利用、废弃物处理三个板块构成。生态恢复主要集中在农田土壤质量恢复和水体环境质量恢复上，注重生物因素和非生物因素的综合使用，并注意技术应用对生态系统结构功能的影响，代表性技术有人工混交林、人工湿地、作物轮作与共生、化肥农药替代等；再生能源利用技术则集中在太阳能、风能、生物智能几个领域；废弃物处理注重生物（微生物等）技术与工程技术（过滤等）的结合，因地制宜，主要为废水净化再利用技术和餐厨、粪便等的堆肥技术。

生态村与生态农业技术的支撑离不开产学研的协同发展。瑞典曾在1989年由农业部发布决议，发动全国农民支持生态农业，并在农业大学中设立生态农业专业，强化生态农业人才培养和科技培训。美国先后提出"低投入持续农业计划"和"高效持续农业计划"，打造科技农业生产体系，并在近十几年应用病虫害综合防治、3S利用等先进技术。澳大利亚则成立联邦科学与产业研究院、联邦生态农业技术推广部、生态农业院校等，促进生态农业技术研发，推广宣传生态农业技术。日本重点开发了低害农药技术、残留农药简易诊断技术、土壤诊断技术、无农药无化肥栽培技术、林产废弃物和家畜粪尿制堆肥技术，以及农业用水和水产管理等。

6.3.3 生态工业与生态工业园建设措施

工业是社会经济发展的核心产业，为人们的生活和生产提供了物质基础，但随着工业化的不断推进，工业发展也带来了资源大量消耗、生态破坏和环境污染等问题，生态工业在此背景下提出，并以生态工业园的形式得以应用，其为改变工业污染末端治理模式提供了新的视角，为工业的可持续发展提供了一种新的方向。美国、欧盟、日本等在生态工业园建设方面进行了多年实践，在管理和技术等方面积累了很多经验。

（1）概述

1989年9月，美国通用汽车公司研究人员在《科学美国人》杂志上发表题为《可持续工业发展战略》的文章，正式提出生态工业概念，现已成为一门独立的研究学科（工业生态学或生态工业），以生态经济学原理为指导，以节约资源、清洁生产和废弃物多层次循环利用等为特征，以现代科学技术为依托，综合运用生态规律、经济规律和系统工程方法，从整体工业系统角度，对原材料开采、产品生产使用、回收处置等整个产品生命周期进行优化，并联系实际进行应用。

生态工业园是对生态工业学的具体应用和实践，美国总统可持续发展咨询委员会将其定义为"一个工商业组成的群体相互合作，并且与地方社区合作，达到充分共享资源（信息、材料、水、能源、基础设施、自然条件），在获得经济效益和环境效益的同时，为满足工商业和当地社区的需要，提高人力资源水平。一个工业系统充分考虑材料和能源交换，以求最大限度地降低能源和原材料消耗，使废料降低到最低水平，从而使经济、生态、社会三者之间形成可持续发展的关系"。美国政府期望通过生态工业园为企业之间的合作提供便利，为企业创造一个经济效益更加显著、环境更加友好的条件。

20 世纪 70 年代初，丹麦卡伦堡工业区企业之间自主形成的"工业共生"关系是生态工业园的雏形，此后，在借鉴卡伦堡工业共生体经验的基础上，美国、德国、英国、日本、韩国等陆续在工业园开展产业共生实践，按照工业生态学原则进行工业园的规划、建设和改造，建设生态工业园。

美国、日本以及欧洲主要发达国家的生态工业的发展，既有共同之处，也有显著区别，背后的原因则是欧洲经济一体化发展以及全球和区域气候环境问题逐渐达成共识，而各国的自然资源属性和政治经济具体表现形式又有所区别。美国是首先提出生态工业园概念的国家，生态工业园也被作为美国工业发展战略的内容之一，由中央政府推动，并提供技术和资金支持，形成了以政府为主体、多方参与的管理模式。欧洲是生态工业园发展最成功的地区，各国根据自身情况形成了形式多样、注重经济性的各式生态工业园，且运行情况良好。日本是最早开展生态工业园建设的国家之一，在亚洲占有领先地位，形成了以静脉产业为主的循环利用和工业共生模式，减少废物排放。美国、欧盟、日本各有所长，均有值得研究分析及借鉴之处。

（2）法规体系

生态工业和生态工业园的持久化、健康化发展，离不开法律的支持。虽然目前国外专门针对生态工业或生态工业园区的立法并不十分普遍，但无论哪个国家，对生态工业园区的构建都相当重视，很多国家已通过循环经济立法或纳入环境法案等对企业行为进行强制、引导、评定，涵盖工业企业生产、建设、流通等环节，主要形式有循环经济、低碳经济、清洁生产以及节约能源立法等。这些法律所规定的内容大都契合生态工业发展理念，并具体应用到生态工业园区建设。生态工业与生态工业园在美国、欧盟、日本等本身就是发展循环经济的主要实践形式。以欧盟为例，循环经济相关环境政策明确规定工业园区的企业需要承担生产过程中回收废物、减少排放污染和环境报告的义务。

日本通过《建立循环型社会基本法》对产品循环处理的优先顺序做出规定；通过《资源有效利用促进法》对工业产品循环再生利用、控制废弃物产生做出规定，并配套制定了《关于促进资源有效利用的基本方针》和《废弃物处理与回收技术指南》；通过《废弃物处理法》明确了污染者付费原则及企业责任，同时规定对筹建废弃物处理设施的企业提供财政补贴，鼓励企业从事生态工业制造等。此外，为辅助支持生态工业发展，日本还通过《绿色采购法》等，明确了国家推动再生产品采购的义务和责任。

在美国，各州结合本州的特点制定地方性法规。以缅因州为例，其《有害废物管理条例》规定，对电子产品废弃物实行强制回收，由生产商承担电子废弃物的回收处理费用，并且在费用拨付上采取处理时收费的原则。

德国以《循环经济与废弃物管理法》为框架，制定（修订）了《包装条例》、《废弃木材处置条例》等配套法规，并编制了《废弃物管理技术指南》，形成了规范工业生产整个循环周期（从企业生产到企业废弃物处理再利用）的废弃物资源再利用法规体系。

生态工业立法的作用，首先在于通过立法调整企业共生的社会关系，维护生态工业园上下游企业的共生性（如下游企业以上游企业废弃物或伴生副产品作为原材料、燃料等），实现园区物质、能源的高效利用，废弃物近零排放等目标；其次在于通过立法制裁、惩罚违反生态工业、循环经济理念的企业行为；最后，可以增进企业的环保意识，并以园区为基础辐射带动优化公众行为，服务资源节约型、环境友好型社会。

（3）定位——国家战略高度

工业是绝大多数国家经济之主体，而生态工业目前在多数发达国家已上升到国家战略的高度。

1993 年，美国组建总统可持续发展咨询委员会，其下设"生态工业园特别工作组"，工业生态园的开发受到了美国总统可持续发展咨询委员会、能源部、环保局的大力支持，并推荐作为 21 世纪的工业发展战略。其后，美国总统可持续发展咨询委员会制定了工业生态园执行目标，包括支持 15 个示范项目和 4 个工业生态园示范区。日本自然资源相对匮乏，因此，最大限度地利用资源、减少废物排放、发展循环经济很早便被确立为国家战略。

日本则结合国家循环经济发展战略，以静脉产业尤其是废弃物再生利用为主发展建设生态工业园。日本生态工业园可进行回收、循环利用的废弃物多达几十种，包括一般废弃物和产业废弃物，如 PET 瓶、废木材、废塑料、废旧家电、办公设备、报废汽车、荧光灯管、废旧纸张、废轮胎和橡胶、建筑混合废物、泡沫聚苯乙烯等。目前，日本生态工业园也在走动脉产业的循环之路，开展产业与产业、产业与居民之间资源的循环利用，发展环境友好型产品和环境服务产业。

（4）规划与发展

美国大部分生态工业园采取规划型模式，即政府作为生态工业园建设的发起人，引进企业入驻，并注重环境效益、增加就业机会等机会效益，倾向于激进地改造原有线性生产方式以迅速改善当地环境。如由总统可持续发展咨询委员会推动建设的 15 个生态工业园，均由政府主导创建，规划了一系列全新的高科技、配套完善的生态工业，然后再引进理论上可能发生共生的企业进入，通过共生提高企业的效率、加强合作和环境保护意识。

欧盟的生态工业园则主要有规划型和自发型两类：以丹麦卡伦堡为代表的自发型工业园，以及包括以英国、法国、荷兰、芬兰等为代表的规划型工业园。其中，自发型工业园中的企业主根据自己的需求与可供给此种资源的企业主动联系，通过协商达成协议，以实现资源、废弃物的信息交换，自发形成工业共生体；而规划型工业园一般在政府的统一规划和政策引导下形成。

欧盟生态工业园的规划注重对经济利益的考量。不论规划型还是自发型，都注重企业布局和交易成本，将经济利益作为园区形成的前提条件，追求生态效益的同时保证企业和园区的经济效益。只有当生态工业园的运行具有经济效益时，企业才有足够的动力投入时间、资金和其他资源，从而提高环境绩效和经济绩效。

日本采用的是中央和地方协作模式。中央政府制定促进园区建设和循环经济的相关政策和推进计划，提供财政支持。而地方政府在贯彻循环经济法律法规的同时，根据各地实际情况制订符合地区特色的园区建设推进计划，比如地区静脉产业发展规划。

（5）管理体系建设

生态工业园的管理与其所在国家的政治环境、市场经济特征关联密切。

欧盟生态工业园的管理主体呈现多元化特点，由各企业派出的代表所组成的管理机构是管理主体，与当地政府协同管理园区事务。政府、非政府公共部门以及科研部门不占主导地位，只承担间接管理、协调和咨询服务等职责。同时，园区当地居民正逐渐参与生态工业园建设，同时派出代表参与园区内部管理。

美国生态工业园注重多方参与，管理主体包括地方政府、园区开发组织、地方经济发展公司、私人产业和其他社会组织等，其中社区和非政府组织的参与程度非常高，并设有"规划和设计座谈"等形式，鼓励公众表达意见，参与生态工业园的管理。

日本比较注重政府引导与规范，由环境省和经济产业省共同负责生态工业园的审批与管理，生态工业园建设申请由各地方自治组织提出，并提交详细的计划，由两部门进行联合审核、筛选，经评估达标后给予许可证，生态工业园才能进入建设实施阶段。但两部门的管理权限各有侧重，环境省在地方环境管理、废弃物回收和处理指导等方面起主要作用，经济产业省主要从产业方面进行管理，对可回收资源负责。研究机构在日本生态工业园的发展中起到了至关重要的作用，参与园区管理的研究机构主要包括大学、研究所与民间组织等，为园区企业提供废弃物转换、污染物控制与治理等高新技术成果，推动生态工业园的技术进步。另外，为促进研究成果转换，日本在生态工业园内专门开辟实验研究区域，由环境省为研究机构提供经费与设施支持，研究成果的快速更新与应用直接支持生态工业园的发展。

6.4 国外生态环境保护对黄河流域环境保护的启示

6.4.1 环境保护具有优化经济发展的功能

"环境换取发展"是经济发展早期阶段的特征。随着经济发展水平的提高，保护环境与发展经济之间的关系也在改变。在经济发展的早期阶段，发展的势头很猛，带来的环境压力加大，主要问题是："环境怎么办"为此国家采取提高环境标准、实行环保法治等措施。在经济发展的后期阶段，随着生态环境承载力达到或接近上限，经济发展缺少足够的环境容量，主要问题变为："发展怎么办"这时候就必须通过实行最严格的环境保护制度来倒逼经济发展向绿色方向转型，我们把这种环境与经济的关系称为"以环境保护优化经济发展"，简称"环境优化发展"。由此可以看到，从"环境换取发展"到"环境优化发展"，保护环境与发展经济之间的关系逐步由对立转向共生，环境保护具有优化发展经济的功能。

环境保护对于经济发展，犹如考试制度对于学生的学习进步，尽管考试会增加学生压力，但有利于提高学生成绩。环保政策所调控的对象是具有强烈适应能力和自我调节能力的企业，这些企业能够根据外部约束条件的变化而及时调整自己的行为，甚至还能从这种外部条件的变化中发现或创造出新的获利机会，所以那种认为企业会因为严格的环保政策而不再发展的担心是不必要的。

关于加强环境保护是否会妨碍经济发展，国内有的学者研究了环境保护与产业国际竞争力的关系，通过对中国制造业 17 个主要产业的实证分析，比较了中国与美国的实际经验，认为加强环境保护不会削弱产业的国际竞争力，美国实施较严格的环境保护管制，并没有削弱其污染密集型产业的国际竞争力。还有国内一些研究表明，当环境管理增加 1% 时，企业的研发投入强度、专利授权数量以及新产品销售收入分别增加 0.12%、0.30% 和 0.22%，证明了适当的环境管理对于企业的盈利是有好处的。

6.4.2 尽量跨越环境问题的"卡夫丁峡谷"

从发达国家的经历来看，除新加坡外，都经历过环境问题十分突出，后来采取改变发展方式和加强环境治理等措施，又回归良好环境状态的过程，相当于经历了一个下凹的"峡谷"过程。在环境经济学中，这个路径被称为"环境库茨涅茨曲线"，它是指随着经济发展程度的提高，环境污染等问题会逐步加重，但随着经济的进一步发展，用于环境治理的资金和技术增多，环境污染又会逐步减轻，经济发展与环境质量之间的关系呈现先恶化再改善的倒 U 形曲线形态。

发达国家环境保护的历程说明，走工业化发展道路的国家一般都要经历环境库茨涅茨曲线所描述的曲折过程，在经济发展过程中付出一定的环境代价，但随着人类在环境问题上积累的知识增多，后起的国家就可以汲取前人的经验教训，尽量避免走这段"弯路"，尽早跨越这个"卡夫丁峡谷"。对这些后发国家，前人的经验和教训产生了"知识红利"，已经产生和应用的技术构成了"技术红利"，这些都使后起国家缩短了调整和改善的时间。

我国很长一段时期以来，对环境保护没有给予足够的重视，导致出现了较严重的环境污染和生态破坏问题，这也就是党的十七大指出的"经济增长的资源环境代价过大"，我们可以把这种环境与经济的关系称为"环境换取发展"。面对这种情况，我们一定要保持谦虚学习的姿态，学习他国的先进做法保护好我们的生态环境。

6.4.3 保护生态环境需要强大的国家意志

从"环境换取发展"到"环境优化发展"是一种重大和根本的转变，这个过程不但离不开而且还特别需要"国家"这个主体发挥特殊和关键的作用。从国际经验中可以看到，在保护生态环境方面首先是"政府"起骨干作用（"政府"一词，在中文中指行政系统，在外语中包括立法、行政、司法等，因此，外语中的"政府"相当于中文中的"国家"）。环境保护是国家责任和国家事权，中央和地方只是国家这个政治整体的不同层面。国家环境治理的首要手段是环境法治，国家建立环境保护的法律法规体系，通过司法途径落实这些法律法规，也建立强大的行政机构执行这些法律法规标准。

这个经验对中国是很有意义的。从 20 世纪 70 年代开始，中国开展环境保护工作，从认识上也提到了基本国策的高度，但国家环境治理体系和治理能力与经济发展带来的环境压力之间，不相适应的程度较高，无论是法律体系还是执行能力，都需要不断完善。认识到国家意志对于环境保护的重要性，必须着力改革我国的环境治理体系，按照强政府的思路构建治理基础，在这个基础上再强调市场和社会的作用。

6.4.4 必须加快经济发展的绿色化转型

怎样实现从"环境换取发展"向"环境优化发展"的转型？有一种观点认为，我国可以像美国等发达国家一样，把大量的工业产能转移到国外，以此缓解环境压力。但根据发达国家的经验和教训，虽然向外转移工业产能可以减轻环境压力，但也易导致产业空心化和经济虚拟化，这是引起发达国家发生金融危机和债务危机的主要原因之一。发达国家因为把污染型的产业转移到了发展中国家，自己主要搞知识经济、金融创新等，结果国家产业空心化，发生了金融危机，现在想要重新发展实体经济，发现实现难度较大，因为企业一旦转移出去就不易再回来了。

我国借鉴此教训，已经确定了做大做强实体经济、继续保持制造业大国地位的国家战略，提出了《中国制造 2025》。但我们不能继续采取放松环境标准的办法来留住产业，实际上，企业离不离开本地，主要不是取决于在环保上是否管得松，而是主要取决于当地能否提供配套的制度条件，例如，富士康离开深圳了，并没有去东南亚那些劳动力成本更低和环境标准更低的地方，而是去了河南，这主要还是因为中国能够为企业发展提供安全的制度条件。所以不要怕提高环保标准，相反，环境标准比较高的地方，企业反而认为是安全的地方，因为在企业看来，一个地方环境污染很严重，说明政府的治理能力低，企业在这样的地方是不安全的。

在以往人们的认知中，当经济比较困难的时候，国家对绿色环保的要求会相对降低一点，以免过高的环保要求会影响经济增长速度，而这次是中央主动在经济下行的时候提出绿色化要求，这是为什么？这是因为绿色化是为稳增长调结构指明方向，是向市场发出的明确信号，表明我们要保护的不是所有的经济活动，而是那些有利于国家可持续发展的经济活动，我们要实现的经济结构，也不都是原来的产业结构和技术结构，而是有利于循环低碳发展的经济结构，在经济面临下行压力时不能放松环保要求。总之，我们不能为了保护环境而放弃实体产业，而只能通过实体产业绿色化来实现保护生态环境的目标，即对现有经济体系进行大规模的绿色化改造。

6.4.5 发挥社会力量的制衡作用

国际经验表明，公众参与是生态环境保护的重要途径。我国目前仍在采用的环境治理模式，可以称为"政府直控型环境治理模式"，其特点是政府几乎包揽了环境保护的所有工作，从宏观政策制定到微观环境监督，主要都由政府直接操作，所采用的手段也以行政手段为主，即使是所谓的"经济手段"，也是政府直接操作的管理方式，必须由政府投入相当的力量才能运行。这种模式的本质是政府直接对企业的环境违法行为加以约束。

由于政府力量的有限性，在环境治理任务日益增加的情况下，我们需要动员更多的社会力量进入环境治理领域，这就是一种新的治理模式——"社会制衡型环境治理模式"。它强调在政府的主导下，社会力量发挥基础性作用，成为制约破坏环境力量的基本对冲力量。当发生环境问题时，也就是社会发生利益冲突的时候，不再完全依赖于政府出面直接处置，而是由不同利益的代表互相作用，利用冲突处理机制（如仲裁委员会、法院等）进行调解或裁判，从而解决冲突，使环境问题得到控制。在这个过程中，政府并非无所作为，而是可以提供裁决过程所需的法律依据或监测数据等。政府在社会各方"打官司"之前，先进行调解，在这一过程中为有理的一方辩护。由此可见，政府在这里的身份已由进行直接管理的"当事人"转变为起辅助作用的"中介人"，可以极大地节约行政成本，这是社会制衡型环境治理模式的关键之处。在社会制衡型环境治理模式中，政府的作用转向宏观管理，需要建立法治环境，使社会力量在环境治理中发挥主体作用。在开始实施新环保法之后，环境公益诉讼的案例数量快速增长，来自社会的信息公开申请也大量增加，社会舆论对环境问题的关注、评论、批评、建议等也明显增加，公众绿色生活创意和行动更加活跃。

6.5 本章小结

（1）随着环境保护工作的不断推进和深入，从 20 世纪 80 年代后期开始，许多国家，比如美国和欧洲的一些国家开始重视经济激励政策（economic incentives）在环境保护和污染控制中的作用。

（2）相对于传统的命令控制（command and control）型管理政策，基于市场的经济激励型环境保护政策有很多优点，比如减排成本低、对污染减排技术创新的激励作用更强等。目前，各国应用最广泛的环境经济激励政策主要有环境税、排污收费、环境责任保险、排污权交易、补贴、绿色信贷等。根据庇古理论和科斯理论，这些激励政策大致可分为三类：税费类、交易类和其他类。

（3）国外生态环境保护对我国的启示：环境保护具有优化经济发展的功能，应在发展经济的同时注重环境保护，而不是先污染再治理或者是边污染边治理。保护生态环境需要强大的国家意志，必须加快经济发展的绿色化改造，发挥社会力量的制衡作用。

7 提升黄河流域生态环境保护水平的策略

7.1 加强领导和协调，建立生态环境保护综合决策机制

（1）确定环境优先的发展理念

黄河流域应该广泛深入开展环境宣传教育，提高公民环保意识。尤其是针对"节约用水""保护水资源"，要通过宣传教育，提升群众和企业的认知能力，引导督促群众节约用水，让更多人和企业参与到污水治理监督工作中，发挥其主观能动性，为污水处理贡献力量。要加强法治建设。应采取严格措施，加大环境保护和治理力度，遏制生态恶化。要加大对环境保护资金的投入，同时还要加强生态科技创新力度，建立完善的科技创新体系。

（2）确定协调可持续发展的发展理念

衡量生产资料的利用与废弃物的产生之间的关系，包括农业生产资料，化肥、农药与农业废弃物、面源污染；水资源和污水处理等。构建良性的循环系统，实现生态系统间良好的互动、需求与供给的动态平衡，避免陷入资源枯竭和环境恶化的危机。降低资源消耗和废弃物的产生，也能够实现生态保护。循环经济有五个原则，分别是减量化、再利用、再循环、再思考和再修复原则。从这五个原则着手，实现经济系统和生态系统的循环可持续。

（3）建立和完善生态环境保护责任制

要把地方各级政府对本辖区生态环境质量负责、各部门对本行业和本系统生态环境保护负责的责任制落到实处。明确资源开发单位、法人的生态环境保护责任。实行严格的考核、奖罚制度。对于严格履行职责，在生态环境

保护中做出重大贡献的单位和个人，应给予表彰、奖励。对于失职、渎职，造成生态环境破坏的，应依照有关法律法规予以追究。要把生态环境保护和建设规划纳入各级经济和社会发展的长远规划和年度计划，保证各级政府对生态环境保护的投入。建立生态环境保护与建设的审计制度，确保投入与产出的合理性和生态效益、经济效益与社会效益的统一。

（4）积极协调和配合，建立行之有效的生态环境保护监管体系

黄河流域各省份有关部门要各司其职，密切配合，齐心协力，共同推进黄河流域生态环境保护工作。环保部门要做好综合协调与监督工作，计划、农业、林业、水利、国土资源和建设等部门要加强自然资源开发的规划和管理，做好生态环境保护与恢复治理工作。在国家确定生态环境重点保护与监管区域的基础上，黄河流域各省份各级政府要结合本地实际，确定本辖区的生态环境重点保护与监管区域，形成上下配套的生态环境保护与监管体系，各级政府和有关部门要把生态环境保护和建设放在优先位置，确保国家黄河流域环境保护与高质量发展战略的顺利实施。

（5）建立经济社会发展与生态环境保护综合决策机制

黄河流域各省份要抓紧编制生态功能区划，指导自然资源开发和产业合理布局，推动经济社会与生态环境保护协调、健康发展。制定重大经济技术政策、社会发展规划、经济发展计划时，应依据生态功能区划，充分考虑生态环境影响问题。自然资源的开发和植树种草、水土保持、草原建设等重大生态环境建设项目，必须开展环境影响评价。对可能造成生态环境破坏和不利影响的项目，必须做到生态环境保护和恢复措施与资源开发和建设项目同步设计，同步施工，同步检查验收。对可能造成生态环境严重破坏的，应严格评审，坚决禁止。

7.2 强化环境法治的应用

（1）加强立法和执法，把生态环境保护纳入法治轨道

严格执行环境保护和资源管理的法律、法规，严厉打击破坏生态环境的犯罪行为。抓紧有关生态环境保护与建设法律法规的制定和修改工作，制定

生态功能保护区生态环境保护管理条例，健全、完善地方生态环境保护法规和监管制度。

（2）注重环境立法对环境保护与促进经济发展的双重作用

国外环境政策体系比较完善，法律法规比较明确，除了法律法规外，还有详细的指南或技术导则。这些法律、指南或者技术指导均是站在可操作、可实施的角度，充分确保企业的利益，不至于将企业推向政府的对立面，并且在环境法律出台之前均会进行成本效益的分析。例如，欧美国家在制定标准、颁发许可证时遵循的最佳可行技术（BAT），确保只要企业愿意投入或实施就一定能够实现。最佳可行技术不是一成不变的，而是随着技术进步和环境需求不断改进，确保了排污许可证的颁发有一个科学的论证，建立起企业和政府的互信，消除了企业出现不可能达到排污许可证要求的情况。为提高政策的可实施性，确保环境政策不会对经济发展造成重要影响，欧美国家在出台环境法律时大多数需要进行成本-效益分析。成本-效益分析有助于阐明政策实施的成本和效益及其对宏观经济和社会分配的影响，政府会依据经济分析的结果做出相关决策；同时，经济分析也可以使企业和公众了解颁布政策的意义，解除对政策实施的技术经济障碍的顾虑，减轻政策实施阻力。

（3）强制性和合作性执法相融合，最大限度地协调发展与保护的矛盾

发达国家的经验表明，环境执法应以环境保护机构为主导，建立协调机构或机制，鼓励多方参与执法。在执法过程中，"罚"不是目的，促进守法才是最终目的，同时，发达国家注重执法手段的灵活多样性，即鼓励强制性执法和合作性执法相结合。强制性执法主要包括警告、罚款、关停或撤销相应资格等各类方式。这种方式在20世纪60—80年代，发达国家环境问题严峻、环境法律执行之初，对环境污染的预防和治理起到了至关重要的作用。但是随着经济的发展，强制性执法的弊端显现，既能促进经济发展，又能确保遵守法律的合作式执法方式开始走向执法舞台。合作式执法的特点是以经济手段为主，以促进守法为目的，更加灵活。目前，各国均探索将强制性执法与合作式执法有机结合的方式，促进社会守法。国外的经验表明，发达国家普遍提倡利用市场机制的手段解决环保问题，充分发挥市场作用，利用经济手段可以有效保护环境，降低行政成本，在环境执法中亦是如此。实践表

明，在环境执法中使用经济手段，不仅可以监督和管控企业的违法行为，还可以发挥排污企业的积极性、主动性和创造性，从而形成良好的守法激励机制。这是因为，经济手段直接与企业的成本、利润乃至社会形象相挂钩，使得企业更加重视这些政策，并且将其纳入企业的战略决策中统筹考虑。

（4）司法力量是落实立法、强化执法，确保社会、经济、环境保护协调发展的重中之重

国际经验表明，司法力量早在20世纪70年代就在发达国家得以发展。重点是司法部门专门化；放宽原告的诉讼资格，鼓励公民参与诉讼；形成环境司法人员的多元化；促进诉讼与非诉讼程序的衔接。环境司法是确保环境法律、政策能够顺利实施的重要保障力量。环境司法这个特殊的解决纠纷、化解矛盾渠道，弥补了环境行政执法在某些方面的无力与不足，其所具有的强制性及权威性特质是任何纠纷解决方式都无法超越的。由生态环境污染和破坏所引发的多种民事、行政及刑事矛盾与冲突，不是简单的国家意志可以强加解决的，这时候就迫切需要环境司法手段的适用，充分发挥能动性，以保障人类社会的永续安宁及生态环境的良性持久状态。

（5）加强生态环境保护的宣传教育，不断提高黄河流域全民的生态环境保护意识

深入开展环境国情、国策教育，分级开展生态环境保护培训，提高生态环境保护与经济社会发展的综合决策能力。重视生态环境保护的基础教育、专业教育，积极搞好社会公众教育。城市动物园、植物园等各类公园，要增加宣传设施，组织特色宣传教育活动，向公众普及生态环境保护知识。进一步加强新闻舆论监督，表扬先进典型，揭露违法行为，完善信访、举报和听证制度，充分调动广大人民群众和民间团体参与生态环境保护的积极性，为实现祖国秀美山川的宏伟目标而努力奋斗。

7.3 完善激励政策和制度建设

从国外的发展经验来看，完善我国的环境经济激励政策需要从法律法规、制度创新等方面开展相应工作。首先，经济激励政策应以法律法规作为

基础和保障，在建立经济激励政策框架的同时，必须配套建立相应的法律法规体系，比如德国根据《联邦废水收费法》建立了废水排放收费制度，美国根据《清洁空气法》建立了酸雨项目；其次，经济激励政策是一个组合，包括环境税费、排污权交易、基金和财政援助等，各种激励政策的作用点不同，因此需要针对不同的环境问题来设计相应的经济激励政策；最后，经济激励政策是整个环境管理体系的一部分，只有与命令控制型政策配合，才能发挥其最大作用，比如美国在排污许可证制度基础上建立的排污权交易制度。总之，建立完善和有效的经济激励政策，需要在对整合环境管理制度系统进行分析的基础上，同时需要针对具体领域进行制度建设。

（1）建立和完善生态环境保护责任制

要把地方各级政府对本辖区生态环境质量负责、各部门对本行业和本系统生态环境保护负责的责任制落到实处。明确资源开发单位、法人的生态环境保护责任。实行严格的考核、奖罚制度。对于严格履行职责，在生态环境保护中做出重大贡献的单位和个人，应给予表彰、奖励。对于失职、渎职，造成生态环境破坏的，应依照有关法律法规予以追究。要把生态环境保护和建设规划纳入各级经济和社会发展的长远规划和年度计划，保证各级政府对生态环境保护的投入。建立生态环境保护与建设的审计制度，确保投入与产出的合理性和生态效益、经济效益与社会效益的统一。

（2）构建完善的管理制度

在农村污水处理过程中，政府发挥着举足轻重的作用，农民个人对生活污水处理知识的掌握程度决定着农村生活污水处理的效果。在农村不断建设和发展过程中，要加大对生态环境保护的力度，同时还需要对农民加强生活污水处理相关知识的宣传，通过这种方式增强每位农民对环境保护的认知，从而让农民养成保护环境的良好习惯。环境在不断污染过程中还会对个人的生命健康产生严重威胁。在这个前提下，政府出台相应的政策约束和鼓励村民进行农村污水统一收集，构建完善的农村环境管理法律规章制度，优化全付费制度，增强村民对环境的认知，同时可以加强对农村基层管理者的监督管理。全面贯彻各种环境管理、监督机制，从而使环境管理工作更加标准化与规范化。在农村生活污水实际处理过程中，要明确各个部门的工作职责，确定农村生活污水的处理形式，确定每个管理部门与工作人员的主要职责等，在开展各项污水处理工作过程中，需要设定确切的管理标准。

（3）推行生态补偿资金的理性化配置和因地制宜的安排

生态补偿是国家推行的调节生态效益与经济效益的重要手段，特别是在对大流域生态环境整体性和系统性保护的客观要求下，由国家主导的对补偿资金定向、集中配置的纵向生态补偿，对于整体经济发展欠发达、生态环境本底较脆弱、生态保护受益性差异较大的黄河流域具有更加显著的效果。黄河流经 9 个省份，流域上中下游地区间的生态保护与经济发展不平衡，流域生态效益的受益程度呈现出相对的层次性和空间分异性，各省份生态环境、自然资源禀赋、发展阶段等差异性导致各区域对流域生态补偿的期望和需求不同，更为突出的问题是黄河流域整体经济发展依旧落后于我国总体水平，导致各省份地方政府对生态补偿资金配置不足且缺乏预测性和地区之间的沟通协调性，在补偿资金分配和使用上表现出极大的随机性。这些现实问题在一定程度上限制了黄河流域开展跨区域横向生态补偿的实效性。由中央政府主导的黄河流域纵向生态补偿，是积极发挥国家财政在黄河流域生态环境保护和治理的重要支柱作用，能够为黄河流域生态保护治理提供重要的财力支撑和制度保障。立足黄河流域各地生态保护任务不同特点，国家针对黄河流域森林资源培育、天然林停伐管护、湿地保护、生态修复工程等进行生态补偿资金的理性化配置和因地制宜的安排，运用经济杠杆的调控作用改变成本-收益的结构，实现对黄河流域稀缺性资源公平配置并修正此过程中的利益失衡，确保地方政府不因生态保护增加投入或限制开发降低基本公共服务水平。这种国家纵向财政转移支付工具可以起到引导和调节黄河流域生态保护效果、公共资源配置、流域资源要素总量等方面的平衡性与协调性效用，这正是黄河流域国家宏观生态调控之要义所在。

（4）推行生态扶贫作为黄河流域国家生态调控制度

影响黄河流域不同地区贫困程度与分布的异质性有三种驱动力，即自然环境条件差异、经济水平差异和社会服务差异。自然环境因素是黄河流域贫困（特别是上游和中游地区）发生的基础性因素，直接影响该区域生产力水平和经济发展水平。扶贫资源被视为国家治理体系和治理能力现代化建设中最重要的公共资源之一，国家在统筹和调控扶贫资源时，以"输血式"财政转移支付和"造血式"发展机会供给两种方式大规模地输入至黄河上中下游贫困地区，用来弥补该地区自然资源贫瘠、环境恶劣、经济发展落后等原发性致贫因子导致的贫困状况。国家宏观生态调控的张力与黄河上中下游贫困程度的空间分异性形成了结构上的耦合关系，生态扶贫作为黄河流域国家生态调控工具，实质上是利用国家财政调控转移支付手段向贫困地区进行公共性扶贫资源有针对性、导向性、类别化输入的模式，国家从外部施加调节性力量间接地影响贫困地区公共性自然资源的差异性配置，以促进黄河流域不同程度贫困地区内在自然环境因素的改善、经济收入指标的提高和贫困主体自我发展能力的提升。

（5）宏观生态调控的"绿色发展工具"的运用

国家宏观生态调控需要根据绿色发展的要求选择"绿色发展工具"，在国家宏观引导和调节作用下，充分挖掘绿色税制、绿色金融和绿色产业等"绿色发展工具"的正向激励功能，优化资源配置流向功能和调整产业结构功能，助力推进黄河流域绿色、协调、高质量发展的新格局。

①黄河上游因地制宜，发展特色农业。特色农业的实质是利用地区特色资源，采用特殊生产方式，开发特殊产品并将其推向市场的农业生态经营活动。根据上述分析结果可知，海拔高度与生态环境之间存在明显的正相关关系，而这种关系极大可能是由于人类的经济活动范围逐渐由低海拔地区向高海拔地区过渡。而这有可能是受限于技术等约束条件，人类无法在高海拔条件下展开生产经济活动。但随着技术等生产条件的提升，尤其是农业生产活动更应该注意因地制宜，结合当地的地理自然环境来培育具有比较优势的农业特色产业和特色产品。应该由追求数量增长向提高质量效益转变，减少或避免由于自然地理条件约束而带来资源的损耗，采用集约化生产方式来提高生产效率，进而降低对生态环境的破坏。

②黄河上游推进产业结构调整。在上述分析中，人均GDP与生态环境表现出显著负相关关系，这可能是由于当地粗放的发展方式造成了资源浪费，以及仅依于矿产资源等单一的发展模式。因此，在黄河流域高质量发展过程中，需要通过调整产业结构来实现对原有区域经济增长方式的转变，

减少对环境的破坏。而且政府需要加强对黄河上游地区基础设施建设和生态环境建设，加快推进科技教育卫生文化等社会事业的发展，为产业结构调整奠定良好的基础。结合当地特色，可以建立棉花、糖料、水果等特色农业生产基地，建成天然气、煤炭、钾盐、磷矿、有色金属等优势矿产资源开发基地，同时加强培育一批资源品位高、特色鲜明的旅游景区和一批具有较强市场竞争力的加工制造企业。

③黄河中游推动产业结构转型升级。注重经济发展方式的调整，积极落实产业结构调整升级。同时，地方政府加大落后产能的淘汰力度，对重点高污染行业进行实时监控。大力发展高新技术产业，全面推进原旧产业链关键领域的创新升级。在进行产业布局时应合理规划，避免污染行业的过度集中，进行产业转移时减少产业承接产生的负外部效应。各地政府积极探索城市经济增长的新方式，实施绿色可持续发展的经济增长模式。

④黄河下游经济增长要以绿色为基础，升级产业结构。立足区域优势，构建产业体系，发挥资源优势，增强特色资源产业的竞争力，把优势点从资源转换为产业和发展。而在本身资源比较丰富的河南、山东部分县区，仍以传统工业为主导产业，造成经济增长缓慢的同时环境又遭到破坏，因此需升级产业结构，利用高效率的技术实现资源的充分利用。

⑤黄河中下游积极引导人口向中小型县市迁移。经济发展水平较高的地区应当控制人口集聚速度，积极引导人口向中小型县市迁移。同时，应当着重倡导"绿色优先，低碳先行"的绿色环保理念，鼓励民众在生活中使用清洁能源，选择绿色环保的交通工具出行，大力推进绿色交通的发展。只有加强群众环保意识，实现全民环保，才是生态环境保护的不竭动力，才能实现黄河流域绿色、和谐可持续发展。

7.4 重视先进技术在生态治理中的应用

从国际经验看，一方面，环保产业与技术的发展离不开政府的宏观调控、政策支持与资金投入、市场调节、公众参与等多方面的支持，美国、日本、德国等环保产业发展领先的国家，从政策、市场、社会、法律等方面进行了系统设计和制度安排，重视政策激励，完善市场制度，鼓励社会参与，加强法律保障，不断推动环保产业的发展与绿色技术创新的制度建设。另一方面，环保产业与技术的发展不仅可以通过降低能耗与污染排放，改善生态质量，对生态治理直接发挥重要作用，在环保产业发展到一定阶段，还可以为经济增长贡献重要力量，且发展速度与经济发展水平紧密相关。此外，环保技术也在一定程度上支撑了环境政策体系的发展。如命令-控制型环境政策工具采取的是设置污染物的排放数量限制或者指定必须使用的消除技术，需要的是基本的污染排放监测和控制技术；基于市场的激励型环境政策包括环境标志与企业环境管理体系认证制度、排污许可证制度、排污税制度、废物循环利用政策、产业布局和结构调整政策、清洁生产与技术更新政策等，需要借助监测、预测等科学技术模型以及更加节能减排的技术；到了合作型控制时期，自动的环境监测技术、大数据、信息公开相关技术则是推动多元化参与的重中之重。现阶段，我国处于发展合作型控制的关键时期，环保产业的发展潜力巨大，但仍面临着市场竞争机制还不完善、产业集中度较低、环境服务业占比偏低等问题，还需要在政策完善、经济激励、市场竞争秩序规范、技术提升等方面不断推进，而在技术方面亟须开展生态环境监测能力建设、环境大数据应用和环境信息公开等技术与关键设备的研发，特别要注重技术的创新。

（1）保障生态环境保护的科技支持能力

黄河流域各省份各级政府要把生态环境保护科学研究纳入科技发展计划，鼓励科技创新，加强农村生态环境保护、生物多样性保护、生态恢复、水土保持等重点生态环境保护领域的技术开发和推广工作。在生态环境保护经费中，应确定一定比例的资金用于生态环境保护的科学研究和技术推广，推动科研成果的转化，提高生态环境保护的科技含量和水平。建立早期预警制度，加强生态环境恶化趋势的预测预报。

（2）创新污水治理工艺，完善治理流程

以技术创新来提升黄河流域上游地区污水处理实效。将不同来源的污水进行分类处理，借助先进的污水处理技术，实现对污水的分类提取与利用，提高污水治理实效也提升水资源利用效率。减少污水处理的二次污染概率，加大资金支持，驱动技术创新，积极引入污水处理的新工艺，综合考虑地区污水治理的实际诉求和成本要素，选择合适的工艺方法，并提供完善的工艺配置，确保污水的治理实效。同时，在技术创新的基础上完善污水治理流程体系。发挥信息技术、远程通信、网络技术优势，打造城市污水处理物联网，污水处理各个环节进行信息化监控，借助大数据分析获取污水处理信息，有针对性地监督企业整改，环环相扣，使污水处理流程更完善，推动污水处理实效的提升。

（3）增大研发投入，从技术、流程、材料等方面实现农机行业的转型升级

科技进步的加速，使环保要求日益提高。目前，产品生态属性的评价，已成为衡量产品（包括农机产品）质量的重要标志。农机行业必须依靠科技进步、提高科技创新能力，尽快实现由以技术引进、跟踪开发为主，转变为以自主创新为主、引进吸收兼顾的发展战略模式，充分发挥技术突破对市场的引导和推进作用。结合我国目前国情，现阶段农机行业应当以科技含量高、经济效益好、资源消耗低、环境污染少的产品或装备作为研发目标，选用节能环保型材料，精简流程减少损耗，研发出既能解决生态问题，又能推进农业可持续发展的新型产品和设施。此外，农机设备的回收利用也应当引起重视，以旧换新、回收补贴等方式既可减轻农民购机负担，又能实现资源的循环利用。

（4）推广农用化学品减量提质增效科学技术

通过实施测土配方施肥技术减少施肥量，增施有机肥等转变不合理施肥行为，提高化肥的利用率。在增施有机肥的前提下，采用有机、无机、微肥相结合，长效与短效相结合，用地与养地相结合的方式，实现氮、磷、钾以及微量元素的平衡配套施用，提高肥料利用率。

7.5 推进"多规合一"理念

在"环境优化发展"的过程中，规划是协调环境和发展问题的重要手段。规划是城市发展的总体计划，是城市建设的前瞻性部署，协调各个规划的制定和执行，成为减少城市资源浪费和内耗的关键。这种协调不仅包括横

向的平级部门之间的协调，也包括纵向的不同层级政府之间的协调以及区域内以及区域间的跨行政界限的协调与合作。综合来看，空间规划的协调已成为国外很多国家规划体系革新与完善的核心。20世纪90年代以来，国外的生态规划研究呈现出新的趋势，空间规划的协调与整合被当作一个中心议题而备受关注，为此"多规合一"的理念被提出和实施。国际经验表明，"多规合一"要关注部门之间的协调和整合、不同层级空间规划之间的协调与整合、空间发展战略与具体行动方案的整合。一是由一个部门作为牵头部门制定规划，例如法国由环保部来统一协调多个部门之间的环境政策，并建立了多重部门的协商机制；二是通过法律明确规定各方的权责，如德国实施《联邦空间秩序法》并特设规划部长会议等，协调各州规划；三是通过设置综合性部门协调规划，例如荷兰是通过规划过程中的对话协作机制，并设立综合性部门——住房、空间规划与环境部来达到规划的统一协调。发达国家致力于强化城市生态规划的协调意识和手段，加强生态规划的综合性、精细化和动态化，制定生态规划标准及促进立法。

纵观我国规划体系的发展历程，不难发现，原本由国民发展计划所统领的综合性规划，已逐渐转变为以国民经济和社会发展规划作为战略统领，以主体功能区规划为基础，以国土规划、城乡规划、环境保护规划、海洋区划和其他各专项规划为支撑的国家规划体系。这一体系是随着不同时期的主要矛盾与核心议题而不断调整完善的。但是我国规划类型众多，相互关系复杂，协调和统一成为一大难题。据相关研究人员的不完全统计，我国经法律授权编制的规划至少有80种，交叉重叠、互相矛盾、各自为政等问题显著，规划为了扩大"摊子"，无法完成为决策做出贡献这一"分内事"。中国的不足与发达国家经验的对比，恰好向我们证明了"多规合一"的重要性，未来通过何种途径解决这一问题，需要我们深思。

（1）完善污水收集系统

要保证农村污水治理的成效，首先就是要做好污水收集工作，有效的收集也是保证水质的前提，能否做好污水水流的大小控制，污水水质的分类工作直接影响到后续污水处理的难度和效果。有的农村地区没有比较完善的污水收集系统，缺乏管网设施，所以应该完善污水收集体系，加大对污水收集系统的资金投入，打好农村污水治理的头阵。

（2）加强施工监管及验收工作

农村污水收集管网设施一般由村委会组织建造，施工队伍通常由村中曾在施工工地工作有一定工作经验的村民组成，施工队伍的资质不好监控，导致施工质量难以有效保障。因为施工过程缺少监理环节等，难以像专业建筑施工方一样进行施工项目管理，也会给施工质量带来问题隐患。所以，未来对农村污水收集设施升级改造过程中，应该引入专业建筑施工公司进行管理，必要时应通过乡镇有关部门进行统一招标，统一管理，统一施工，以提升施工队伍的整体素质。污水收集管网施工的验收工作一般由村委会组织，部分乡镇会在乡镇有关部门的指导下进行验收，村委会验收后会由区、镇有关部门抽查。但这种规范的验收过程在村委会很难得到有效执行，村委会缺少经验和工作积极性，加之施工队伍并无完善的施工验收管理流程，最终导致验收过程混乱。所以有关污水处理升级改造工程的验收过程必须引入监理机构，由乡镇一级统一组织验收，方可保证验收效果。

（3）加强污水后期管护工作

在农村污水治理的过程中做好污水收集管道的维护工作是保证污水收集设施可持续使用的重要措施。由于在污水收集过程中缺少具体可操作的加强管理方面的政府文件，产权所有者和责任主体不明确，后期的运行监管出现空缺。管理体制不完善，缺少污水收集系统运行所需的检测仪器和污水收集运行管理经验。已经建成污水收集管网的农村在污水收集上普遍存在"重建设，轻管理"现象，没有政府人员或者专门的机构进行后面的管道维护工作。另外，环境改善是一个长期积累过程，需要通过长期观察监管数据分析评价环境质量改善效果，这个时期内农村生活污水收集工作重点是补短板，但实际实施中会出现追求短期和速成效果、考核评价注重完成数量的情况，因此，需要加强污水收集管道的维护工作，通过加强维护工作增强管道的使用持续性，可以在长时间内分析污水处理对环境改善的效果。

（4）跨区域管理，实现流域一体化

由于各省份之间的要素禀赋不同，需各区域之间进行资源交流，实现资源的充分和高效利用，可把西部地区充沛的自然资源和东部地区先进的技术进行交换，为西部地区引入人力和技术资源，为东部地区引入生产资源，重视协调统筹每个省份之间的联系，合作共同进步，缩小各省份之间的差距，互利互惠，实现黄河流域的高质量发展。

7.6 稳步推进国家公园体系

（1）制定国家公园管理条例及国家公园法

"依法立园、依法治园"是众多国家在公园体系治理中的共通之处。鉴于我国国家公园尚处于探索起步阶段，建议首先采取"一园一条例"的立法实践，针对每个国家公园的特性量身打造立园之本，对国家公园相关事宜进行详细规定；同时，国家层面应着手研究制定《国家公园法》，结合其他多部法律以及生态文明改革试点的国家公园体制改革成果，在宏观层面做出国家公园建设发展的原则性规定，为国家公园管理提供最高法律保障。

（2）明晰资源权属，改革管理体制

创新国家公园管理体制，突出生态保护、统一规范管理、明晰资源权属。规划组建国家公园管理的中央及地方管理体系，在中央设立国家公园管理局，破解国土、林业、环保、水利、农牧多部门管理难协调问题，将资源权属、管理主体、监督执法等予以统一，实行生态资源环境综合管理。建议采取中央集权与地方参与相结合的机制，权属归中央，具体管理事务由地方参与，创新经营管理，促进社区发展，形成统一、规范、高效的管理体制和资金保障机制。结合国家生态文明改革实验区实施方案，在国家公园体制试点省份设立省政府垂直管理的国家公园管理局，对区内自然生态空间进行统一确权登记、保护和管理。

（3）创新经营机制

建议国家公园管理系统运行费用由国家财政负担，涵盖工作人员工资、基本管理费用和管理评估费用等。门票收入全额上缴国家财政。而园区内及周边一定范围内国家公园授权的营利性项目由国家公园管理局审批，创收分配方案由地方编制，国家公园管理局评估并提出审批意见，纳入政府财政预算。园区内特许经营项目应依据"规划-评估"动态调整设定授权年限，同步配套特许经营管理办法。

（4）注重与地区资源禀赋相结合

此处资源包含自然资源、人文历史资源、市场资源，要综合考虑三者予以定位。市场资源包括受众人群、交通可达性等，这是国家公园建立前后贯穿经济影响评估的重点内容。

（5）突出生态保护，实行分区管理

加强生态保护立法，突出生态保护，通过国家公园建设，整合野生动物的栖息地，通过国家公园建设完善自然生态系统，解决由于片段化、孤岛化造成的野生物种基因交流困境。依据保护对象敏感度、濒危度和分布特征，结合居民生产生活需要，将园区划分为特别保护区、严格控制区、生态修复区和传统利用区，通过制定不同的保护和发展策略，实施差异化管理。对于道路、索道、一般性建设及人类活动等应依据分区严格控制。

（6）"规划-评估"动态调整，合理规划生态旅游项目

国家公园内商业及建设活动的开发强度终归不能是一成不变的，伴随公众保护意识的增强，开发活动的适度放开不会影响到园区内自然生态资源的可持续发展。国家公园应统筹自然生态资源和人文历史资源的科学保护与合理利用，结合国家公园分区管理，科学合理规划生态旅游项目，结合区域内"山、水、林、田、湖"等自然生态景观的格局及敏感性，设计"规划-评估"动态调整机制，制定主题旅游规划，有序开发高品质的探险、观光、科考、休闲、科普等项目产品。

（7）创新多方参与，解决利益冲突

统筹规划国家公园范围内的工业企业的搬迁、关停以及遗址化建设。建立资产赎买制度，对国家公园内集体、个人资产进行必要的赎买，转变资产所有权。科学评估、稳步推进区域内部分居民的搬迁、安置以及转型参与经营。

7.7 科学统筹规划生态城市建设

（1）推进"多规合一"，规范统一法律法规

居住权、教育权、就业权、环境权以及其他福利权的实现，均需要空间

的支持。因此，建设生态城市，亟须推进"多规合一"的法制化建设，构建生态环境优先理念落地的空间环境法律保障。完善生态城市建设相关法规，以《环境保护法》和《城乡规划法》两个法律为基本支柱构建生态城市发展的法律体系，通过立法构建以预防为主的环境管理模式，将经济目标、社会目标和生态目标在城市建设中相统一；制定完善的城市森林法、绿带法等，对城市边界、城市林区及其应当承担的义务、责任、经济方向、协作关系等都以法规的形式确定下来，保障城市森林的生态功能可持续性，通过绿带限制城市扩张，并在绿带内实行更为严格的土地利用限制，实现城市空间区域内自然生态系统服务功能的维持。修订经济、能源等法律法规引导城市走出全新的经济发展道路，构建具有生态环保色彩的高新产业集群等。在《宪法》、《环境保护法》中明确城市居民健康权。探索制定《生态城市建设促进法》，引导城市产业生态化转变，促进经济增长、城市建设、社会发展和生态平衡之间的相互协调，对生态城市建设的领导机构、规划计划、建设活动制定鼓励措施，对法律责任等进行明确。

（2）确立城市森林的战略性地位

确立城市森林的战略性地位及城市生态基础设施，在城市总体发展规划及"多规合一"下的空间规划中统筹布局，把城市森林作为城市有生命的生态基础设施及城市基础设施的重要组成部分，进行统一规划建设，并与改善人民的生活质量密切联系。加强对郊区以及远郊区的森林保护，构建森林围城的大城市生态发展大格局；与市区公园、绿地等衔接，形成内外一体的城乡格局，构建从郊区到市区城市绿地系统的主体及城市的基本绿色架构。

加强对城市森林的建设投入，按国民生产总值的一定比例投入城市森林建设。在森林利用过程中，以保护性开发为原则。以自然林为城市森林生态系统的主体，强调发挥城市森林生物多样性保护功能，以森林生态系统功能完整性为优先考虑原则，重视保留重要的森林、湿地资源，维护物种栖息地，尽量避免切割林地，保留自然生物廊道，或通过桥梁等连通被分割的林地。

在满足居民健身等需求的同时，积极开展环境教育作用，提高国民的环境意识，教育国民爱护大自然；合理利用周边空间，建设高品质生活区、保护区、生产基地等促进经济发展。

完善城市森林建设的法律保障，从立法、司法、执法方面对我国现行的城市森林法律制度进行调整，对《森林法》、《环境保护法》、《城乡规划法》和《土地管理法》中关于城市森林建设的内容予以修订统一，从管理、规划、用地、经营多方面立法保障城市森林可持续发展机制。

（3）重视资源节约，发展绿色经济

重视资源节约与低碳节能，通过政策、财经等多种手段推进可再生能源利用、废弃物减量及循环利用，并将其融入绿色建筑、绿色交通体系等的发展。以绿色经济为生态城市建设的核心动力，形成生态城市品牌效应，吸引高新产业入驻，使其成为绿色经济稳定的载体。对城市现有产业结构进行绿色化调整，并依托现有产业园区建设循环经济产业园，通过政策引导、推动生活垃圾和工业废弃物利用、环保设备制造、环保运行服务、物流仓储配载等静脉产业发展，形成园区层面的"动静结合"。引导产业发展和新型产业集群形成，调动和整合高校、科研机构、企业、金融机构等多方资源，引导生态城市发展走不同于传统工业模式的路径。淘汰落后产能，通过政策鼓励引导可再生能源、清洁能源的使用。

（4）提升公众参与水平

明确公民参与环保的具体机制和渠道，建立促进非政府环保组织发展的激励机制。引导公众参与环境影响评价等相关工作。研究制定环境教育方面的法律法规，普及环境科学、环境法律和环境伦理等诸多方面环境教育。在涉及环保的各个环节和领域建立公众知情权机制、表达机制、监督机制和救济机制，促进全社会参与生态环境保护。探索建立开放性科研体系，弱化行政干预，为高校和科研机构提供更多的满足社会需要的自由和空间，加强对外交流，建设国际化的高校和科研机构。

7.8 落实生态村与生态农业建设政策措施

（1）要优化国家政策和法规建设

在顶层设计中充分考虑农民的心态，以土地质量改良为关键核心之一，引导农民认清眼前短期不可持续效益的"小账"，认识生态农业的长远效益、循环收益、环境红利，乃至整个国家、民族以及我们这个"地球村"环境健康效益的"大账"，多措施并举，坚持以"疏"代"堵"的政策引导原则。

（2）注重具体实践举措的经济性

重视放大外部经济性（公益功能），削减外部不经济性（各种公害），并辅以有效的财经手段，奖励公益、惩罚公害。

（3）供给侧与消费侧同步改革，形成良性循环

推行绿色生态生产，减少环境污染；引导高价消费绿色产品，反向支撑绿色生产，建立健全国家及地区的生态认证制度。

（4）注重合作组织与宣传学习

鼓励民间成立合作组织，以增强对市场风险的抵御能力，避免生态农业发展受挫。通过多渠道、多层次、多形式的宣传普及面源污染危害以及生态环境保护知识，提高公众的环保意识和参与意识，使农户充分认识环境友好型生产行为在改善农村生态环境、提高土地肥力和农产品品质方面的重要性。科学部署政府、学校及民间的宣传教育活动，促成生态农业和农村建设成功经验的共享，让专家学者的知识价值得以充分展现。

（5）大力推进技术发展

针对国情，突出有机肥制备、使用等方面的技术指导，并辅以政策约束，在实现农药化肥等减量化的同时，避免出现新的污染。加强对农业生产者的技术指导，引导农民科学用药，合理施肥，采用绿色防控技术。通过科学用药、施肥技术培训使农民树立正确施肥观念、掌握科学施肥方法。

（6）充分调动各方的积极性

发挥政府的主体作用，充分调动各方的积极性，特别是农村居民对污水处理的意见，农村居民主要是通过政府宣传、互联网媒体以及电视广播获取污水处理信息，所以，政府要通过多种途径倾听居民诉求，了解居民对于污水处理的需求和建议。通过调查走访发现，农村居民在面对不断恶化的生活环境时，大部分对治理呈现积极的态度，也愿意为治理设施进行投资，所以政府在决策、运营和管理等方面增强农村居民的参与性，对确保农村污水治理工程顺利开展具有基础性作用。

7.9 凝聚社会力量协调推进生态工业发展

在生态工业园设计、管理方面，应体现出黄河流域对工业园引导和管理的思路，进而表现在管理主体、主体角色及支持方式等方面，但不论是什么方式，目的都在于更好地促进上下游企业之间的沟通，提高物质和信息交换的效率。随着政府引导力度的加大，政府利用平台促进企业交流的意识加强，规划型生态工业园逐渐增多，由此带来管理主体促进企业有效协商、鼓励企业入园、将可能的需求变为现实。

在管理主体方面，形成由政府、企业、科研单位共同构成的管理主体成为一种趋势，注重充分听取非政府组织和周围民众的意见。政府在园区管理中主要发挥宣传、引导和协调的作用，统筹企业发展，而非单方面的规划和安排。

在激励政策方面，政府需要投入人力和财力，提升生态工业园对企业的吸引力，鼓励企业进入。为此，国家应该为黄河流域提供资金和技术支持，做公益性或准公益性的技术研发工作，设立补偿金制度，弥补企业的建设成本，以换取在生态环境和就业方面的长期利益。

参 考 文 献

操小娟，龙新梅．从地方分治到协同共治：流域治理的经验及思考——以湘渝黔交界地区清水江水污染治理为例［J］．广西社会科学，2019，294（12）：54-58.

曹芳．福建省中小民营企业的业务转型与社会资本投资研究［J］．金融理论与教学，2016，140（6）：73-76. DOI：10.13298/j.cnki.ftat.2016.06.020.

钞小静，周文慧．黄河流域高质量发展的现代化治理体系构建［J］．经济问题，2020，495（11）：1-7. DOI：10.16011/j.cnki.jjwt.2020.11.001.

陈晓东，金碚．黄河流域高质量发展的着力点［J］．改革，2019，309（11）：25-32.

崔海兴，郑风田，王立群．退耕还林工程对耕地利用影响的实证分析——以河北省沽源县为例［J］．农村经济，2009，317（3）：28-31.

丁瑶瑶．全国人大常委会审议水污染防治法执法检查报告 着力破解水污染防治难题［J］．环境经济，2019，256（16）：22-25.

丁哲，燕丽，雷宇，等．"十二五"大气污染防治成效及对策建议［J］．环境与可持续发展，2016，41（6）：57-60. DOI：10.19758/j.cnki.issn1673-288x.2016.06.015.

高照良，付艳玲，张建军，等．近50年黄河中游流域水沙过程及对退耕的响应［J］．农业工程学报，2013，29（6）：99-105.

郭晗．黄河流域高质量发展中的可持续发展与生态环境保护［J］．人文杂志，2020（1）：17-21.

韩周洋．宿迁市水污染防治工作成效、问题及建议［J］．绿色科技，2018（2）：46-48. DOI：10.16663/j.cnki.lskj.2018.02.020.

何爱平，安梦天，李雪娇．黄河流域绿色发展效率及其提升路径研究［J］．人文杂志，2021，300（4）：32-42. DOI：10.15895/j.cnki.rwzz.2021.04.004.

何兴照，马安利，董仁才．黄土高原流域综合管理对农村社会经济影响研究［J］．水土保持研究，2008，70（5）：259-262，268.

侯孟阳，姚顺波，邓元杰，等．格网尺度下延安市生态服务价值时空演变格局与分异特征——基于退耕还林工程的实施背景［J］．自然资源学报，2019，34（3）：539-552.

黄燕芬，张志开，杨宜勇．协同治理视域下黄河流域生态保护和高质量发展——欧洲莱茵河流域治理的经验和启示［J］．中州学刊，2020，278（2）：18－25．

贾晓霞．全球荒漠化变化态势及《联合国防治荒漠化公约》面临的挑战［J］．世界林业研究，2005（6）：11－16．DOI：10.13348/j. cnki. sjlyyj. 2005.06.002.

金凤君．黄河流域生态保护与高质量发展的协调推进策略［J］．改革，2019，309（11）：33－39．

孔祥斌．中国耕地保护生态治理内涵及实现路径［J］．中国土地科学，2020，34（12）：10．

李冬青，侯玲玲，闵师，等．农村人居环境整治效果评估——基于全国7省农户面板数据的实证研究［J］．管理世界，2021，37（10）：182－195，249－251．DOI：10.19744/j. cnki. 11－1235/f. 2021.0163.

李琼，游春．民间协会的集体行动——以"管水协会"为例的分析［J］．农业经济问题，2007，331（7）：41－45．

李树元．海河流域生态环境关键要素演变规律与脆弱性研究［D］．天津：天津大学，2014．

李天宇．甘肃：兰州大气防治成效明显，生态环境恶化趋势尚未得到根本遏制［J］．中国环境监察，2017，17（4）：22－23．

梁静波．协同治理视阈下黄河流域绿色发展的困境与破解［J］．青海社会科学，2020，244（4）：36－41．DOI：10.14154/j. cnki. qss. 2020.04.005.

刘贝贝，左其亭，刁艺璇．绿色科技创新在黄河流域生态保护和高质量发展中的价值体现及实现路径［J］．资源科学，2021，43（2）：423－432．

刘传明，马青山．黄河流域高质量发展的空间关联网络及驱动因素［J］．经济地理，2020，40（10）：91－99．DOI：10.15957/j. cnki. jjdl. 2020.10.011.

刘国华，傅伯杰，陈利顶，等．中国生态退化的主要类型、特征及分布［J］．生态学报，2000（1）：14－20．

陆大道，孙东琪．黄河流域的综合治理与可持续发展［J］．地理学报，2019，74（12）：2431－2436．

吕志奎．第三方治理：流域水环境合作共治的制度创新［J］．学术研究，2017，397（12）：77－83，177．

毛媛，童伟伟．黄河流域环境治理绩效及其影响因素研究［J］．价格理论与实践，2020，431（5）：165－168．DOI：10.19851/j. cnki. cn11－1010/f. 2020.05.176.

彭文英，张科利，陈瑶，等 . 黄土坡耕地退耕还林后土壤性质变化研究［J］. 自然资源
　　学报，2005（2）：272 - 278.

钱龙，冯永辉，陆华良，等 . 高地租必然不利于农户保护耕地质量吗——基于广西的问
　　卷调查［J］. 中国农业大学学报，2020，25（12）：200 - 210.

谯薇，云霞 . 我国有机农业发展：理论基础、现状及对策［J］. 农村经济，2016，400
　　（2）：20 - 24.

饶清华，林秀珠，李家兵，等 . 流域社会经济与水环境质量耦合协调度分析［J］. 中国
　　环境科学，2019，39（4）：1784 - 1792.DOI：10.19674/j.cnki.issn1000 -
　　6923.2019.0212.

任保平，豆渊博 . 黄河流域生态保护和高质量发展研究综述［J］. 人民黄河，2021，43
　　（10）：30 - 34.

任丽娟 . 经济发展与环境保护的关系——评《资源、环境与经济社会协调发展的模拟研
　　究》［J］. 环境工程，2020，38（9）：258 - 259.

宋乃平，王磊，刘艳华，等 . 退耕还林草对黄土丘陵区土地利用的影响［J］. 资源科学，
　　2006（4）：52 - 57.

孙若梅 . 绿色农业生产：化肥减量与有机肥替代进展评价［J］. 重庆社会科学，2019，
　　295（6）：33 - 43.DOI：10.19631/j.cnki.css.2019.06.003.

唐夫凯，周金星，崔明，等 . 典型岩溶区不同退耕还林地对土壤有机碳和氮素积累的影
　　响［J］. 北京林业大学学报，2014，36（2）：44 - 50.DOI：10.13332/j.cnki.
　　jbfu.2014.02.012.

田晓宇，徐霞，江红蕾，等 . 退耕还林（草）政策下土地利用结构优化研究——以内蒙
　　古太仆寺旗为例［J］. 中国人口·资源与环境，2018，28（S2）：25 - 30.

王红梅，张宇，王全 . 昆明市典型村庄环境质量状况变化分析及对策研究［J］. 四川环
　　境，2019，38（5）：43 - 48.DOI：10.14034/j.cnki.schj.2019.05.008.

王誉晓，张云秋，王式功 .2013—2017 年四川省大气污染防治成效评估［J］. 兰州大学
　　学报（自然科学版），2020，56（3）：388 - 395.DOI：10.13885/j.issn.
　　0455 - 2059.2020.03.014.

吴春宝 . 乡村振兴背景下青海农牧区人居环境整治：成效、挑战及其对策——基于微观
　　调查数据的实证分析［J］. 青海社会科学，2021，250（4）：77 - 85.DOI：10.14154/
　　j.cnki.qss.2021.04.011.

薛澜，杨越，陈玲，等 . 黄河流域生态保护和高质量发展战略立法的策略［J］. 中国人

口·资源与环境，2020，30（12）：1-7.

杨俊平，邹立杰．中国荒漠化状况与防治对策研究［J］．干旱区资源与环境，2000（3）：15-23. DOI：10.13448/j. cnki. jalre. 2000.03.003.

杨永春，张旭东，穆焱杰，等．黄河上游生态保护与高质量发展的基本逻辑及关键对策［J］．经济地理，2020，40（6）：12.

叶子涵，朱志平．农村水环境污染及其治理："单赢"之困与"共赢"之法［J］．农村经济，2019，442（8）：96-102.

张春，丁乾，何学源，等．南京市黑臭河道整治对策及成效分析［J］．水利发展研究，2018，18（11）：35-38. DOI：10.13928/j. cnki. wrdr. 2018.11.009.

张红武．科学治黄方能保障流域生态保护和高质量发展［J］．人民黄河，2020，42（5）：8.

张云华，彭超，张琛．氮元素施用与农户粮食生产效率：来自全国农村固定观察点数据的证据［J］．管理世界，2019，35（4）：109-119.

张震，石逸群．新时代黄河流域生态保护和高质量发展之生态法治保障三论［J］．重庆大学学报（社会科学版），2020，26（5）：167-176.

章平，黄傲霜．城镇公共池塘资源治理：两个制度发育案例的比较分析［J］．经济与管理评论，2018，34（1）：55-67. DOI：10.13962/j. cnki. 37-1486/f. 2018.01.005.

赵丽，张蓬涛，朱永明．退耕还林对河北顺平县土地利用变化及生态系统服务价值的影响［J］．水土保持研究，2010，17（6）：74-77.

赵松龄，于洪军，李官保，等．晚更新世末期东海北部古冬季风盛衰变更的地质记录［J］．地质力学学报，2001（4）：289-295.

支再兴，李占斌，于坤霞，等．陕北地区土地利用变化对生态服务功能价值的影响［J］．中国水土保持科学，2017，15（5）：23-30. DOI：10.16843/j. sswc. 2017.05.004.

周海炜，范从林，张阳．流域水资源治理内涵探讨——以太湖治理为例［J］．科学决策，2009（8）：59-66，86.

朱永明，杨姣姣，张水潮．黄河流域高质量发展的关键影响因素分析［J］．人民黄河，2021，43（3）：1-5，17.

Feng X, Fu B, Piao S, et al. Revegetation in China's Loess Plateau is approaching sustainable water resource limits［J］. Nature Climate Change, 2016, 6（11）：1019-1022.

Parviz Koohafkan. Green agriculture：Foundations for biodiverse, resilient and productive agricultural systems［J］. International Journal of Agricultural Sustainability, 2012, 10

（1）：61 - 75.

Wang Y，Yao S. Effects of restoration practices on controlling soil and water losses in the Wei River Catchment，China：An estimation based on longitudinal field observations ［J］. Forest Policy and Economics，2019，100：120 - 128.

Willer H，Bteich M R，Meredith S. Country reports ［R］. Organic in Europe Prospects & Developments，2014.

Zhang K，Dang H，Tan S，et al. Change in soil organic carbon following the "Grain-for-Green" programme in China ［J］. Land Degradation & Development，2010，21 （1）：13 - 23.

Zhu Z L，Chen D L. Nitrogen fertilizer use in China - contributions to food production，impacts on the environment and best management strategies ［J］. Nutrient Cycling in Agroecosystems，2002，63：117 - 127.

图书在版编目（CIP）数据

黄河流域生态环境保护效果及提升策略/李桦等著
. —北京：中国农业出版社，2024.12
（黄河流域生态保护与农业农村高质量发展研究丛书）
ISBN 978-7-109-31547-1

Ⅰ.①黄… Ⅱ.①李… Ⅲ.①黄河流域－生态环境保护—研究 Ⅳ.①X321.22

中国国家版本馆 CIP 数据核字（2023）第 240201 号

中国农业出版社出版
地址：北京市朝阳区麦子店街 18 号楼
邮编：100125
责任编辑：闫保荣
版式设计：小荷薄睿　责任校对：吴丽婷
印刷：北京中兴印刷有限公司
版次：2024 年 12 月第 1 版
印次：2024 年 12 月北京第 1 次印刷
发行：新华书店北京发行所
开本：700mm×1000mm　1/16
印张：17.75
字数：272 千字
定价：78.00 元